U0673833

南京市

主要林业有害生物图鉴

孙立峰　奚月明　刘贺佳　主编

中国林業出版社
China Forestry Publishing House

图书在版编目（CIP）数据

南京市主要林业有害生物图鉴 / 孙立峰，奚月明，
刘贺佳主编. -- 北京：中国林业出版社，2023.6
ISBN 978-7-5219-2241-7

Ⅰ. ①南… Ⅱ. ①孙… ②奚… ③刘… Ⅲ. ①森林—
病虫害防治—南京—图集 Ⅳ. ①S763-64

中国国家版本馆CIP数据核字（2023）第118440号

责任编辑：洪　蓉
封面设计：刘临川

出版发行：中国林业出版社
（100009，北京市西城区刘海胡同7号，电话83143564）
电子邮箱：cfphzbs@163.com
网址：www.forestry.gov.cn/lycb.html
印刷：北京雅昌艺术印刷有限公司
版次：2023年6月第1版
印次：2023年6月第1次
开本：889mm × 1194mm　1/16
印张：19.5
字数：600千字
定价：150.00元

编 委 会

主　　任： 周　雯

副 主 任： 齐佩文

编　　委： 钟育谦　仇才楼　熊大斌　郝德君　黄　麟　刘云鹏　解春霞
罗心宁　胥　东　蒋振欣　孙立峰

编 写 组

主　　编： 孙立峰　奚月明　刘贺佳

副 主 编： 冯　婷　戴　伟　游琳琳

参编人员： 居　峰　董丽娜　王　勇　庄卫忠　陈家敏　蒲昌慧　迟　剑
郑爱春　曹　蓉　寀　浩　刘建水　胡新苗　谢智翔　黄　刚
沈　洁　向春明　曹明明　何　姣　何玄玉　陆　慧　韩媛如
孙玉轮　王　朕　张　华　蒋　纯

序 言

习近平总书记指出，“生态环境没有替代品，用之不觉，失之难存”，要“像保护眼睛一样保护生态环境，像对待生命一样对待生态环境”。林业生物灾害作为我国重大自然灾害之一，被称为“无烟的火灾”，其危害已对南京区域森林景观和生态安全造成严重威胁。为深入贯彻落实总体国家安全观，科学做好林业有害生物防控等生物安全工作，南京市于2015—2017年组织开展了林业有害生物普查，并陆续调查、补充监测数据，其范围之广、任务之重、难度之大无从赘述，好在“千淘万漉虽辛苦,吹尽狂沙始到金”，最终在各界领导、专家的关心支持下顺利完成该书。作为第一部系统阐述南京区域林业有害生物种类的专业书籍，其出版恰逢其时，不仅填补了南京市相关领域空白，为基层林业有害生物防控从业人员提供了称手的工具书，更为相关从业者解决了业务难题。

林草兴则生态兴，生态兴则文明兴。森林关系国家生态安全，保护森林生态系统的原真性和完整性，泽被后世、利在千秋。党的十八大以来，全国上下深入贯彻习近平生态文明思想，牢固树立和践行绿水青山就是金山银山理念，推动森林资源保护发展取得历史性全局性成就。党的二十大也再次强调，加快实施重要生态系统保护和修复重大工程，推进美丽中国建设。因此，推进生态系统多样性、稳定性、持续性，系统精准提升森林质量等举措成为新时代激发林业发展活力的新引擎。做好林业有害生物防控工作，也成为维护区域森林资源安全，护航区域林业持续发展，保障生态文明建设大局的必然要求，同时也成为织密扎牢托底民生保障网、消除隐患，确保人民福祉的重要保障。“国之大者、为国为民”，该书的出版是国家生态文明建设的一块小小基石，道虽小，却饱含了编者和南京从业人员赤心报国、造福人民的初心。

该书重点介绍可能对林木造成危害或潜在危害的昆虫454种、病害47种、有害植物13种，配图1000余张，超20万字，洋洋大观、不胜枚举。全书体量较大，以具有南京特色、南京风格的生态现代化视角，阐释林业有害生物防控发展的全局性、稳定性、长期性问题，内容兼具系统性、科学性，材料丰富，图文并茂，不仅完整展示了南京林业有害生物普查成果，更从南京市林业有害生物发生概况等实际出发，既统筹全局又突出重点，在实践中探索人与自然和谐共生的现代化道路，启智润心、发人深省，是一部具有较高价值的工具书和参考书，对南京市林业有害生物检疫、监测、防治等工作均有重要作用。

肩鸿任钜踏歌行，功不唐捐玉汝成。该书的编撰工作历时一年，感谢为之付出心血与努力的所有工作人员。此外，在深刻领悟二十大精神、深入开展学习贯彻习近平新时代中国特色社会主义思想主题教育之际，更希望林业工作者牢记初心使命，安危不贰其志、险易不革其心，勇于担苦、勇于担难、勇于担重，牢记习近平总书记“保障和改善民生没有终点，只有连续不断的新起点”的嘱托，筑牢国家生态安全屏障，成为抵御生态风险的长城，实实在在帮群众解难题、为群众增福祉，将生态文明建设作为兜底性民生建设，答好写在青山绿水间的考卷。

南京市绿化园林局局长

2023年初春

前 言

全面系统地了解掌握林业有害生物的种类、分布和危害程度，能够为南京市科学开展林业有害生物监测预警、综合防治、林业检疫执法提供全面、客观、准确的基础信息，也能够为南京市开展生态文明建设、营造健康森林、发展现代林业构筑绿色屏障。根据国家林业和草原局总体部署及江苏省林业局相关工作要求，南京市自2015年起全面组织开展了林业有害生物普查工作。

本次普查工作的初衷就是查清本地主要林业有害生物，将普查成果汇总成册，科学指导南京市林业有害生物防控及检疫工作。因此，我们根据普查成果，结合近年林业有害生物发生情况，开始编制《南京市主要林业有害生物图鉴》（以下简称《图鉴》）的有关准备，相关工作自2018年林业有害生物普查成果提交后开始准备，2022年正式启动。

我们主要考虑将《图鉴》定位为基层林业有害生物检疫防控机构及相关从业人员的工具书和参考书。《图鉴》收录林业有害生物514种，其中林木病害47种，林木虫害454种，有害植物13种，含全国检疫性林业有害生物2种，全国危险性林业有害生物25种。书中的图片均来自南京市各区普查工作中采集的照片及后续拍摄的标本照片。对收录的林业有害生物分别进行了目、科简介及物种详述。其中，物种介绍主要涉及分类地位、寄主植物、形态特征、生活习性等，对重大林业有害生物及在本地造成危害较重的林业有害生物还给出了防治方法建议。

本图鉴主要由南京市林业站孙立峰、奚月明、刘贺佳负责成果汇编、审核修改等工作，南京林业大学黄麟，南京市林业站戴伟、游琳琳，南京沐森林业科技有限公司冯婷，南京蕃茂生物科技有限公司陆慧等同志负责材料收集、整理编撰等工作。书籍编撰过程中得到了南京林业大学郝德君，江苏省林业局钟育谦、仇才楼、熊大斌，江苏省林业科学研究院解春霞、刘云鹏，中山陵管理局居峰，南京市绿化园林局罗心宁、胥东、蒋振欣，以及各区林业主管部门相关负责同志的大力帮助。在此，谨向他们表示由衷的感谢！

《图鉴》只收录南京市主要林业有害生物，相关种类仍不齐全，一些非常发性林业有害生物未能调查并录入，且未能对天敌昆虫进行系统介绍分析，但仍希望本书作为南京市第一部系统阐述林业有害生物种类的书籍能够对相关从业人员提供些许帮助。其间，不足之处在所难免，还望诸君不吝赐教。

主编

2022年12月

目　录

第二部分 南京市林业有害生物详述

01 植物虫害

02 植物病害

03 有害植物

第一部分

南京市林业有害生物发生防治概况

1 森林资源概况

1.1 自然地理情况

南京市地处长江下游的宁镇扬丘陵地区，以低山缓岗为主，低山占土地总面积的3.5%，丘陵占4.3%，岗地占53%，平原、洼地及河流湖泊占39.2%，地理坐标为北纬31° 14′ ~32° 37′，东经118° 22′ ~119° 14′，总面积6587km^2。境内绵亘着宁镇山脉西段，四周有老山、牛首山、方山、汤山、栖霞山、灵岩山等群山环抱，东连富饶的长江三角洲，西靠皖南丘陵，南接太湖水网，北延辽阔的江淮平原，东距入海口约400km，长江穿越境域，江宽水深，万吨巨轮可终年畅通，是一个天然的河、海良港。全市常住人口约942万人，下辖11个市辖区，即玄武、秦淮、建邺、鼓楼、雨花台、栖霞、江宁、浦口、六合、溧水及高淳区。

1.2 南京市气候情况

南京市属于亚热带季风气候，年平均温度15–16℃，夏季最高可达40℃，冬季最低–10℃。雨水充沛，年平均降雨117d，年降雨量1106.5mm，无霜期长，年平均239d，每年6月下旬至7月上旬为梅雨季节。光能资源充足，四季分明，冬夏长而春秋短，冬季干旱寒冷，夏季炎热多雨。

1.3 南京市土壤条件

南京市属丘陵地区，以黄棕壤为主，是在暖温带湿润半湿润的落叶阔叶林下形成的地带性土壤，自然肥力较好。黄棕壤对栽植马尾松、落叶栎类、毛竹较为适宜，也适宜种植茶树和开辟果园。南京城区土壤pH明显高于非城区自然土壤，土壤有碱性化趋势，土壤磷含量显著大于非城区的自然土壤，具有明显的富磷特征。

1.4 南京市植被情况

南京地区植被以落叶阔叶林和常绿阔叶林为主，竹林等植被类型也比较常见；地区人口密集，农田生态系统占较大成分；自然植被在历史上屡遭破坏，现有植被多属次生性质，人工林面积较大。全市林地面积中，乔木林地面积150615.15hm^2，占87.84%；竹林地面积5427.54hm^2，占3.17%；疏林地面积91.28hm^2，占0.05%；特殊灌木林地面积8083.22hm^2，占4.71%；一般灌木林地面积2433.36hm^2，占1.42%；未成林造林地面积1050.07hm^2，占0.61%；苗圃地面积1057.26hm^2，占0.62%；迹地面积51.28hm^2，占0.03%；宜林地面积2651.59hm^2，占1.55%；四旁树39万亩①（图1）。全市高等植物共有2073种，隶属221科899属；其中乡土植物共158科609属1333种；资源植物中观赏植物1068种，药用植物760种，油料植物90种，纤维植物89种；国家Ⅲ级以上保护的濒危物种64种。

① 1亩≈667m^2

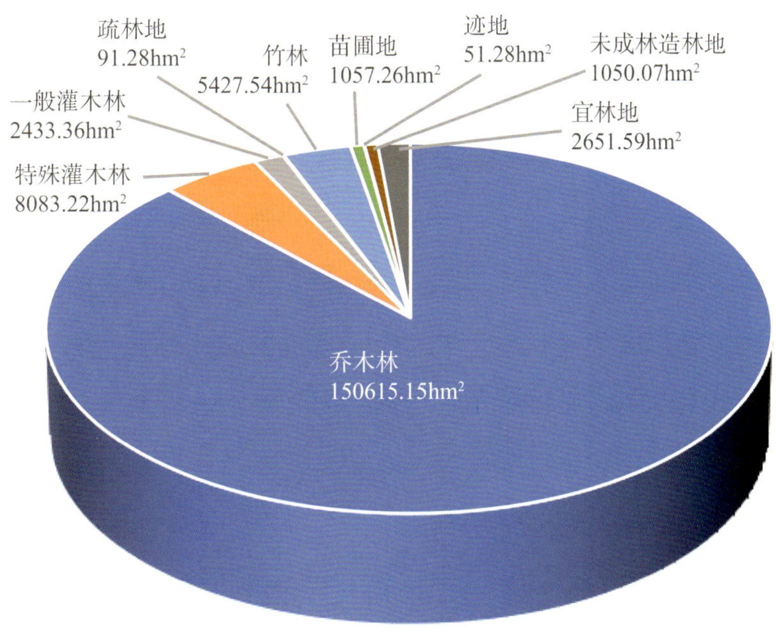

图1　南京市林业资源

2 林业有害生物发生概况及成因分析

2.1 林业有害生物总体发生概况

全市林业有害生物年均发生面积约16万亩，其中虫害发生面积约5.5万亩，病害发生面积10万亩，有害植物发生面积0.5万亩。松材线虫病总体发生较为严重，疫情分布于玄武、六合、浦口、雨花台、江宁、栖霞、溧水、高淳等8个区，共计34个乡镇级疫点。美国白蛾自2015年在南京市首次发现以来，经过5年的发展蔓延，已广泛分布于南京市六合、建邺、鼓楼、玄武、秦淮、浦口、江宁、栖霞等8个疫区28个乡镇疫点。随着对本地气候环境适应性逐渐增强，在自然传播和物流传播的交叉影响下，整体扩散蔓延趋势明显。但全市各区测报工作扎实开展，防治作业精准高效，美国白蛾多年未暴发成灾。以杨舟蛾为代表的杨树食叶害虫发生危害整体平稳，年均发生面积约3.5万亩，主要集中在栖霞、六合、江宁等寄主树种丰富地区。以黄脊竹蝗为主的竹类害虫发生危害较重，年发生面积约1.5万亩，其中江宁区东善桥林场、江宁街道、横溪街道等地虫口密度较大，危害严重。重阳木锦斑蛾等食叶害虫在栖霞、溧水等区危害严重，少量城市绿地失叶率较高。毒蛾类食叶害虫在南京市呈现广泛分布，仅市区就监测到古毒蛾属和黄毒蛾属的多种毒蛾危害行道树法桐，症状类似于美国白蛾危害状。

2.2 外来林业有害生物发生情况及成因分析

（1）松材线虫病　自1982年松材线虫病在南京市发现以来，经过41年艰苦防治，全市仍存有33.04万亩宝贵松林资源，其中中山陵景区现仍存松林400hm^2，松树保存率达35%，松林特质景观未受毁灭性破坏，全市疫情形势总体平稳可控。但由于南京市松林面积基数大，近几年受连续极端气候影响，衰弱松木和媒介昆虫存量依旧较大，疫情发生面积占全省近60%，死亡松树数量占比超过全省的70%，防控任务依然艰巨。

（2）美国白蛾　美国白蛾自2015年在南京市首次发现以来，经过近8年的发展蔓延，已广泛分布于南京市秦淮、建邺、鼓楼、玄武、栖霞、江宁、浦口、六合等8个疫区28个乡镇级疫点。随着对本地气候环境适应性逐渐增强，由于自然传播和物流传播的交叉影响，整体扩散蔓延趋势明显。但全市各区测报工作扎实开展，防治作业精准高效，基本实现“有虫不成灾”。

（3）悬铃木方翅网蝽　悬铃木方翅网蝽分布在南京各区县，寄主植物为悬铃木。以成虫和若虫刺吸寄主树木叶片汁液为害，受害叶片正面形成许多密集的白色斑点，叶背面出现锈色斑，从而抑制寄主植物的光合作用，影响植株正常生长，导致树势衰弱。受害严重的树木，叶片枯黄脱落，严重影响景观效果。繁殖能力强、耐寒，成虫在寄主树皮下或树皮裂缝内越冬。

近年来悬铃木作为南京市主要道路绿化树种，种植面积广泛，悬铃木方翅网蝽已成为危害悬铃木的主要有害生物，不仅刺吸寄主树木汁液，分泌物还会导致煤污病、白粉病的加重。因此建议也将悬铃木方翅网蝽列入常规监测。

2.3 本土林业有害生物发生情况及成因分析

（1）杨树舟蛾类　杨树舟蛾包括杨小舟蛾、杨扇舟蛾、仁扇舟蛾，属于南京市本土常发性有害生物，主要寄主植物为杨树。杨树是江苏省主要树种之一，全省均有分布。而杨树舟蛾的重点分布区域主要是杨树种植区。

随着连续几年林分改造，杨树林分面积大量减少，以杨舟蛾为代表的杨树食叶害虫发生危害有所降低，主要集中在栖霞、江宁、浦口、六合、溧水等寄主树种丰富地区。

（2）草履蚧　草履蚧为杂食性虫害，为害时间长，从2月上中旬若虫上树到5月底至6月初成虫入土化蛹，危害期长达100d左右。在南京市一年一代，因扁平椭圆，似草鞋状，故又称草鞋蚧。近年来，受气候变化、物流传播及林业资源变化等因素影响，南京市的草履蚧分布、发生和危害情况等发生较大变化。主要寄主植物：杨树、法桐、刺槐、泡桐、柳、棕榈、法国冬青、广玉兰、核桃、桑、果树等多种。草履蚧繁殖速度快、虫口基数大，在江苏有多次暴发成灾现象，导致杨树、果树及其他绿化树种成片受到危害。

（3）黄脊竹蝗　黄脊竹蝗又称竹蝗，寄主超过25种，其中主要对毛竹产生危害，也可对水竹、刚竹产生危害。黄脊竹蝗为害严重时，可将全部竹叶吃光，远看竹林呈现“火烧”状，发病的竹子竹腔内积水，丧失其经济价值，当年即枯萎死亡，第2年竹林竹笋量极少，整片竹林逐渐衰败。以黄脊竹蝗为代表的竹类害虫为害虽已大幅减轻，但江宁区东善桥林场、江宁街道、横溪街道等地虫口密度仍较大。

（4）竹螟　竹螟类有10余种，属鳞翅目螟蛾科。常见的有竹织叶野螟、竹绒野螟、竹云纹野螟、赭翅双叉端环野螟和竹金黄镰翅野螟5种，本次普查的主要是竹织叶野螟。1年发生1–4代，有世代重叠现象，以老熟幼虫在土茧中越冬。翌年4月下旬化蛹，5月中旬羽化成虫。6月上旬，幼虫陆续孵化，寻找新萌发竹叶吐丝卷叶成苞，在苞内自叶尖向叶基取食。该虫大发生时，重则可将竹叶吃光，仅留叶鞘，遇干旱可导致竹株枯死，轻则影响翌年出笋。

总体来说，林业有害生物呈高发态势的主要原因：一是森林质量不高，生物多样性差，抵御有害生物的能力低；另一个主要原因是监测预警体系不健全，监测设施设备陈旧，监测技术落后，监测覆盖率和准确率低，尤其是外来有害生物不能被及时发现，而一旦发展到人工监测可见时，已经有了较大扩散蔓延，预防措施难以落实，综合防控基础设施薄弱。

3 主要监测防治及检疫措施

南京市坚持“预防为主，科学治理，依法监管，强化责任”的防控方针，以林业有害生物治理体系和治理能力现代化建设为核心，以监测预警、检疫御灾、防治减灾、社会化服务和信息化支撑五大体系建设为根本，以全面开展松材线虫病防控五年攻坚行动和有效遏制美国白蛾危害为关键，确保防控目标全面完成。

3.1 大力开展中心测报点建设

南京市现有3个国家级中心测报点和3个省级中心测报点，其中国家级中心测报点分别设于江宁、浦口和溧水等区，省级中心测报点分别设于栖霞、六合和高淳等区。经过国家、省、市相关部门的政策、技术及资金支持，各中心测报点在机构设置、人员配备、基础设施建设、业务开展能力等方面显著提升。

3.2 不断创新监测、防治措施

开展林业有害生物防控基础研究、关键技术研发，与在宁科研院校紧密合作，以智能监测技术更新和科学精准预测预报为抓手，推动“产学研”深度融合，着力解决疫情传播规律、成因分析、早期预防、趋势研判等监测预警技术难题。

3.2.1 松材线虫监测防治新技术

深入开展松材线虫病精细化治理，加速地方标准《松材线虫病精细化除治技术规范》的出台和应用推广，突出疫情防控重点和难点，结合《松材线虫病防治技术方案》（2022年版）新要求，分年度、分区域、分步骤有序实施松材线虫病防控五年攻坚行动。

将无人机遥感监测技术运用到松材线虫病监测防治中。根据现行规程和办法，松材线虫病监测粒度为单株木，且监测频度为一年两次，随着无人机技术的成熟，结合遥感技术，可以获取精准反映林木树冠变化及其发展过程的正射影像资料，为“防、管、除、问、研”提供灾害位置和类型等科学信息。无人机遥感监测技术将会是实现全覆盖、准实时、周期性松材线虫病监测需求的重要支撑技术之一。

3.2.2 美国白蛾监测防治新技术

在美国白蛾监测防治工作上积极推动智能监测技术应用和无公害防治示范区建设。近几年南京市各区尝试利用监测智能管理系统对监测点进行备份，实现所有监测点监控网络。智能监测防护平台管理系统，内含数据服务器、服务管理端及手机测报客户端，含有数据采集、数据查看、数据统计、数据分析、图像生成等内容，并能将监测数据及对比分析结果用柱状图或其他图形显示，具备全部监测点高清地图导出功能。主管部门可实时查看每日的监测情况及外业人员工作情况，实现了美国白蛾的智能化监测、移动化上报、信息化管理，极大地提升了数据的真实性、准确性。

3.2.3 其他林业有害生物监测防治新技术

针对其他林业有害生物监测防治，加强部门间、区域间生态资源保护协作，不断加大与职能部门、周边区域的合作力度，建立完善跨部门、跨区域、跨层级联防联控合作机制，打造林业有害生物治理“共同体”，高效开展林业有害生物防控工作。

3.3 严格开展检疫监管

针对日常检疫工作，加强检疫防控队伍建设，开展检疫防控技术实务培训，推广应用高新技术，定期组织疫情防控应急演练，打造一批“素质过硬、本领高强、技术扎实、装备优良”的专业防治队伍。

4 当前面临的挑战及应对方法

4.1 面临的挑战

对照当前林业有害生物防控新形势，南京市防控工作仍面临一定的挑战：

（1）全市衰弱松林面积和媒介昆虫基数较大，疫情几乎跨疫区、疫点连片发生，疫点整体拔除任务异常艰巨。加之新修订的《松材线虫病防治技术方案》对疫木除治方式等内容提出了新的要求，对南京市现已成熟的治理体系产生一定冲击。

（2）受厄尔尼诺现象影响，南京市气候持续出现异常，影响全市林业有害生物发生。美国白蛾在全国各地警报不断，杨树食叶类虫害等其越冬虫口基数增多、发育进度加快，加上春季持续低温，成虫羽化停滞，世代重叠现象加剧，防控难度增大。

（3）人工纯林面积和蓄积量较大，树种单一、林种单纯、林相单调，多种因素易导致美国白蛾等食叶虫害局部暴发成灾。大量外来树种的引入，一是会造成本地林业有害生物种群发生变化；二是大大增加了外来有害物种对园林绿化的危害。面对外来有害生物对园林绿化的危害，预防比治理更为可靠，一旦外来有害生物入侵成功，再想治理就是很困难的事情了，所以应该在没出现问题的时候进行预防。必须加强对新引入植物所带来的林业有害生物或者植物种群的变化带来的有害生物种群变化进行严密监测，防患于未然。

4.2 应对措施

（1）建立健全市、区、街道（镇）、社区（村）四级防控责任体系，完善重大林业有害生物防控政府组织协调机制，确保防控工作落到实处，取得实效。

（2）不断加大资金投入力度，积极争取各级财政资金支持，根据林业有害生物防控工作任务清单和考核目标，合理安排财政配套投入，优化支出结构。对防控任务艰巨、目标完成困难、资金配套不足的地区资金补助适当倾斜。加强检疫防控队伍建设，开展检疫防控技术实务培训，推广应用高新技术，定期组织疫情防控应急演练，打造一批“素质过硬、本领高强、技术扎实、装备优良”的专业防治队伍。

（3）以国家级和省级中心测报点建设为中心，科学布设市、区、街道（乡镇、林场、风景区）三级测报点，以点带面、点面结合，加快形成城乡全覆盖的林业有害生物监测预警网络，及时发布林业有害生物发生趋势预报预警。

（4）全面推行检疫备案登记制度，做到服务对象监管全覆盖。严格开展产地检疫、调运检疫及复检工作，深入实施松材线虫病疫木检疫执法等专项行动，通过加强源头管控杜绝带疫林业植物及其产品非法调运，严厉打击和惩处各类违法违规行为。

第二部分

南京市林业有害生物详述

01

植物虫害

林业昆虫基础知识

昆虫是地球上最为繁盛的生物类群，已命名的有110多万种，约占动物种类总数的85%。隶属于动物界（Animalia）节肢动物门（Arthropoda）昆虫纲（Insecta）。属于昆虫纲的小型节肢动物。

1 昆虫的外部形态

1.1 昆虫的主要特征

昆虫在成虫期具有下列特征：

（1）体躯主要由头、胸、腹三个体段组成。

（2）头部有口器、触角、复眼、单眼，是取食和感觉中心；胸部由前胸、中胸以及后胸3个体节组成，每个体节具有1对足，中、后胸一般各具有1对翅，是运动与支撑的中心；腹部主要有消化系统和生殖系统，一般由9–11个体节组成，是营养和生殖中心。

（3）以气管呼吸。

（4）在生长发育过程中须经历变态生物学现象。

1.2 昆虫的头部

头部是昆虫身体的第一体段，位于虫体的最前端，着生有触角、复眼等主要感觉器官和取食的口器，是昆虫感觉和取食的中心。

（1）触角　昆虫头部着生有触角，是昆虫重要的感觉器官，主要有嗅觉和触觉作用，有的还有听觉作用，可以帮助昆虫进行通讯联络、寻觅异性、寻找食物和选择产卵场所等活动。除膜翅目、双翅目幼虫触角多退化以外，一般昆虫均有1对触角，一般着生于额区复眼之前或复眼之间。触角一般由柄节、梗节和鞭节这三部分组成。

（2）单眼和复眼　大多数昆虫的虫态具有单眼和复眼，穴居或栖息于黑暗环境的昆虫，单眼或复眼常退化消失。单眼分为背单眼和侧单眼两类。

（3）口器　因各种昆虫食性和取食方式不同，昆虫的口器也演化出各种类型，主要有以下三种：咀嚼式、吸收式、嚼吸式。

1.3 昆虫的胸部

胸部由前胸、中胸和后胸3节构成。每一胸节各有胸足1对，分别称前足、中足和后足。多数昆虫在中胸和后胸上还各有翅1对，分别称前翅和后翅。

（1）胸足　胸足着生在各胸节的侧腹面，是胸部的行动附肢。成虫的胸足从基部向端部常分为基节、转节、腿节、胫节、跗节和前跗节共六节。胸足的基本功能是运动，因适应不同的生活方式，特化为许多类型，各具不同形态和功能。

（2）翅　昆虫的翅通常呈三角形，具有3边和3角。翅展开时，靠近头部的一边，称为前缘；靠近尾部的一边，称为内缘；在前缘与内缘之间，同翅基部相对的一边，称为外缘。前缘与内缘间的夹角，称为肩角；前缘与外缘间的夹角，称为顶角；外缘与内缘间的夹角，称为臀角。

1.4 昆虫的腹部

腹部是昆虫的第三体段，通常由9–11节组成。多数昆虫腹部末端有交配器或产卵器，其他腹节一般无附肢，腹部内含大部分代谢和生殖器官，是昆虫代谢和生殖的中心。

2 昆虫的生物学特性

2.1 昆虫的生殖方式

（1）两性生殖　昆虫的绝大多数种类进行两性生殖和卵生，即须经过雌雄两性交配，雌性个体产生的卵子受精之后，方能正常发育成新个体。

（2）孤雌生殖　孤雌生殖也称单性生殖，即卵不经过受精也能发育成正常的新个体。一般可以分为偶发性孤雌生殖、经常性孤雌生殖和周期性孤雌生殖3种类型。

（3）多胚生殖　指1个卵内可产生两个或多个胚胎，并能发育成正常新个体的生殖方式。

（4）胎生　多数昆虫为卵生，但一些昆虫的胚胎发育是在母体内完成的，母体产出来的不是卵而是幼体，这种生殖方式称为胎生。

（5）幼体生殖　少数昆虫在幼虫期就能进行生殖，称为幼体生殖。因其幼虫期即具生殖能力，又行腺养胎生，所以幼体生殖属孤雌生殖和胎生。

2.2 昆虫的生长与发育

（1）昆虫的生活史　又称生活周期，是指昆虫个体发育的全过程。昆虫在一年中的个体发育过程，称为年生活史或生活年史。年生活史是指昆虫从越冬虫态（卵、幼虫、蛹或成虫）越冬后复苏起，至翌年越冬复苏前的全过程。

（2）世代　昆虫的卵或若虫，从离开母体发育到成虫性成熟并能产生后代为止的个体发育史，称为一个世代，简称为一代或一化，一个世代通常包括卵、幼虫、蛹及成虫等虫态。

（3）昆虫的完全变态与不完全变态　昆虫一生只经历过三个时期，即卵→若虫→成虫，这称为不完全变态；昆虫一生经历四个时期，即卵→幼虫→蛹→成虫，这称为完全变态。

（4）卵　昆虫卵的形状也是多种多样的。最常见的为卵圆形和肾形，此外还有半球形、球形、桶形、瓶形、纺锤形等。

（5）孵化　昆虫胚胎发育到一定时期，幼虫或若虫破卵壳而出的现象，称为孵化。一些鳞翅目的初孵幼虫常有取食卵壳或同类卵壳的习性。

（6）幼虫　广义的幼虫包括幼虫、若虫以及稚虫。幼虫是完全变态昆虫的幼体时期。若虫是不完全变态昆虫的幼体，与成虫的形态和生活习性相似，但幼体的翅发育还不完全，生殖器也未发育成熟，变成成虫后，除了翅和生殖器的完全成长外，在形态上与幼期没有其他重要差别，没有蛹期，如蝗虫。稚虫为不完全变态昆虫的幼虫，与成虫的形态及生活习性明显不同，幼虫水生，成虫陆生，如蜻蜓。

（7）蛹　完全变态昆虫由幼虫转变为成虫必须经历的一个不动不食的虫态，称为蛹。而从自由的幼虫变为不食不动的过程称为化蛹。自末龄幼虫脱去表皮起至变为成虫时止所经历的时间，称为蛹期。蛹的类型分为离蛹、被蛹以及围蛹。

（8）成虫　成虫一般具有以下特征：①虫体已经长成，体态固定，各种器官已经充分发育；②有翅的种类，翅已长成；③性成熟，是繁衍后代的时期；④有些种类有二态（二型）或多态（多型）现象，如蜜蜂、白蚁等。由蛹到成虫要经历羽化过程，所谓羽化指成虫由其前一个虫态蜕皮而出的过程。

3 昆虫的习性与行为

3.1 昆虫的食性

（1）植食性　以植物的各部分为食物，如鳞翅目大部分幼虫。

（2）肉食性　以其他动物为食料，又可分为捕食性如七星瓢虫、草蛉等和寄生性如寄生蜂、寄生蝇等两类，它们在害虫生物防治上有着重要意义。

（3）单食性　以某一种植物为食物，如豌豆象只取食豌豆。

（4）寡食性　以1个科或少数近缘科植物为食料，如菜粉蝶取食十字花科植物、棉大卷叶螟取食锦葵科植物等。

（5）多食性　以多个科的植物为食料，如棉铃虫可取食茄科、豆科、十字花科、锦葵科等30个科200种以上的植物。

3.2 昆虫的趋性

（1）趋光性　对光的刺激所产生的趋向或背向活动。

（2）趋化性　对化学物质的刺激所表现出的反应。

（3）趋温性、趋湿性　昆虫对温度或湿度刺激所表现出的定向活动。

3.3 昆虫的扩散

扩散是指昆虫个体经常的或偶然的、小范围内的分散或集中活动，也可称为蔓延、传播或分散等。昆虫的扩散一般可分为以下三种类型：①完全靠外部因素传播，即由风力、水力、动物或人类活动引起的被动扩散活动。许多鳞翅目幼虫可吐丝下垂并靠风力传播。人类活动（如货物运输、种苗调运等）有时也无意中帮助了一些昆虫的扩散。②由虫源地（株）向外扩散，有些昆虫或其某一世代有明显的虫源中心，常称之为“虫源地（株）”。③由于趋性所引起的分散或集中。

3.4 昆虫的迁飞

迁飞或称迁移，是指一种昆虫成群地从一个发生地长距离地转移到另一个发生地的现象。昆虫的迁飞既不是无规律突然发生的，也不是在个体发育过程中对某些不良环境因素的暂时性反应，而是种在进化过程中长期适应环境的遗传特性，是一种种群行为。如东亚飞蝗、粘虫、小地老虎、甜菜夜蛾、稻纵卷叶螟、稻褐飞虱、白背飞虱、黑尾叶蝉、多种蚜虫等。

林业有害生物是指能够对林业植物及其产品造成危害，影响其生长、生存、使用、观赏价值及生物多样性与生态系统稳定性的生物，包括昆虫、病原微生物、线虫、螨类、鼠（兔）类及植物等。林木虫害是指林木的叶片、枝条、树干和树根等单一或多个部位被森林害虫取食危害，造成生理机能以及外部形态上发生局部或全体变化的现象。根据取食危害的部位不同，害虫分为叶部害虫、枝干部害虫和根部害虫。本次南京市林业有害生物普查共调到林业虫害总计8目100科454种，各目占比如图2所示。

其中：直翅目，草螽科1种，螽斯科2种，纺织娘科1种，蟋蟀科3种，蝼蛄科1种，蚱科1种，网翅蝗科1种，蝗科1种，剑角蝗科1种，锥头蝗科1种，斑腿蝗科3种，穴螽科1种；蜚蠊目，白蚁科1种；半翅目，沫蝉科1种，蝉科5种，角蝉科1种，叶蝉科5种，蜡蝉科1种，蛾蜡蝉科2种，广翅蜡蝉科4种，木虱科4种，蚜科1种，斑蚜科2种，群蚜科1种，毛蚜科2种，瘿绵蚜科2种，壶蚧科1种，蜡蚧科3种，盾蚧科2种，绵蚧科2种，绒蚧科1种，盲蝽科3种，同蝽科1种，土蝽科2种，蝽科10种，兜蝽科2种，异蝽科1种，网蝽科2种，长蝽科4种，红蝽科2种，缘蝽科7种；膜翅目，扁叶蜂科1种，三节叶蜂科3种，熊蜂科1种，叶蜂科2种；鞘翅目，锹甲科3种，鳃金龟科8种，丽金龟科5种，犀金龟科3种，花金龟科6种，斑金龟科1种，吉丁科1种，叩甲科4种，露尾甲科1种，天牛科18种，负泥虫科2种，铁甲科1种，叶甲科12

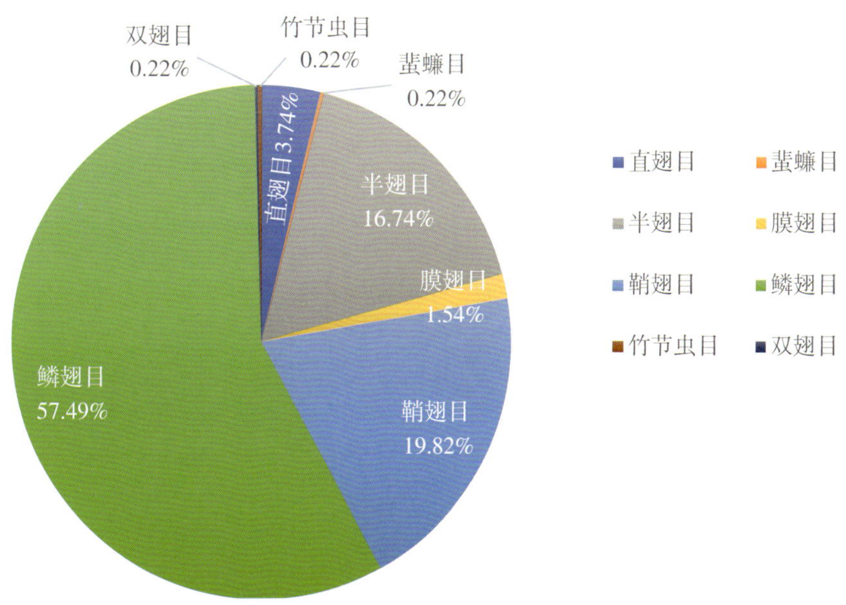

图2　监测害虫各目种数占比

种，肖叶甲科6种，伪叶甲科2种，芫菁科1种，卷叶象科2种，象甲科11种，梨象科1种，瓢虫科2种；鳞翅目，刺蛾科10种，斑蛾科5种，蓑蛾科3种，巢蛾科2种，卷蛾科2种，木蠹蛾科1种，网蛾科4种，螟蛾科32种，钩蛾科4种，尺蛾科33种，凤蛾科1种，枯叶蛾科4种，蚕蛾科2种，大蚕蛾科4种，箩纹蛾科2种，天蛾科19种，舟蛾科12种，夜蛾科32种，虎蛾科1种，灯蛾科17种，鹿蛾科3种，毒蛾科7种，细蛾科1种，凤蝶科11种，弄蝶科3种，粉蝶科8种，灰蝶科8种，珍蝶科1种，蛱蝶科21种，喙蝶科1种，眼蝶科6种，斑蝶科1种；竹节虫目1科1种；双翅目1科1种。

◎ 鳞翅目 Lepidoptera

鳞翅目是昆虫纲中仅次于鞘翅目的第二大目，包括蛾（moths）、蝶（butterfly）两类。关于鳞翅目的分类系统很多，种类分布范围极广，以热带最为丰富，全世界已知约20万种，中国已知8000余种。

幼虫绝大多数植食性，食尽叶片或钻蛀枝干，钻入植物组织为害，有时还能引致虫瘿等，是果树、茶叶、蔬菜、花卉等农林作物的重要害虫；土壤中的幼虫咬食植物根部，是重要的地下害虫；部分种类幼虫危害仓储粮食、器物或皮毛；少数幼虫捕食蚜虫或介壳虫等，是重要的害虫天敌。成虫取食花蜜，对植物起传粉作用；家蚕、柞蚕、天蚕等是著名的产丝昆虫，部分种类是重要的观赏昆虫；虫草、蝙蝠蛾的幼虫被真菌寄生而形成冬虫夏草，是名贵的中草药。

本次普查共监测到32科261种。蝶类由于产卵的习性，造成重大灾害的可能性较小，且成虫白天活动，取食花蜜，对植物授粉有益处。蛾类为危害林木的主要虫害，共23科201种。由图3可以看出：尺蛾占比最大，达16.42%，33种；其次是夜蛾和螟蛾，各占32种，占比15.92%。

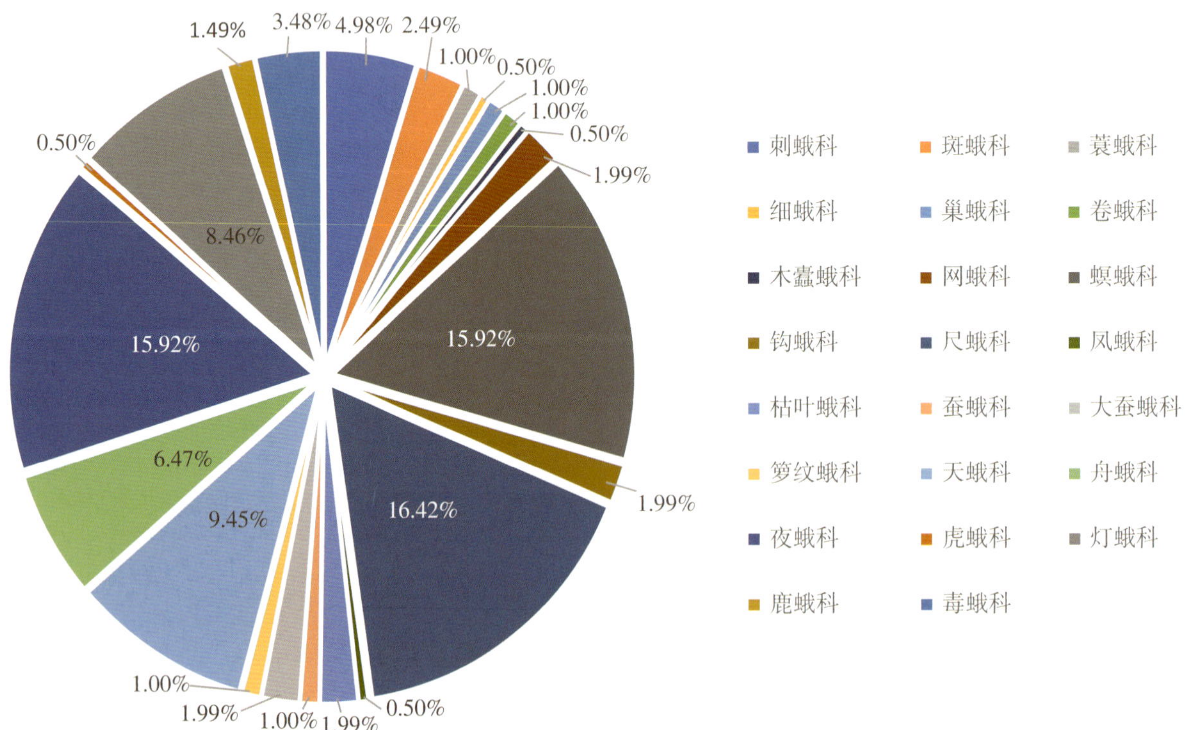

图3　监测鳞翅目害虫各科种数占比

凤蝶科 Papilionidae

成虫色彩艳丽，形态优美，飞翔迅速。多数种类雌雄的体型、大小与颜色相同，少数种类如鸟翼凤蝶属及凤蝶属一些种类，雌雄区别非常明显，呈性二型；幼虫幼龄时颜色深暗，近似鸟粪；卵多散产，近圆球形，表面光滑，有微小而不明显的雕刻纹；蛹为缢蛹（立蛹），表面粗糙，头的端部二分叉。

防治方法：①人工防治：秋末冬初及时清除越冬蛹。5—10月人工摘除幼虫和蛹，集中烧毁。②生物防治：将寄生蜂寄生的越冬蛹，从受害枝上剪下来，放置室内，寄生蜂羽化后放回种植园，使其继续寄生，控制凤蝶发生数量。也可以用含活芽孢100亿/g的苏云金杆菌悬浮液400倍液喷雾的方式进行生物防治。③药剂防治：初孵幼虫一龄期及时开展化学防治。幼虫发生时，喷洒80%敌敌畏乳油1500倍液、90%晶体敌百虫1000倍液、20%杀灭菊酯3000倍液、2.5%保得乳油2000倍液或4.5%高保乳油2500倍液。严重时可用敌百虫、马拉松乳剂1000倍液喷杀。

001 中华麝凤蝶 *Byasa confusa* Rothdchild 鳞翅目 凤蝶科 麝凤蝶属

寄主植物：马兜铃属。

形态特征：翅展72–81mm，翅黑色、灰黑色或灰褐色，灰黑色和灰褐色的个体脉纹都呈黑色。前翅脉纹两侧灰色或灰褐色，中室内有4条黑褐色纵纹。后翅一般都比前翅色深，脉纹不明显；外缘波状，有尾突，外缘区及臀角有7个红色或浅红色月牙形斑。翅反面色淡，但是红色外斑更明显；有时内缘近臀角处有斑纹，但不规则；卵球形，红褐色；初龄幼虫体橙红色，头部黑色。2龄幼虫起体黑褐色，上有灰色纹，各节有红色突起。第3–4腹节有白色斑，使第三腹节的侧面突起及3、4腹节的亚背突也呈白色。

生活习性：1年3代左右，以蛹越冬。幼虫栖息在叶背面，动作迟钝，受刺激时臭角不伸出，化蛹场所不固定，夏季多在低矮的地方，越冬蛹多在高大树木的枝条上出现。

002 长尾麝凤蝶 *Byasa impediens* Seitz 鳞翅目 凤蝶科 麝凤蝶属

寄主植物：马兜铃属。

形态特征：成虫翅黑色或黑褐色，前翅脉纹两侧灰色或黄褐色，后翅外缘波状，有大弯月形红色斑，臀斑变形，尾突长，翅反面前翅色淡，后翅色变深而红色斑更明显，有的臀缘比正面多1个红斑；卵略呈球形，紫红，顶部中心线上有1个红色附属突起，经线方向有20条黄色附属线伸达底部；老熟幼虫体色紫黑色，有规则的灰斑。

生活习性：以蛹越冬，翌年4月中旬越冬蛹开始羽化，5月中下旬为羽化高峰期，4月下旬至6月上旬产卵，5月上旬卵开始孵化，中下旬为孵化高峰期，幼虫5龄，幼虫期约1个月，老熟幼虫于5月底或6月初开始化蛹。

003 碎斑青凤蝶 *Graphium chironides* Honrath　鳞翅目　凤蝶科　青凤蝶属

寄主植物： 荔枝属及樟科的植物。

形态特征： 成虫体背面黑色，具绿毛，腹面淡白色，翅黑褐色，斑纹淡绿色或浅黄色，前翅中室有5个斑纹排成1列，亚顶角有2个斑点，亚外缘区有1列小斑，中区有1列斑从前缘伸到后缘，从前到后除第2斑外逐斑递长，最后一斑最长，后翅基半部有5–6个大小不同的纵斑，亚外缘区有1列点状斑，外缘波状而直，后翅亚外缘的斑列加宽，其内侧另有5个黄色斑纹，基部2–3个斑呈淡黄色；初孵幼虫头褐色，身体黑色，体上长有肉刺，每根肉刺上长有4根小刺，前中后胸背面两侧各有较大的1对刺，臀足明显。

生活习性： 成虫5–6月开始出现，常在丘陵地林区活动，群集稻田、小溪边湿地吸水，幼虫共5龄。

004 樟青凤蝶 *Graphium sarpedon* Linnaeue　鳞翅目　凤蝶科　青凤蝶属

寄主植物： 樟树、沉水樟、假肉桂、天竺桂、红楠、香楠、大叶楠、山胡椒等。

形态特征： 成虫翅黑色或浅，前翅有1列青蓝方斑，从顶角内侧开始斜向后缘中部，从前缘向后缘逐斑递增，近前缘的1斑最小，后缘的1斑变窄，后翅前缘中部到后缘中部有3个斑，其中近前缘的1个斑白色或淡青，外缘区有1列新月形青蓝斑，外缘波状，无尾突；初龄幼虫头部与身体均呈暗褐色，但末端白色，其后随幼虫的成长而色彩渐淡，至4龄时全体底色已转为绿色，胸部每节各有1对圆锥形突，即将化蛹时体色为淡绿色半透明；蛹的体色依附着场所不同而有绿、褐两型。

生活习性： 1年多代且世代重叠，以蛹在寄主中下部枝条或叶上悬挂越冬，成虫3–10月出现，次年4月中旬至5月中旬陆续羽化为成虫，经过1–2d补充营养后交配产卵。

005 中华虎凤蝶 *Luehdorfia chinensis* Leech　鳞翅目　凤蝶科　虎凤蝶属

寄主植物： 杜衡、华细辛等植物。

形态特征： 成虫翅黄色，前翅上半部有7条黑色横带，其中基部第1、2、4条及外缘区的1条宽黑带直达后缘，且外缘宽带内嵌有1列黄色短条斑和1条似显非显的黄色横线，后翅外缘锯齿状，在齿凹处有黄色弯月形斑纹，在弯月形斑外侧有相应的镶嵌黑色和黄白色的边，翅的上半部有3条黑色带，其中基部1条宽而斜向内缘直达亚臀角，中后区有1列新月形红色斑，红斑外侧有不十分明显的蓝斑列，臀角有红、蓝、黑三色组成的圆斑，尾突中长，翅反面与正面相似。

生活习性： 1年1代，以蛹越夏、越冬，多在枝干或树皮上、枯枝败叶下及石块缝隙中，卵初见于3月中旬，盛见于3月下旬、4月初，4月初至5月中旬为幼虫活动期，5月上旬开始陆续化蛹。

006 碧凤蝶 *Papilio bianor* Cramer 鳞翅目 凤蝶科 凤蝶属

寄主植物：柑橘属。

形态特征：成虫翅黑色，满布翠绿色鳞片，在脉纹间更集中，已表现出翠绿带，后翅翠绿色鳞片有的均匀散布，有的集中在基半部，有的集中在上角附近呈翠蓝色，有的集中在中后区的上半部，亚外缘有1列弯月形蓝色斑纹和红色斑纹，臀角有红色环形斑纹，翅反面前翅亚外缘区有灰黄或灰白色宽带，由后缘向前缘放射，越接近前缘越宽，颜色越淡，后翅亚外缘区红色月牙形或钩形斑纹十分明显；幼虫共5龄，初龄幼虫褐色，2龄后尾端白纹减退，到4龄时腹部背侧白纹减退，体色转为暗绿色。老熟幼虫体深绿色、鲜绿色、黄绿色或黄色，其上有时密布黑色小斑点，胸部有云状纹，后胸眼状纹暗褐色，上有红色弧形线纹。

生活习性：1年1–3代，以蛹越冬，成虫5–10月都可采到。

007 金凤蝶 *Papilio machaon* Linnaeus 鳞翅目 凤蝶科 凤蝶属

寄主植物：伞形花科植物。

形态特征：成虫体黑色或黑褐色，胸背有2条“八”字形黑带，翅黑褐色至黑色，斑纹黄色或黄白色，前翅基部的1/3，有黄色鳞片，中室端半部有2个横斑，中后区有1纵列斑，从近前缘开始向后缘排列，除第3斑及最后1斑外，斑纹大致逐渐增大，外缘区有1列小斑，后翅基半部被脉纹分隔的各斑占据，亚外缘区有不十分明显的蓝斑，亚臀角有红色圆斑，外缘区有月牙形斑，外缘波状，尾突长短不一。翅反面基本被黄色斑占据，蓝色斑比正面清楚。

生活习性：每年代数因地而异，在高寒地区每年通常发生2代，温带地区1年可发生3–4代，成虫将卵产在叶尖，每产1粒即行飞离。

008 玉带凤蝶　*Papilio polytes* Linnaeus　鳞翅目　凤蝶科　凤蝶属

寄主植物： 芸香科的山小橘、飞龙掌血及光叶花椒、假黄皮等植物。

形态特征： 成虫蝶体及翅黑色，脉纹色略深，外缘有1列白斑，各斑被黑色脉纹穿过好似成对的白斑，由前缘向后缘逐斑递增。后翅中后区有1列白斑，外缘波状，有尾突，后翅反面外缘凹陷处有橙色点，亚外缘有1列橙色新月形斑，其余与正面相似；卵呈球形，刚产出新鲜卵为黄白，后颜色逐渐变深，至孵化前为紫黑色；幼虫前胸背板绿，但前缘黄，两侧的角状突呈黄橙色，体色暗绿，背面灰，后胸亚背线上有1对眼状纹和细的线状纹；蛹呈菱角形，头两侧及胸背部均有1个突起，胸背突起两侧稍突出，胸部顶角突出。

生活习性： 1年多代，常分布在稀疏的森林和低海拔的公园、街道、庭园，超低飞行，喜欢访花，雌蝶飞行缓慢，雄蝶飞行迅速。

009 蓝凤蝶　*Papilio protenor* Cramer　鳞翅目　凤蝶科　凤蝶属

寄主植物： 柑橘属、光叶花椒、蜀椒。

形态特征： 成虫体、翅黑色，有靛蓝色天鹅绒光泽，雄性后翅前缘有一条白色或黄白色纵带，臀角有1个外围红环的黑斑，个体一般比雌性小，翅面蓝色鳞较少。雌蝶前翅脉纹两侧灰白色明显，后翅蓝色鳞片多集中于中部或前缘区附近，臀角比雄蝶多1个弧形红斑。翅反面前翅色淡，脉纹两侧色更淡，后翅上角及下边有3条环形红色斑纹（有时有2条），臀角有红色环形或弯月形斑纹2条；第1–4龄幼虫呈鸟粪状，老熟幼虫深绿色，后胸的横带纹淡绿色，第4–5腹节及第6腹节有褐色带纹，左右两侧的带纹均在背面相接，且其侧面下缘都呈白色。

生活习性： 1年多代，有世代重叠现象，主要发生期在3–10月。

010 柑橘凤蝶 *Papilio xuthus* Linnaeus 鳞翅目 凤蝶科 凤蝶属

寄主植物：樗叶花椒、光叶花椒、吴茱萸、黄柏属、柑橘属等植物。

形态特征：成虫体侧有灰白色或黄白色毛，体、翅的颜色随季节不同而变化，春型色淡呈黑褐色，夏型色深呈黑色，翅上的花纹黄绿色或黄白色，排列春、夏型都是一致的，只是夏型雄蝶的后翅前缘多1个黑斑，前翅中室基半部有放射状斑纹4-5条，到端部断开几乎相连，端半部有2个横斑，外缘区有1列新月形斑纹，中后区有1列纵向斑纹，外缘排列十分整齐而规则，从前缘向后缘逐个递增；幼虫5龄，头部黄绿，体背面与侧面草绿色，有横条纹，第4节及第6节后缘具1条大黑纹，足基部有黄色纹，第4、7、8、9各节有橙黄色小点，第1节具臭腺1对，橙色；蛹体淡绿色稍呈暗褐色，头部两侧各有1个显著突起，胸背稍突起。

生活习性：1年3代，以蛹越冬。

011 丝带凤蝶 *Sericinus montelus* Gray 鳞翅目 凤蝶科 丝带凤蝶属

寄主植物：马兜铃、北马兜铃。

形态特征：成虫雌雄异型，雄蝶翅淡黄白色，前翅基角、前缘、顶角及外缘黑色或黑褐色，中室中部和端部各有1个黑色条斑，中后区有1列大小、形状都不规则的黑斑，后翅有1条中横带，中间错位后与臀角大黑斑相连接，大黑斑中有红色横斑，此红斑有时断续沿中横带伸到前缘，红横斑下有蓝斑，雌蝶前翅中室有5个大小不同、形状各异的不规则黑褐斑，前缘、外缘、亚外缘区、中后区、中区、基区和亚基区都有不规则的黑褐色斑或带，后翅基区、亚基区有不规则的斜横带，中带红色，到中后区直达后缘，且镶有黑边，在红色带外侧（即亚外缘区）是黑色带，此带间有的具有蓝斑，外缘波状、黑色，尾突长、黑色、末端黄白色，翅反面与正面相似。

生活习性：1年3-4代，以蛹在枯叶下、土缝或表土内越冬。翌年4月中旬越冬蛹开始羽化，4月下旬至5月上旬为越冬代成虫羽化盛期，幼虫大多5龄，少数6龄。

粉蝶科 Pieridae

粉蝶科成虫体型通常为中型或小型，色彩较素淡，一般为白、黄和橙色，并常有黑色或红色斑纹；卵炮弹形或宝塔形，长而直立；幼虫圆柱形、细长，胸部和腹部每一节都有皱环；带蛹。

防治方法：①农业防治：清除田间残株败叶，并翻耕土地，消灭附着在上面的卵、幼虫和蛹。压低夏季虫口密度，减轻受害程度，选育生长期短的品种，并配合早熟栽培技术，使收获期提前避开粉蝶发生盛期，减轻危害。②生物防治：用生物农药Bt乳剂进行防治，每亩250g加水稀释200倍于傍晚喷雾，当气温在20℃以上时，防治效果尤佳。或在粉蝶产卵高峰期人工释放赤眼蜂，每公顷放蜂15万头。③药剂防治：**植物性杀虫剂**：用2.5%鱼藤酮乳油600倍液，或0.65%茴蒿素水剂400-500倍液喷雾；**昆虫生长调节剂**：用5%定虫隆乳油、5%伏虫隆乳油2000倍液，喷药时应比化学药剂提前3d左右；**化学药剂**：可选用20%杀灭菊酯乳油300倍液、2.5%功夫乳油3000倍液、10%联苯菊酯乳油3000倍液、5.7%百树得乳油2000倍液、50%辛硫磷乳油1000倍液、24%万灵水剂1000倍液等喷雾防治。

012 橙翅襟粉蝶　*Anthocharis bambusarum* Oberthür　鳞翅目　粉蝶科　襟粉蝶属

寄主植物：弹裂碎米荠等。

形态特征：成虫前翅顶角圆润，基部有黑色鳞粉，亚基部及内缘的基半部黄色至黄白色，前翅其余的绝大部分橘红色，中室端斑黑色，顶角黑色，反面淡黄色，顶角及外缘有棕褐色横脉纹，中室端斑黑色，后翅正面白色，外缘翅脉端部有棕褐色云状斑，反面云状斑密，一般不中断，棕褐色，雌蝶翅面白色，前翅前缘基半部黑色，中室端斑较大，前端一般向翅基部伸出一段黑条，或与前缘黑条斑连上，反面白色，外缘斑与雄蝶相似，后翅与雄蝶相似。

生活习性：成虫一般在4月出现，1年1代，以蛹越冬。

013 黄尖襟粉蝶　*Anthocharis scolymus* Butler　鳞翅目　粉蝶科　襟粉蝶属

寄主植物：油菜、芥菜、碎米荠、诸葛菜等十字花科植物。

形态特征：成虫翅面白色，前翅狭长，中室端有1个肾形黑斑，顶角尖出，略呈钩状，顶角区域在前缘处有稍宽的黑色带，外缘处有1个黑斑，其余部分为橙黄色，反面也有中室端斑，顶角处前缘和外缘为绿色云状斑，中间区域白色。后翅正面白色，能透视反面斑，前缘中部有1个不规则绿色斑，翅脉端部各有1个小外缘斑，反面密布云状斑，基半部绿褐色，端半部棕黄色，雌蝶翅正反面均如雄蝶，只是前翅正面顶角区域的黄色部分为白色。

生活习性：1年1代，以蛹越夏、越冬。成虫3月底开始羽化，4月上旬开始产卵，幼虫4月中旬开始孵化，5月上旬开始化蛹，5月下旬全部化蛹完毕。

014 黑脉园粉蝶

Cepora nerissa Fabricius　**鳞翅目　粉蝶科　圆粉蝶属**

寄主植物：白花菜科，兰屿山柑、小刺山柑。

形态特征：成虫雄蝶前翅正面白色，中室上部的前缘处稍被黑色鳞粉，顶角黑色，外缘有黑色带，到臀角处变窄，反面翅脉上有绿褐色条纹，前缘和外缘前半部为黄绿色，前翅三室中部各有1个黑斑，后翅白色，有黑色外缘带，雌蝶前翅正面翅脉上有黑褐色宽条纹，前缘及中室上缘黑褐色，前翅两室中部各有1个黑褐色斑，后翅正面翅脉被黑褐色宽条纹，中室端脉白色，内缘及臀角处的外缘黄褐色，外缘带和亚外缘带之间有3–5个黄白色斑。

生活习性：成虫主要发生期在春、夏季节，夏季其卵期约3d，幼虫期约18d，蛹期约7d。

015 东亚豆粉蝶

Colias poliographus Motschulsky　**鳞翅目　粉蝶科　豆粉蝶属**

寄主植物：蓝雀花、列当、紫云英、苜蓿、百脉根等豆科植物。

形态特征：成虫翅展45–55mm。雄蝶翅黄色，前翅外缘有宽阔的黑色横带，其中部镶嵌1列黄色斑纹；中室端有1枚黑色的小圆斑。后翅外缘的黑色纹多相连成列，中室端的圆斑点在正面为橙黄色，反面则呈银白色，外围褐色框。雌蝶有二型：一型翅面为淡黄绿色或淡白色（斑纹与雄蝶相同），容易与雄蝶区别；另一型翅面为黄色，与雄蝶完全相同。翅反面颜色较淡，亚端有1列暗色斑。幼虫头壳黑色，上有淡色短毛，胸足黑色，胸腹部暗绿色，体表密布黑色颗粒状小点。

生活习性：以幼虫或蛹越冬，1年2代，越冬代成虫一般在5月出现，6月末至7月下旬出现当年第一代成虫，9月初至10月上旬均可见到成虫。

016 北黄粉蝶

Eurema mandarina　**鳞翅目　粉蝶科　黄粉蝶属**

寄主植物：豆科的田菁。

形态特征：小型粉蝶，翅展42–49mm，极度近似宽边黄粉蝶，但本种前翅缘毛呈鲜黄色，前翅腹面中室端褐色短纹略直，低温型个体翅背面无外缘黑斑。

生活习性：成虫喜访花，常在地面吸水，喜欢停息于叶的反面。

017 宽边黄粉蝶 *Eurema hecabe* Linnaeus 鳞翅目 粉蝶科 黄粉蝶属

寄主植物： 大戟科、大叶合欢、银合欢、黑面神、土密树、黄牛木、雀梅藤、田菁等。

形态特征： 雌成虫棒状部黑色，翅深黄色至黄白色，前翅前缘黑色，外缘有宽的黑色带，从前缘直到后角，雄蝶色深，中室下脉两侧有长线形斑，后翅外缘黑带窄而界限模糊，或仅有脉端斑点，前翅反面满布褐色小点，前翅中室内有2个斑，中室的端脉上有1个肾形斑，后翅反面有分散的小点，中室端有1枚肾形纹，外缘呈不规则圆弧形；幼虫体墨绿色，头浅绿色，有深绿色网纹，第6腹节亚背线处有1个淡黄色肾形斑，各体节有5–6个小环节，其上密布小瘤突，体毛末端呈球状，趾钩为三序中列式。

生活习性： 1年9代，世代重叠，以幼虫在黑荆树羽叶上越冬，越冬幼虫翌年2月中、下旬开始化蛹，3月上旬始见成虫。

018 暗脉菜粉蝶 *Pieris napi* Linnaeus 鳞翅目 粉蝶科 粉蝶属

寄主植物： 十字花科植物、碎米荠、诸葛菜等。

形态特征： 雄成虫前翅乳白色，前缘黑褐色，顶角黑斑窄而被脉纹分割，后翅前缘外方有1个三角形的黑斑。前翅反面的顶角淡黄色，有明显的黑斑，其余同正面，后翅反面淡黄色，基角处有1个橙色斑点，脉纹暗褐色明显，雌蝶翅基部淡黑褐色，黑色斑及后缘末端的条纹扩大，正面的脉纹明显。

生活习性： 1年2代，以蛹越冬，春型5–6月，夏型7–8月。

019 菜粉蝶 *Pieris rapae* Linnaeus 鳞翅目 粉蝶科 粉蝶属

寄主植物： 芸苔属、木犀草属、甘蓝等十字花科，白花菜科，金莲花科植物。

形态特征： 成虫雄蝶粉白色，前翅长三角形，翅面白色，近基部散布黑色鳞片，顶角区有1枚三角形的大黑斑，外缘白色，亚端有2枚黑斑，后者常趋退化或消失，后翅略呈卵圆形，白色，基部散布黑色鳞片，末端饰有1枚黑斑；初孵化的幼虫橙黄色，随后逐渐变为浅绿色，同时背中央出现1条模糊的黄线。

生活习性： 1年3–9代，以蛹越冬，越冬蛹羽化日期由北向南逐渐提早，趋势十分明显，越冬成虫始羽时间一般在2月中下旬。

蛱蝶科 Nymphalidae

本科蝴蝶种类较多，属小型至中型的蝶种，少数为大型种。色彩丰富，形态各异；卵呈半球形，卵表面具纵脊或横纹，卵散产或聚集在一起；幼虫长圆筒形，头小，许多种类体躯上布满棘刺；悬蛹。

防治方法：防治方法同一般蝶类。

020 茶褐樟蛱蝶（白带螯蛱蝶）

Charazes bernardus Fabficius　**鳞翅目　蛱蝶科　螯蛱蝶属**

寄主植物：樟树、天竺葵。

形态特征：成虫体长34–36mm，翅展65–70mm，体背、翅红褐色，腹面浅褐色，触角黑色，后胸、腹部背面，以及前、后翅缘近基部密生红褐色长毛，前翅外缘及前缘外半部带黑色，中室外方饰有白色大斑，后翅有尾突2个；幼虫绿色，头部后缘有骨质突起的浅紫褐色四齿形锄枝刺，第3腹节背中央1个圆形淡黄色斑；蛹粉绿色，悬挂叶或枝下。

生活习性：1年3代，以老熟幼虫在树冠中部的叶面主脉处越冬，翌年3月活动取食，4月中旬化蛹，5月上旬前后羽化成虫，5月中旬产卵，5月下旬幼虫孵化，各代幼虫分别于6月、8–9月及11月取食为害。

021 大红蛱蝶

Vanessa indica Herbst　**鳞翅目　蛱蝶科　红蛱蝶属**

寄主植物：苎麻、密花苎麻、黄麻、大麻、荨麻、异叶蝎子草、榆树等。

形态特征：成虫翅展45–60mm，体粗壮黑色，翅面黑色，外缘波状。前翅M_1脉外伸成角状，有几个白色小点，亚顶角斜列4个白斑，中央有1条宽的红色不规则斜带。后翅暗褐色，外缘红色，有1列黑色斑，其内侧还有1列黑色斑，臀角黑色。前翅反面除顶角茶褐色外，前缘中部有蓝色细横线；后翅反面有茶褐色的云状斑纹，外缘有4枚模糊的眼斑。

生活习性：1年2–3代，以成虫在田埂、杂草丛中、树林或屋檐等处隐蔽越冬。喜访花，吮吸树液、粪便。飞行迅速，不易捕捉。

022 小红蛱蝶

Vanessa cardui Linnaeus　**鳞翅目　蛱蝶科　红蛱蝶属**

寄主植物： 堇菜科、忍冬科、杨柳科、桑科、榆科、麻类、大戟科、茜草科。

形态特征： 成虫翅展长4.7–6.5cm。前翅黑褐色，顶角附近有几个小白斑，翅中央有红黄色不规则的横带，基部与后缘密生暗黄色鳞片。后翅基部与前缘暗褐色，密生暗黄色鳞片，其余部分红黄色，沿外缘有3列黑斑，内侧一列最大，中室端部有一褐色横带。前翅反面和正面相似，但顶角为青褐色，中部的横带为鲜红色。后翅反面多灰白色线纹，外围不规则密布深浅不同的褐色纹，外缘有一淡紫色带，其内侧有4–5个中心青色的眼状纹。

生活习性： 幼虫将叶片卷起取食，造成缺刻和孔洞，严重时将叶片吃成网状。成虫于9–10月大量出现，喜吸食柳大瘤蚜分泌的蜜汁及榆树汁液。

023 残锷线蛱蝶

Limenitis sulpitia Cramer　**鳞翅目　蛱蝶科　线蛱蝶属**

寄主植物： 访花。

形态特征： 成虫体型中等，翅正面黑褐色，斑纹白色，前翅中室内剑眉状纹在2/3处残缺，前翅中横斑弧形排列，后翅中横斑极倾斜，到达翅后缘的1/3处，亚缘带的大部分与横带平行，不与翅的外缘平行。翅反面红褐色，除白色斑外有黑色的斑点，还有白色外缘线。

生活习性： 行极快速，喜爱滑翔飞行。具保护色，使捕食者难以发现。

024 扬眉线蛱蝶

Limenitis helmanni Lederer　**鳞翅目　蛱蝶科　线蛱蝶属**

寄主植物： 访花。

形态特征： 成虫前翅中室有1纵长白色内眉状斑，中断、中横带的M3室斑不明显变小，后翅反面中横带的最前3个斑特别宽，明显向两侧突出，中横带外缘弧形弯曲，到达翅后缘近臀角处；亚缘带与翅外缘平行。

生活习性： 飞行极快速，喜爱滑翔飞行。具保护色，使捕食者难以发现。

025 重眉线蛱蝶

Limenitis amphyssa Ménétriès　**鳞翅目　蛱蝶科　线蛱蝶属**

寄主植物： 访花。

形态特征： 成虫中型，深褐色，前中室在内侧，多了一个眉状白斑，故称重眉线蛱蝶，后翅反面基部青色斑也不一样，比其他种较大和宽。

生活习性： 飞行极快速，喜爱滑翔飞行，具保护色，使捕食者难以发现。

026 二尾蛱蝶 *Polyura narcaea* Hewitson 鳞翅目 蛱蝶科 尾蛱蝶属

寄主植物：山合欢、颔垂豆、黑点樱桃、山黄麻。

形态特征：春夏两型。春型翅展70mm，体长25mm，体背有黑色绒毛。翅绿色，前翅前缘黑色，外缘和亚缘带黑色，两缘线间为绿色带，中室横脉纹黑色，中室下脉有1黑色棒状纹，向外延伸接近亚外缘带。后翅外缘黑色，在近后角处向外延伸形成2个尾突。亚外缘带黑色，伸至后角，后角为焦黄色。夏型体略小，与春型区别为外缘与亚外缘带之间形成一列绿色圆斑，中室下脉的棒状纹与亚外缘带相接，翅基至中室横脉处全为灰黑色；后翅自翅基伸出淡黑色宽带逐渐变细直至后角。

生活习性：幼虫5龄，初孵幼虫取食卵壳，后取食叶片，林缘比林内为害重，阳坡比阴坡发生多，郁闭度小、透光强的林地被害较重。

027 青豹蛱蝶 *Damora sagana* Doubleday 鳞翅目 蛱蝶科 豹蛱蝶属

寄主植物：堇菜科。

形态特征：成虫雄蝶翅橙黄色，雌蝶翅青黑色，前翅中室中部有2条短横线，横线外侧有2个斑，以中室端斑最大，中室外有3–5个斑，翅外缘有3列斑，亚端部2列为圆形斑，相平行，端部一列为彼此相连的角形斑；后翅沿外缘有1列三角形白斑，中部有1条白宽带，雄蝶前翅反面淡黄色，但后翅亚外缘2列暗褐色斑均为圆形，雌蝶前翅反面顶角绿褐色，斑纹与正面近同，后翅缘褐色，亚外缘有1列白色三角形白斑，内侧有5个小白点，围有暗褐色环，中部有1条在中段以后内弯的白色宽横带，其内侧1条白色细线下端在中室后脉处与宽带相连。

生活习性：第一代出现在每年的5–6月，多数种类在低地可见，但有些属为高山林区特产。

028 斐豹蛱蝶 *Argyreus hyperbius* Linnaeus 鳞翅目 蛱蝶科 斐豹蛱蝶属

寄主植物：戟叶堇菜。

形态特征：成虫雄、雌异形，雄蝶翅面红黄色，有黑色豹斑，前翅中室内有4横纹，后翅面外缘有两条波纹状线，中间夹有青蓝色新月斑，前翅里顶角暗绿色，有几个小银色斑纹，后翅里有银白色斑和绿色圆斑；雌蝶前翅面端半部紫黑色，有一条宽的白色斜带，顶角有几个白色小斑。幼虫头部呈黑色，脚部为黄黑二色，身体呈黑色，中间有一条橙色带状纹，头上有四条水平的黑色刺，腹部上的刺尖端呈粉红色，尾部的刺则呈粉红色而尖端黑色；蛹头部及翅鞘呈淡红色，背上有10个淡金属色的斑点，腹部呈深粉红色，刺端黑色。

生活习性：1年3代，以蛹虫态越冬。第1代幼虫6月下旬为害，第2代幼虫8月上旬为害，第3代幼虫于9月下旬陆续化蛹越冬。

029 黑脉蛱蝶 *Hestina assimilis* Linnaeus 鳞翅目 蛱蝶科 脉蛱蝶属

寄主植物：朴树。

形态特征：成虫翅展70–93mm，翅正面淡黄绿色，脉纹黑色，前翅有多条横黑纹，后翅亚外缘后半部有4–5个红色斑，斑内有黑点，前足退化；外缘后半部微向内凹，雄蝶尤为明显。翅反面的斑纹、色彩同正面。雌雄外观几近相同。幼虫体黄绿色，体形圆柱形，臀足欠发达，并具叉锥状尾棘，尾棘分开呈90°；蛹为透明绿色，左右扁平，腹面宽厚。

生活习性：1年3代，10月下旬以4龄或5龄幼虫在寄主植物的落叶中越冬，翌年4月初越冬幼虫开始活动，越冬代成虫5月上旬始见，幼虫共5龄。

030 黄钩蛱蝶 *Polygonia caureum* Linnaeus 鳞翅目 蛱蝶科 钩蛱蝶属

寄主植物：葎草、榆、梨。

形态特征：成虫翅展44–48mm，雌雄差异不大。翅面黄褐色，翅缘凹凸分明，前翅2脉和后翅4脉末端突出部分尖锐（秋型更加明显），外缘有黑褐色波状带；中室内有黑褐色斑，有时外边两斑相连。中室端有一长形黑褐色斑，中室与顶角间有一矩形黑褐斑，中室外有4个排成“品”字形黑褐斑，其中后缘外侧斑纹内有一些青色鳞。后翅外缘和亚缘各有一黑褐色波状带（秋型色淡些），腹面中域有一银白色“C”形图案。

生活习性：与白钩蛱蝶*P.calbum*相似又混合发生。成虫主要发生在春末、夏季，动作敏捷。

031 小环蛱蝶 *Neptis sappho* Pallas 鳞翅目 蛱蝶科 环蛱蝶属

寄主植物：胡枝子、香豌豆、大山黧豆、五脉山黧豆。

形态特征：成虫翅展45–51mm，翅面黑色，斑纹白色。前翅中室有一白色纵纹，断续状中室端有一三角形斑，外侧有长形白斑1列，排列成弧形，亚缘区有1列小白斑；前翅基部沿外缘至中室三角形斑具1白色细纹；翅反面棕红色。后翅基部及亚缘区各具1列白斑带。

生活习性：成虫多见于春、夏季，热带地区整年可见，成虫飞行缓慢，喜欢吸食发酵水果汁液、花蜜和湿地水分，雄蝶具领域性。

032 中环蛱蝶 *Neptis hylas* Linnaeus 鳞翅目 蛱蝶科 环蛱蝶属

寄主植物：豆科、榆科、蔷薇科。

形态特征：成虫翅展40–50mm，体背面黑色，腹面苍黄色，触角顶端黄色，翅表面黑褐色，斑纹白色，外缘波状并有白色缘毛，翅展开时显示3列由大小斑纹组成并两翅相连的白色带，前翅中室内有一条长形纵带，有中断痕迹，其前方有一个箭头状斑纹；翅反面黄色或黄褐色，斑纹清晰，周缘有明显的黑线围绕。

生活习性：绝大多数种类的幼虫危害各类栽培植物，体形较大者常食尽叶片或钻蛀枝干，体形较小者往往卷叶、缀叶、结鞘、吐丝结网或钻入植物组织取食为害。

033 珂环蛱蝶 *Neptis clinia* Moore 鳞翅目 蛱蝶科 环蛱蝶属

寄主植物：豆科、榆科、蔷薇科。

形态特征：成虫翅正面黑色，斑纹乳白色，前翅中室内白色条纹断痕不明显，缘毛在R_4、R_5室暗褐色，下外带Cu_1室至M_3室及上外带M_1室斑的内缘不在一直线上，中室条与室侧条相距很近，上外带R_2、R_4、R_5、M_1室白斑的外缘连接，弧形弯曲，后翅中带幅宽一致。翅反面褐色，中室内条纹与中室外楔形斑相连。

生活习性：1年2代。

034 柳紫闪蛱蝶 *Atatura ilia* Denis et Schiffermuller 鳞翅目 蛱蝶科 闪蛱蝶属

寄主植物：杨、柳。

形态特征：成虫中型，色彩鲜艳，花纹相当复杂。翅黑褐色，有强烈紫色闪光。前翅三角形，侧缘向内弧形弯曲，沿外缘有黄褐色斑，中室内有4个小黑点，近顶角有小白点，反面淡黄绿色，斜带白色，黄点明显。后翅2室有1黄环黑色斑，各径脉间中部有相连的无色方斑呈一横条，下方有一圆形黑斑，反面紫褐色，中央横带灰白色，亚缘带褐色，2室内的点黑色。前足退化，短小无爪；幼虫草绿色，头上有突起1对，体上有小颗粒，尾节向后尖突，胸部气门上线白色，腹部气门上线斜向白色；蛹长约30mm，腹背棱线突出。

生活习性：1年1–2代，个别3代，以3龄幼虫吐丝潜伏越冬。卵散产于叶面、叶背、叶尖、叶脉、叶缘等处。

035 猫蛱蝶 *Timelaea maculata* Bremer et Gray 鳞翅目 蛱蝶科 猫蛱蝶属

寄主植物：朴树。

形态特征：成虫翅展44–56mm。翅面黄褐色，有黑色斑纹；前翅外缘有两列大小不等的圆斑；本种前翅中室内共有6个黑斑，基部1个斜形，中室内2个，上方3个，后缘和2A室基半部各有1条长黑纹，后翅臀域有3个黑色斑；幼虫共12节，每一体节两侧均有1个气孔，头略呈半圆球形，有4对单眼，唇基三角形，额区狭窄，呈“人”字形。

生活习性：1年3代，发生期6–8月，第1代成虫出现在7–8月中旬，第2代成虫于9月下旬到10月上旬出现，以3龄幼虫越冬，越冬代翌年5月下旬羽化。成虫飞行迅速，常在林间道路边停息，喜吸食树汁，发生期数量很多。幼虫寄主为朴树，多生活在低矮的灌丛状朴树上。

036 曲纹蜘蛱蝶 *Araschnia doris* Leech 鳞翅目 蛱蝶科 蜘蛱蝶属

寄主植物： 荨菜科。

形态特征： 成虫翅展42-50mm，后翅外缘成弧形，后翅有明显白色或黄色中横带，其先端弯曲，与前翅中横带的后端连成一曲折纹，翅正面黑褐色，中横带黄白斑不连成1条直线，亚外缘3条橙红色细线互相交接，划出大小不同的2列黑斑；翅反面黄褐色或红褐色，脉纹与不规则的横线黄色，组成蜘蛛网状纹。

生活习性： 1年2代，部分有1年3代的可能，以蛹越冬，每年春天5月初就可以见到羽化的春型蝶在地面上飞舞。

037 银白蛱蝶 *Helcyra subalba* Poujade 鳞翅目 蛱蝶科 白蛱蝶属

寄主植物： 榆科的珊瑚朴、黑弹朴等。

形态特征： 成虫体型中等，翅展6-8cm。成虫体翅背面茶褐色，前翅中室横脉内有一个近长方形深褐色区，在其上下方各有2个白斑前翅三角形，中室为开室；后翅近前缘中部亦有2个小白斑。后翅多呈近三角形，但翅角较圆，边缘呈锯齿状，中室开室。翅反面除和正面相同的白斑外，前翅后缘近后角处有1个淡褐色斑纹、足、胸、腹、翅均为银白色，其中，前足退化，收缩不用，雄性为一跗节，雌性为4-5跗节，爪全退化。

生活习性： 成虫不访花，喜欢吸树汁。飞行较迅速，路线较规则，常活动于林缘及林内树丛中。1年1代，成虫发生于6月上旬至7月中旬。

038 美眼蛱蝶 *Junonia almana* Linnaeus 鳞翅目 蛱蝶科 眼蛱蝶属

寄主植物：红草、水蓑衣马蓝、靛蓝、芦莉草、车前草科及马鞭草科植物。

形态特征：翅展55-60mm。体背面深褐色，被红橙色绒毛，腹面苍黄色，被苍黄色长毛。前翅和后翅外缘波状。前翅浓橙色，沿外缘有3条深褐色波状缘线，沿翅前缘深褐色，其下连4条深褐色短横带，亚基部1条呈环线形，基半部3条止于中室后缘，另1条位于亚顶部，其下在第5室有1小眼状斑，第5室中部有1中型眼状斑；后翅茶褐色，后缘苍白色，亚前缘中部具1大型眼状斑，其下第2室具1小型眼状斑（有的个体不清晰）。翅反面浅黄色或黄褐色，前后翅中部贯穿一条浅色带纹，秋型的个体翅外缘有角突；幼虫黑褐色，密生枝刺。

生活习性：本种甚喜访花，常出没于庭园中。

039 琉璃蛱蝶 *Kaniska canacae* Linnaeus 鳞翅目 蛱蝶科 琉璃蛱蝶属

寄主植物：菝葜科、百合科。

形态特征：成虫翅展53-70mm。体背、腹面均为黑褐色。前、后翅黑色，具光泽，前翅顶部有小白斑，亚端部有1条蓝色宽带，此带在亚顶部呈丫状，在翅平展时带后缘与后翅蓝带相接；后翅亚端部蓝色宽带的外侧上有一列黑色小点。前、后翅反面基半部褐黑色，端半部褐色，褐黑色中带明显，后翅中室端有1小白点，其余为不规则和深浅不一的线和斑满布全翅。幼虫灰黑色，体表散生淡黄色枝刺，枝刺基部附近为橙色；蛹暗褐色，各节有橙色的棘状突起，端部呈牛角状，样子像垂挂卷曲的枯叶。

生活习性：成虫出没于3-12月，善于在林间和灌丛中作快速机动飞行和突然降落，有领域性，喜访花及吸食树液、动物粪便。

040 迷蛱蝶 *Mimathyma nycteis* Ménétriès 鳞翅目 蛱蝶科 迷蛱蝶属

寄主植物：榆科榆属。

形态特征：成虫翅展65-70mm，翅黑色，中室内有1个淡色箭状纹，前翅顶角处有3个小白斑，中室外有6-7个白斑排成弧形，后翅中部1列大白斑呈带状，亚缘有1列白点与外缘平行。翅反面黄褐色，前翅中室银蓝色，内有2-4个黑点，后翅除有银白色中央带及亚缘带外，有1条基带，亚缘带内侧有几个银白色小点。

生活习性：1年1代，发生期5-7月，以3龄幼虫越冬。常群居在湿地上吸水。

弄蝶科 Hesperiidae

本科蝴蝶种类较多。成虫属于小型蝶种，是蝶类中形态及发生规律最特殊的种类，弄蝶科体型中至小，身材粗短，密布鳞毛，触角棍棒状，末端数节尖细弯曲如钩，是本科独有的特征。

防治方法：①人工防治：人工捕杀，摘除虫苞，杀死幼虫或蛹，将园内干叶集中烧毁。②药剂防治：重点是消灭第3、4代幼虫，推荐使用生物制剂青虫菌6号300倍液，或苏云金杆菌粉剂（含活芽孢100亿个/g）500-1000倍液防治低龄幼虫高效又不污染果园环境；还可用90%敌百虫或80%敌敌畏乳油800倍液加适量的苏云金杆菌0.1%展着剂液于傍晚或阴天喷洒，或用40%毒死蜱乳油1000-2000倍液，或5%伏虫隆乳油1000-2000倍液，或10%吡虫啉可湿性粉剂3000-4000倍液，或80%敌百虫可溶性粉剂或晶体500-800倍液，或2.5%氯氟氰菊酯乳油2500-3000倍液也有较好效果。③注意保护天敌：赤眼蜂及捕食螨是专门寄生或捕食鳞翅目的卵、蛹及刚孵化的幼虫。

041 白弄蝶 *Abraximorpha davidii* Mabille 鳞翅目 弄蝶科 白弄蝶属

寄主植物：蔷薇科。

形态特征：成虫中小型蝶种，展翅为40-45mm，成虫前翅外观为三角形，外形横长，后翅形状为水滴形，接近三角形，雌蝶翅形较为宽圆，成蝶翅表底色为白色，翅表布满灰绿色斑纹；幼虫呈长圆筒状，头部黑褐色，表面密布白色细小绒毛，体表密布淡黄色细小疣状突起及白色细毛，各体节中央背线有一绿色纵纹，中央背线两侧之侧线及气门下线部位有淡色纵纹；蛹外观接近长梭子形。

生活习性：成虫静止时翅面保持水平伸展状态，有异于弄蝶科大多数种类停栖时翅面立于背方呈“V”字形，成虫飞行迅速，雄虫有领域性，可于夏季山区见到雄虫于树梢相互追逐飞舞。

042 黑弄蝶（玉带弄蝶） *Daimio tethys* Ménétriés 鳞翅目 弄蝶科 黑弄蝶属

寄主植物：马缨丹、繁星花、金露花等草本。

形态特征：成虫展翅宽32–37mm，躯体腹面泛白色，背面黑褐色，腹部有白色细环。翅面黑色，斑纹和缘毛均为白色。前翅顶角处有3个斑纹，其下侧有2个极小的斑点，中域还有5个大小不等的白斑排列。后翅翅面有一白带，以及一列由黑褐色斑点形成的弧形斑列，展翅时具一条白色的横带贯穿翅膀，此为命名的由来。缘毛黑白相间。

生活习性：1年3代，以老熟幼虫越冬。成虫于林缘、溪流、树冠边等场所活动，访花习性明显。本种休憩时翅平摊。

043 直纹稻弄蝶 *Parnara guttata* Bremer et Grey 鳞翅目 弄蝶科 稻弄蝶属

寄主植物：水稻及禾本科杂草。

形态特征：成虫体长17–19mm，翅展36–42mm，体翅都是黑褐色带金黄色光泽，触角棍棒状，前翅有白色半透明斑纹8个，排成半环形，后翅也有白色斑纹4个，排成“一”字形；幼虫绿色，纺锤形，头淡褐或红褐色，头大前胸收窄呈颈状，头正面中央有“山”字形纹，前胸背有1条黑褐色横纹；被蛹淡黄褐色，头顶平滑，第5、6腹节中央各有一倒“八”字形纹。

生活习性：幼虫共5龄，自3龄起所缀叶片增多，一般为2–8张叶片缀成一苞，该虫为间歇性猖獗的害虫。

眼蝶科 Satyridae

眼蝶科翅上常有较醒目的外横列眼状斑或圆斑，头小，触角变化较多，端部明显呈短锤状，前足退化，失去行走功能，翅短阔，多数种类前翅翅脉基部加粗，甚至膨大，为该科另一特征。

防治方法：①生物防治：注意保护利用天敌，如稻螟赤眼蜂、弄蝶长绒茧蜂、螟蛉盘绒茧蜂、广大腿小蜂、广黑点瘤姬蜂、步甲、猎蝽和蜘蛛等。②化学防治：在幼虫高发期，25%灭幼脲1500倍液，或2%阿维菌素3000倍液均匀喷雾，也可每亩用1.5%杀螟松粉剂2kg拌细泥粉20kg撒施。

044 密纹瞿眼蝶

Ypthima multistriata Butler　**鳞翅目　眼蝶科　瞿眼蝶属**

寄主植物：禾本科。

形态特征：成虫为中型眼蝶，展翅42–45mm，翅面深褐色。前翅亚缘M_2室内眼斑小或缺失，后翅亚缘Cu_1室内黑色圆形眼斑清晰，黄眶，Cu_2室内眼斑2枚，极小，前大后小，眶、瞳可辨；翅反面外缘区细纹褐色、淡灰褐色相间。前翅亚缘眼斑大，长圆形，略外斜，双眶，黄色内眶宽，外眶褐色，双瞳，眼斑后外侧具"V"形褐色纹；后翅反面亚缘带宽，乳白色，带内褐色细纹稀疏，眼斑4枚，自前向后渐小，Rs室内眼斑大，Cu_1、Cu_2室内眼斑内眶相接触，共外眶，Cu_2室内两枚融合。

生活习性：出没于林地和草地；飞行缓慢，成虫喜访花，多停息在地被植物的叶面上，过度的人类活动可能会影响其种群的繁衍。

045 卓瞿眼蝶

Ypthima zodia Butler　**鳞翅目　眼蝶科　瞿眼蝶属**

寄主植物：禾本科。

形态特征：翅面暗褐色。亚缘具1枚长圆形黑色大眼斑，黄眶，双瞳，前侧1枚瞳点靠近前缘，后侧1枚位于中央；雄蝶前翅中后部具斜向基部的楔形灰黑色斑。后翅亚缘黑色圆形眼斑3枚，眶暗黄色，后翅反面基部淡灰褐色，亚缘黑色圆形眼斑6枚，眼斑两两相邻，眶褐色，瞳点清晰。

生活习性：出没于林地和草地，成虫喜访花，多停息在地被植物的叶面上。

046 稻眉眼蝶

Mycalesis gotama Moore　**鳞翅目　眼蝶科　眉眼蝶属**

寄主植物：禾本科。

形态特征：成虫体长15–17mm，翅展47mm，翅面暗褐至黑褐色，背面灰黄色，前翅正反面第3、6室各具1大1小的黑色蛇眼状圆斑，前小后大，后翅反面具2组各3个蛇眼圆斑；翅反面外横线直，前后端近前后缘处皆无弯曲。幼虫草绿色，纺锤形，头部具角状突起1对，腹末具尾角1对；蛹初绿色，后变灰褐色，腹背隆起呈弓状，腹部第1–4节背面各具一对白点，胸背中央突起呈棱角状。

生活习性：1年4–5代，世代重叠，以蛹或末龄幼虫在稻田、河边、沟边及山间杂草上越冬。

047 拟稻眉眼蝶　*Mycalesis francisca*　鳞翅目　眼蝶科　眉眼蝶属

寄主植物：禾本科。

形态特征：翅展40–48mm，翅褐色。雄蝶前翅后缘中部有1个黑色性标志，后翅前缘近基部的性标志为白色长毛束，翅反面中部的横带为淡紫色。触角端部逐渐加粗，但不明显。

生活习性：1年4–5代，世代重叠，以蛹或末龄幼虫在稻田、河边、沟边及山间杂草上越冬。

048 曼丽白眼蝶　*Melanargia meridionalis* Felder　鳞翅目　眼蝶科　白眼蝶属

寄主植物：禾本科竹类。

形态特征：成虫黑褐色区域面积更大，斑纹白色、乳白色或乳黄色，清晰或模糊，前翅顶区、亚顶区褐色，亚顶具4枚小斑，后翅中室后侧亚缘带内侧白色、乳白色或乳黄色区域模糊；翅反面乳黄色，前翅亚缘线不规则弯曲，亚顶区具褐色斜带。

生活习性：1年1代。

049 蒙链荫眼蝶　*Neope muirheadi* C.&R. Felder　鳞翅目　眼蝶科　荫眼蝶属

寄主植物：水稻、竹类等禾本科植物。

形态特征：成虫翅面棕褐色，前翅亚缘区具0–4枚黑褐色模糊小斑，后翅外缘微波曲，亚缘区具4枚水滴状黑褐色斑，翅反面灰褐色，从前翅1/3处直到后翅臀角有一条棕色和白色并行的横带，前翅中室内有两条弯曲棕色条斑和4个链状的圆斑，亚外缘有4个眼状斑，后翅基部有3个小圆环，亚外缘有7个眼状斑，臀角处2个相连。

生活习性：1年2代，1年中随着生活史的进程，林间不同虫龄及不同世代个体重叠的现象严重，幼虫危害期为6月中旬至7月下旬和8月中旬至10月上旬。

珍蝶科 Acraeidae

本科从蛱蝶科分出，成虫近似斑蝶科种类，因此又称斑蛱蝶科。分布于南美、非洲、东洋区，世界范围约200种，中国1属2种。

防治方法：①草把诱杀幼虫，利用幼虫群聚和趋暖越冬习性，于寄主植物收获前2-3d幼虫向越冬场所转移前，每亩插置草把50-60个，可诱到90%以上的幼虫，集中烧毁。②在冬春之交清洁种植园时，注意铲除杂草和清除残枝落叶，做到三光。③越冬幼虫向种植地迁移之前，也就是每年3月中旬，根据气温回升情况，选择晴天在种植地四周喷1m宽药带。④于成虫发生盛期捕捉成虫，摘除虫蛹和着卵叶，简便易行。⑤在幼虫危害高峰期，幼虫群聚危害时喷洒2.5%敌百虫粉或1605粉剂，每亩2kg。必要时也可喷洒90%晶体敌百虫1000-1200倍液，每亩喷兑好的药液100L。⑥提倡喷洒每克含100亿孢子的青虫菌粉700倍液。

050 苎麻珍蝶 *Acraea issoria* Hübner 鳞翅目 珍蝶科 珍蝶属

寄主植物：苎麻、荨麻、咖啡、茶树。

形态特征：成虫体长16-26mm，翅展53-70mm，体翅棕黄色，前翅前缘、外缘灰褐色，外缘内有灰褐色锯齿状纹，外缘具黄色斑7-9个，后翅外缘生灰褐色锯齿状纹并具三角形棕黄色斑8个；幼虫头部黄色，具金黄色“八”字形蜕裂线，前胸盾板、臀板褐色，前胸背面生枝刺2根，中胸、后胸各4根，腹部1-8节各6根，末端2节各两根，枝刺紫黑色，基部蜡黄色，背线、亚背线、气门下线暗紫色。

生活习性：1年2代，第1代成虫出现在8月中下旬，第2代成虫于5月下旬至6月中旬出现，以第2代幼虫越冬，越冬代幼虫于翌年5月下旬羽化。

斑蝶科 Danaidae

中型或大型美丽的种类，常为其他科蝴蝶拟态对象。成虫一般为黄、红、黑、灰或白色，有的有闪光。头大，触角细。卵炮弹形或椭圆形，直立；幼虫体上多皱纹，胸部和腹部各有1-2对长线状突起，能散发臭气以御敌；蛹为悬蛹，体上有金色或银色斑点。

防治方法：防治方法同一般蝶类。

051 金斑蝶 *Danaus chrysippus* (Linnaeus) 鳞翅目 斑蝶科 斑蝶属

寄主植物：马利筋属、牛角瓜属等萝藦科。

形态特征：成虫翅面橙黄色，前翅前缘、外缘和顶区黑褐色，亚顶区有4个横白斑且附近有几个小白斑，顶角及外缘有1列白斑；后翅前缘至外缘有黑褐色带，内具1列白点，中室端有3个黑斑。翅反面类似正面，但前翅顶角域黄褐色。

生活习性：世代重叠，全年应发生15代左右，幼虫共5龄，化蛹前老熟幼虫先在寄主植物的叶背或枝条上选择合适的化蛹位置，虫体倒挂形成预蛹。

喙蝶科 Libytheidae

中小型蝴蝶。成虫以下唇须特别长为其特征，其长度约和胸部相等，伸出在头的前方，非常显著；卵长椭圆形；幼虫和粉蝶科的幼虫相似；悬蛹，圆锥形，光滑无突起。

防治方法：防治方法同一般蝶类。

052 朴喙蝶 *Libythea celtis* Laicharting 鳞翅目 喙蝶科 喙蝶属

寄主植物：西川朴、珊瑚朴、黑弹朴、朴树、石朴及沙楠子树等朴树科。

形态特征：成虫下唇须特别长，伸展在头部前面很明显，翅为咖啡色，前翅顶角向外突出呈钩状，中室有一条黄色纵带，纵带的前下方有一个近圆形的黄斑，近顶角处有2或3个小白斑；后翅外缘为锯齿状，翅中央有一条黄色纵带。

生活习性：1年2代，以成虫越冬，越冬后幼虫以朴树为食。

灰蝶科 Lycaenidae

本科蝴蝶属小型蝶种。成虫翅正面以灰、褐、黑等色为主，部分种类两翅表面具有灿烂耀目的紫、蓝、绿等色的金属光泽，且两翅正反面的颜色及斑纹截然不同，反面的颜色丰富多彩，斑纹变化也很多样；卵大多扁圆形；幼虫体短而扁，蛞蝓状；缢蛹，椭圆形。

防治方法：①冬季修剪受危害的残叶，减少越冬的虫卵。②春季萌发新叶至5月中旬，5%高效氯氟氰菊酯2000-3000倍液、40%水胺硫磷800-1000倍液、40%速扑杀800-1000倍液，三种农药选择其一间隔两周交替用药，杀灭幼虫。③成虫高峰期，雨后及时捕捉并喷药控制。

053 丫灰蝶 *Amblopala avidiena* Hewitson **鳞翅目 灰蝶科 丫灰蝶属**

寄主植物：山合欢、合欢。

形态特征：成虫翅形特异，前翅顶角尖，外缘近S形，后翅前缘末端的棱角分明，臀角部突出如尾突；翅黑褐色，前翅中室及下方为蓝色，中室端外有橙色斑；翅反面灰褐色，前翅亚缘白色细线内外色彩分明，后翅中央有灰白色“丫”字形宽带，是本种又一特征，在亚缘有1条不明显同色宽带。

生活习性：1年1代，成蝶飞行活泼敏捷，雄蝶有湿地吸水行为，以蛹态休眠越冬。

054 琉璃灰蝶 *Celastrina argiolus* Linnaeus **鳞翅目 灰蝶科 琉璃灰蝶属**

寄主植物：米口袋属、多花木蓝、杭子梢、胡枝子、紫苏、珍珠梅。

形态特征：成虫翅展27-33mm。翅蓝灰色，缘毛白色，间有窄的黑色。雄蝶翅外缘黑褐色纹狭，雌蝶前缘和外缘连成宽黑褐色带；翅反面灰白色，沿外缘有3列淡褐色点，外列为圆形；后翅明显且大于前翅，中列为新月形，内列在前翅有5个，最前1个圆形，明显内移，其余4个长形，在后翅中域和基部排列成不规则状，外缘各室有圆形黑色斑，其内侧为新月形斑列；前后翅中室端横纹不明显。

生活习性：1年多代，成蝶飞行活泼敏捷，会访花，雄蝶会至湿地吸水，成虫于5-9月出现，是灰蝶科中优势种之一。

055 亮灰蝶 *Lampides boeticus* Linnaeus 鳞翅目 灰蝶科 亮灰蝶属

寄主植物：田菁、猪屎豆、大猪屎豆、望江南。

形态特征：成虫雄蝶翅正面紫褐色，前翅外缘褐色，后翅前缘与顶角暗灰色，臀角处有2个黑斑，雌蝶前翅基后半部与后翅基部青蓝色，其余暗灰色，后翅臀角处2个黑斑清晰，外缘各室淡褐色斑隐约可见，翅反面灰白色，由许多白色细线与褐色带组成波纹状，在中室内有2个波纹，后翅亚外缘1条宽白带醒目，臀角处有2个浓黑色斑，黑斑内下面具绿黄色鳞片，上内方橙黄色。

生活习性：1年多代，卵于白天产在花或花蕾上，幼虫孵化后，先危害花，后蛀食果荚，幼虫老熟后随落荚或落花坠地，于土缝中化蛹。

056 红灰蝶 *Lycaena phlaeas* Linnaeus 鳞翅目 灰蝶科 灰蝶属

寄主植物：酸模、羊蹄。

形态特征：成虫翅正面橙红色，前翅周缘有黑色带，中室的中部和端部各具1个黑点，中室外自前至后有3、2、2三组黑点，后翅亚缘有1条橙红色带，其外侧有黑点，其余部分均黑色；前翅反面橙红色，外缘带灰褐色，带内侧有黑点，其他黑点同正面，后翅反面灰黄色，亚缘带橙红色，带外侧有小黑点，后中黑点列呈不规则弧形排列，基半部散布几个黑点，尾突微小，端部黑色。与橙灰蝶的区别是，翅橙红色，雄虫前翅正面有黑色斑。

生活习性：1年2代，以成虫藏在草丛、树丛等隐蔽处越冬，成虫活动期3–11月。

057 酢浆灰蝶 *Pseudozizeeria maha* Kollar 鳞翅目 灰蝶科 酢浆灰蝶属

寄主植物：黄花酢浆草、酢浆草。

形态特征：成虫翅展20–25mm。雄蝶翅雪青色，前翅外缘和后翅前缘有黑褐色宽带，后翅外缘有1列黑色小点；翅反面淡灰褐色，外缘有3列黑斑，中室端有1个横斑，前翅中室内有1个小斑，后翅基部有1列共4个黑色斑；雌蝶翅黑褐色，基部有紫色鳞片分布，反面与雄蝶相同。幼虫呈蛞蝓状，共13体节，每侧均有9个气孔。

生活习性：1年5代，世代交替发生，酢浆灰蝶在10月末以蛹在枯枝落叶或土壤表层浅洞中越冬，越冬代成虫次年5月始见、中旬为高峰期，5月中旬始见第1代卵及幼虫，6–10月各月各虫态均同时发生，期间每月中下旬为成虫活动高峰期。

058 优秀洒灰蝶（孔明洒灰蝶） *Satyrium eximium* Fixsen 鳞翅目 灰蝶科 洒灰蝶属

寄主植物：琉球鼠李、小叶鼠李、鼠李。

形态特征：成虫翅黑褐色，有暗紫色闪光，前翅中室上方有椭圆形性标斑，后翅臀角圆形突出，内有橙红色斑，有尾状突起2，反面暗灰色，前翅沿外缘有不完整的浅色细线，近后角的一段较明显，其内侧有2–3个极不明显的斑纹，亚缘有1条青白色横线，末端屈折，后翅沿外缘有1条青白色细线，亚缘另有1条平行的同色线纹，两线中间各室有橙红色斑，但自臀角至顶角依次渐小，斑纹内侧各有黑色弧状纹，中部横线前段直，后端呈“W”形，臀角黑色，有1个大黑圆点。

生活习性：1年1代，以卵越冬，成蝶出现于5–7月，喜好访花、吸水。

059 点玄灰蝶 *Tongeia filicaudis* Pryer 鳞翅目 灰蝶科 玄灰蝶属

寄主植物：垂盆草等景天科植物。

形态特征：成虫翅正面黑褐色斑纹不明显，反面灰白色；缘毛前端白色，基部黑褐色，前翅反面外缘线黑色，亚外缘有2列黑点，每列各6个，中域前缘4个黑点排列1列，后缘2个排1行，中室端有1个黑点，中室内和下方各有1个黑点，后翅外缘有1条短细的尾状突起，外缘线黑色，亚外缘有2列黑点，两室各有1个橙红色斑，中室外侧有3个黑点，黑色的中室端线上下各有2个黑点，内侧有1列黑点。

生活习性：1年多代，飞行缓慢，成蝶好访花。

060 曲纹紫灰蝶 *Chilades pandava* Horsfield 鳞翅目 灰蝶科 紫灰蝶属

寄主植物：苏铁。

形态特征：成虫体长10–12mm，翅面紫蓝色，前翅外缘黑色，后翅外缘有细的黑白边；翅反面灰褐色，缘毛褐色，两翅均具黑边，后翅有2条带内侧有新月纹白边，翅基有3个黑斑，都有白圈，尾突细长，端部白色；幼虫长扁椭圆形，体色多变，有青黄、青绿、紫红、浅黄等，身被短毛，有多条纵纹；蛹椭圆形，背呈褐色。

生活习性：1年6–7代，7–10月是为害盛期，以蛹越冬，第一代幼虫于6月上旬为害，仅危害当年新叶，幼虫常聚集食害。

斑蛾科 Zygaenidae

斑蛾体小型至中等，颜色鲜艳有金属光泽，成虫白天活动于草木花丛之间，飞翔力不强，有假死性；幼虫体扁，有黑斑及毛瘤，危害农林作物及果树。

防治方法：①人工防治：涂白树干，结合修剪，剪除有虫和虫卵的枝叶，并需及时清除枯枝落叶，以消灭虫茧。②药剂防治：可用48%乐斯本乳油1500倍液，或80%敌敌畏乳油1000倍液，或25%灭幼脲Ⅲ号B型1000倍液，或4.5%高效氯氰菊酯2500倍液+1.8%阿维菌素2000倍液，或1%甲维盐2000倍液喷雾进行防治。另外若要彻底消灭斑蛾，可几种农药混合使用，最好交替用药。因为如果长期使用一种农药，虫害会有抗药性。

061 环带锦斑蛾　*Pidorus euchromioides* Walker　**鳞翅目　斑蛾科　带锦斑蛾属**

寄主植物：构树。

形态特征：成虫翅展22–29mm。头红色，雄蛾胸部两侧及腹部黄色。前翅蓝黑色闪光，有一条斜伸黄色宽带从翅前缘中央向后角伸展，后翅深褐色，从翅顶角伸出一椭圆黄色长环；腹部蓝色，两侧有黄带。

生活习性：1年1–3代，以幼虫在寄主基部落叶层的叶片内越冬。越冬幼虫6–7龄，非滞育幼虫5龄。卵聚产于寄主枝干、叶腋和叶片上。

062 重阳木锦斑蛾　*Histia rhodope* Cramer　**鳞翅目　斑蛾科　锦斑蛾属**

寄主植物：重阳木等。

形态特征：成虫头小，红色，有黑斑，触角黑色，双栉齿状，雄蛾触角较雌蛾宽，前胸背面褐色，前、后端中央红色，中胸背面黑褐色，前端红色，前翅黑色，反面基部有蓝光，后翅亦黑色，自基部至翅室近端部蓝绿色；幼虫蛞蝓状，体肥厚而扁，头部常缩在前胸内，腹足趾钩单序中带，体具枝刺，有些枝刺上具有腺口。

生活习性：1年4代，以第二、三代幼虫为害最烈，老熟幼虫入冬后在树下结茧化蛹越冬，冬季和暖之日越冬幼虫仍能取食为害，成虫都在白天羽化，以中午为多，产卵于枝干皮下，卵粒紧密排列连成片状。

063 茶柄脉锦斑蛾 *Eterusia aedea* Linnaeus 鳞翅目 斑蛾科 柄脉锦斑蛾属

寄主植物：茶、油茶、板栗等。

形态特征：成虫体长17–20mm，翅展56–66mm，头、胸、腹基部黑色带青蓝，腹部第3节起背面黄色，腹面黑色；前翅黑色稍蓝，翅基部及中室端有白纹，中室端部白纹圆形，内横线、外横线有白色斑纹，后翅黑色带青蓝色，中央宽黄色。近外缘有淡色纹；幼虫圆形似菠萝状，体黄褐色，肥厚，多瘤状突起，中、后胸背面各具瘤突5对，腹部1–8节各有瘤突3对，第9节生瘤突2对，瘤突上均簇生短毛。体背常有不定形褐色斑纹。

生活习性：幼虫危害茶及油茶树叶，取食叶片留下叶柄，1年2代，以老熟幼虫于11月后在茶丛基部分叉处，或枯叶下、土隙内越冬。

064 大叶黄杨长毛斑蛾 *Pryeria sinica* Moore 鳞翅目 斑蛾科 毛斑蛾属

寄主植物：大叶黄杨、银边黄杨、金心冬青卫矛、大花卫矛、扶芳藤和丝绵木。

形态特征：雌蛾体长9–11mm，翅长31–32mm，雄蛾体长7–9mm，翅展25–28mm。前翅略透明，基部1/3为淡黄色，其余暗黑色，翅脉暗褐色，端部有稀疏的黑毛，后翅色略浅较前翅短，不到其一半，底色为黄色，翅基部有黑色长毛，足基节及腿节着生淡黄色长毛，上有不规则的黑斑，胸背及腹背两侧有橙黄色长毛。

生活习性：1年1代，翌年3月底至4月初卵孵化，幼虫有群集为害习性，以幼虫取食寄主叶片，发生严重时将叶片食光，影响植物正常生长，4月底至5月初幼虫老熟，在浅土中结茧化蛹，以蛹越夏，11月上旬成虫羽化，交配后产卵，卵产在枝梢上，以卵越冬。

065 白带锦斑蛾 *Chalcosia ramota* Walker　鳞翅目　斑蛾科　白斑蛾属

寄主植物：茶等小型灌木。

形态特征：雄虫翅展50–51mm，雌虫翅展54–55mm。黑褐色，头部朱红，触角双栉状；腹部背面黑褐色，腹面略浅；双翅颜色与体色相同，前翅有边缘清晰的白色宽带，后翅基部到中室均白色，由中室向外伸出边缘曲折界限不明显的黑褐色带与翅外缘黑褐色带连接。

生活习性：1年1代。

巢蛾科 Yponomeutidae

色泽鲜明，腹部背板具若干短刺，幼虫结网聚居的中小型蛾类；幼虫只有原生刚毛，前胸气门前有3根毛，腹足趾钩为多行环，蛹有丝茧。

防治方法：①人工剪除网巢和刮除卵块集中烧毁，消灭群集幼虫。②秋季落叶后或早春花芽膨大前，防治枝条上卵块，可喷洒5波美度石硫合剂或含量5%的矿物油乳剂。③花芽分离及落花后7-10d，是施药保花保果的最有利时机，可喷洒9%晶体敌百虫1500倍液，或80%敌敌畏乳油或辛硫磷等。④保护天敌和施用微生物制剂Bt（100亿活芽孢溶剂）1000倍液。

066 苹果巢蛾 *Yponomeuta padella* Linnaeus　鳞翅目　巢蛾科　巢蛾属

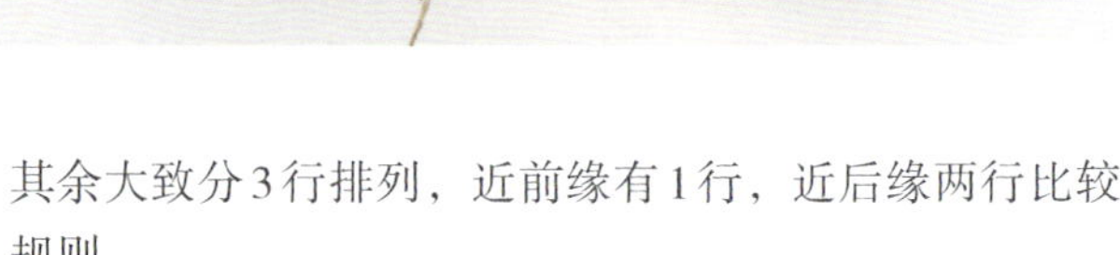

寄主植物：苹果、梨、海棠、山定子、沙果等。

形态特征：成虫体长9–10mm，翅长10mm，头部、下唇须、胸部及腹部白色，胸部背面有5个黑点；前翅白色稍带灰色，尤其是前缘中部附近为灰白色，前翅上有40个左右的黑点，除翅端区有10–12个小黑点外，其余大致分3行排列，近前缘有1行，近后缘两行比较规则。

生活习性：1年1代，初龄幼虫潜食嫩叶及花瓣，老龄幼虫暴食叶片，以第一龄幼虫在卵壳下越夏越冬。

067 稠李巢蛾 *Yponomeuta evonymellus* Linnaeus 鳞翅目 巢蛾科 巢蛾属

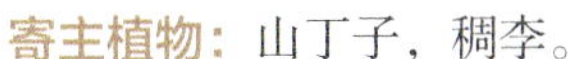

寄主植物：山丁子，稠李。

形态特征：成虫体长8–12mm，翅展23mm，翅宽3mm。触角白色，唇须白色，向前伸，末端尖，头顶与颜面密布白色鳞毛；前翅白色，有40多枚小黑点，大致排列成5纵行。前翅近外缘处还有较细的黑点约10个，大致成横行排列，前翅反面为灰黑色，缘毛和前缘为白色，后翅灰黑色，缘毛为淡灰白色。

生活习性：1年1代，以第一龄幼虫在卵壳下越夏越冬，翌年4月至5月上旬恢复活动，幼虫共5龄，6月中旬老熟幼虫在丝巢内结茧化蛹，6月下旬至7月上旬成虫羽化，成虫产卵于当年生枝条、芽附近，成虫有趋光性。

刺蛾科 Limacodidae

刺蛾成虫中等大小，身体和前翅密生绒毛和厚鳞，大多黄褐色、暗灰色和绿色，间有红色，少数底色洁白，具斑纹；幼虫体扁，蛞蝓形，其上生有枝刺和毒毛，有些种类较光滑无毛或具瘤，头小可收缩，无胸足，腹足小；常吐丝结硬茧，有些种类茧上具花纹，茧形似雀蛋。羽化时茧的一端裂开圆盖飞出。

防治方法：①消灭虫茧：于冬季刺蛾茧期，敲碎树枝上虫茧和挖除树基部周围土表虫茧，减少虫源。②灯光诱杀成虫：利用刺蛾成虫具有趋光性的习性，可在成虫发生期悬挂黑光灯诱杀成蛾。③摘除卵块和虫叶：春季留心观察，及时摘除卵块并击碎。发现刚孵出的幼虫聚集在一起时，及时摘除虫叶。④喷药防治：在幼虫盛发期，用80%敌敌畏乳剂1200–1500倍液，或用50%辛硫磷乳剂或50%马拉硫磷乳剂1000倍液喷雾，均有良好的防治效果。

068 扁刺蛾 *Thosea sinensis* Walker　鳞翅目　刺蛾科　扁刺蛾属

寄主植物：枣、苹果、梨、桃、梧桐、枫杨、白杨、泡桐、柿子等多种果树和林木。

形态特征：成虫体长13–18mm，翅展28–35mm，体暗灰褐色，腹面及足的颜色更深；前翅灰褐色、稍带紫色，中室的前方有一明显的暗褐色斜纹，自前缘近顶角处向后缘斜伸，雄蛾中室上角有一黑点，后翅暗灰褐色；幼虫全体绿色或黄绿色，背线白色，体两侧各有10个瘤状突起，其上生有刺毛，每一体节的背面有2小丛刺毛，第四节背面两侧各有一红点。

生活习性：1年2代，少数3代，均以老熟幼虫在树下3–6cm土层内结茧越冬。成虫多在黄昏羽化出土，昼伏夜出，羽化后即可交配，2d后产卵，多散产于叶面上，幼虫共8龄，6龄起可食全叶，老熟后多夜间下树入土结茧。

069 桑褐刺蛾 *Setora postornata* Hampson　鳞翅目　刺蛾科　褐刺蛾属

寄主植物：茶、桑、柑橘、桃、梨、柿、栗、白杨等。

形态特征：成虫体长15–18mm，翅展31–39mm，身体土褐色至灰褐色，前翅前缘近2/3处至近顶角和近臀角处，各具1暗褐色弧形横线，两线内侧衬影状带，外横线较垂直，外衬铜斑不清晰，仅在臀角呈梯形。雌蛾体色和斑纹均较雄蛾淡。

生活习性：1年2–4代，以老熟幼虫在树干附近土中结茧越冬，3代成虫分别在5月下旬、7月下旬、9月上旬出现，幼虫孵化后有取食卵壳的习性，4龄前在叶背群集并取食叶肉，4龄后分散为害，取食叶片，老熟后入土结茧化蛹。

070 褐边绿刺蛾 *Latoia consocia* Walker 鳞翅目 刺蛾科 绿刺蛾属

寄主植物：广泛。

形态特征：成虫体长16mm，翅展38–40mm，头、胸、背绿色，胸背中央有1棕色纵线，腹部灰黄色；前翅绿色，基部有暗褐色大斑，外缘为灰黄色宽带，带上散有暗褐色小点和细横线，带内缘内侧有暗褐色波状细线，后翅灰黄色；幼虫初龄黄色，稍大黄绿至绿色，前胸盾上有1对黑斑，中胸至第8腹节各有4个瘤状突起，上生黄色刺毛束，第1腹节背面的毛瘤各有3–6根红色刺毛，腹末有4个毛瘤丛生蓝黑刺毛，呈球状，背线绿色，两侧有深蓝色点。

生活习性：1年2代，以蛹于茧内越冬，结茧于干基浅土层或枝干上，成虫昼伏夜出，有趋光性，卵数十粒呈块作鱼鳞状排列，多产于叶背主脉附近，幼虫共8龄，少数9龄。

071 迹斑绿刺蛾 *Latoia pastoralis* Butler 鳞翅目 刺蛾科 绿刺蛾属

寄主植物：鸡爪槭、紫荆、七叶树、樱花、香樟、重阳木等观赏树木。

形态特征：成虫体长15–19mm，翅展28–42mm，头及胸背绿色，复眼黑色；前翅底色绿色，具褐色斑纹，前翅基部有明显且独立的暗褐色斑纹，前翅基斑浅黄色，外侧紧贴有一大油渍状暗红褐色斑，外缘黄带较宽；后翅浅褐色；幼虫近圆筒形，身体翠绿色，头红褐色，背线紫色，两侧带黑色边，自中胸至第九腹节每节背侧有短枝刺，上有绿色刺毛，腹部第一节枝刺发达，上生有黑色粗刺及红色刺毛，腹部第八、九节腹侧枝刺基部有黑色绒球状毛丛，腹部两侧有近方形线框6对。

生活习性：1年2–4代，老熟幼虫结茧化蛹越冬，翌年4–6月间开始羽化，交尾后产卵于叶背，幼虫共7龄，老熟后于树干隙缝结茧化蛹。

072 丽绿刺蛾　*Latoia lepida* Cramer　鳞翅目　刺蛾科　绿刺蛾属

寄主植物： 茶、梨、柿、枣、桑、油茶、油桐、苹果、芒果、核桃、咖啡、刺槐等。

形态特征： 成虫体长15–19mm，翅展28–42mm，头及胸背绿色，复眼黑色；前翅底色绿色，具褐色斑纹，前翅基部有明显且独立的暗褐色斑纹，前翅外缘带浅棕色光滑无齿形凸起，较窄，内缘呈弧形外曲，后翅浅褐色；幼虫近圆筒形，身体翠绿色，头红褐色，前胸背板黑色，背线黄绿色，老熟时有一不连续的蓝色背中线和几条亚背线，各体节均有枝刺，上生有刺毛，腹部末端有4丛褐色刺毛。

生活习性： 1年2代，以老熟幼虫在枝干上结茧越冬，翌年5月上旬化蛹，5月中旬至6月上旬成虫羽化并产卵，一代幼虫为害期为6月中旬至7月下旬，二代为8月中旬至9月下旬。

073 中国绿刺蛾　*Latoia sinica* Moore　鳞翅目　刺蛾科　绿刺蛾属

寄主植物： 桃、枣、樱花、苹果、梨、李、柑橘等多种植物。

形态特征： 成虫长约12mm，翅展21–28mm，头胸背面绿色，腹背灰褐色，末端灰黄色；前翅绿色，基斑和外缘带暗灰褐色，前者在中室下缘呈角形外曲，后者与外缘平行内弯，其内缘在2脉上呈齿形曲；后翅灰褐色，臀角稍带灰黄色；幼虫体黄绿色，前胸盾具1对黑点，背线红色，两侧具蓝绿色点线及黄色宽边，侧线灰黄色较宽，具绿色细边，各节生灰黄色肉质刺瘤1对，端部黑色，第9、10节上具较大黑瘤2对，气门上线绿色，气门线黄色，各节体侧也有1对黄色刺瘤，端部黄褐色，上生黄黑刺毛，腹面色较浅黄，后变黄褐色。

生活习性： 1年2代，4月下旬至5月中旬化蛹，5月下旬至6月上旬羽化，第1代幼虫发生期为6–7月，7月中下旬化蛹，8月上旬出现第1代成虫；第2代幼虫8月底开始陆续老熟在树干上或下树至土中结茧越冬。

074 两色绿刺蛾

Latoia bicolor Walker **鳞翅目 刺蛾科 绿刺蛾属**

寄主植物：毛竹、淡竹、刚竹、红壳竹、桂竹、乌哺鸡竹、石竹、木竹、斑竹、篌竹、唐竹、茶秆竹等竹类。

形态特征：成虫长约15-18mm，翅展26-32mm，头胸背面绿色，腹背赭褐色，末端褐色；前翅全部绿色，只有外线和亚端线上有不完整的两列暗红褐色点，后翅赭褐色；幼虫圆筒形，体青绿色，背线为较宽蓝紫色条纹，亚背线、气门上线黄色，其间有一条蓝紫色纵纹，每体节蓝紫色纵纹两侧各有一对半月形紫斑，每体节上有四个淡黄色刺瘤，刺尖褐色，腹末有四个棕色绒球状瘤毛，瘤毛基部为淡红色。

生活习性：1年2代，均以老熟幼虫于茧内越冬。

075 黄刺蛾

Cnidocampa flavescens Walker **鳞翅目 刺蛾科 黄刺蛾属**

寄主植物：枣、核桃、柿、枫杨、苹果、杨等90多种植物。

形态特征：雌蛾体长15-17mm，翅展35-39mm，雄蛾体长13-15mm，翅展30-32mm，体橙黄色；前翅黄褐色，自顶角有1条细斜线伸向中室，斜线内为黄色，外为褐色，中室部分有1个黄褐色圆点；后翅灰黄色；幼虫头部黄褐色，隐藏于前胸下，胸部黄绿色，体自第二节起，各节背线两侧有1对枝刺，以第三、四、十节的为大，体背有紫褐色大斑纹，前后宽大，中部狭细成哑铃形，末节背面有4个褐色小斑；体两侧各有9个枝刺，体背中部有2条蓝色纵纹，气门上线淡青色，气门下线淡黄色。

生活习性：1年2代，幼虫于10月在树干和枝杈处结茧过冬。翌年5月中旬开始化蛹，下旬始见成虫。5月下旬至6月为第一代卵期，6-7月为幼虫期，6月下旬至8月中旬为晚期，7月下旬至8月为成虫期；第二代幼虫8月上旬发生，10月结茧越冬。

076 枣奕刺蛾 *Irsgoides conjuncta* Walker 鳞翅目 刺蛾科 枣奕刺蛾属

寄主植物：枣、柿、核桃、苹果、梨、杏等。

形态特征：成虫翅展24–32mm，褐色，腹部背面各节有似“人”字形红褐色鳞毛。前翅基部褐色，中部黄褐色，近外缘处有2块近似菱形的斑纹连在一起，前块褐色，后块红褐色，横脉上有1个黑点，后翅灰褐色；幼虫筒状，浅黄色，背部色稍深，头部及第1、2节各有1对较大的刺突，腹末有2对刺突，胸腹部淡黄绿色，胸部有3对、体中部有1对、腹末有2对红色的长枝刺，各体节两侧各有1红色短刺毛丛。

生活习性：1年1代，以老熟幼虫在树干基部周围表土层7–9cm的深处结茧越冬。翌年6月上旬越冬幼虫化蛹，成虫6月下旬开始羽化，7月下旬至8月中旬为幼虫严重为害期，8月下旬开始，老熟幼虫逐渐下树，入土结茧越冬。

077 艳刺蛾 *Arbelaros rufotessellata* Moore 鳞翅目 刺蛾科 艳刺蛾属

寄主植物：广泛。

形态特征：翅展22–27mm，头、胸背浅黄色，胸背具黄褐色横纹，腹部橘红色；具浅黄色横线；前翅褐赭色，被一些浅黄色横线分割成许多带形或小斑，尤以后缘和前缘外半较显，横脉纹为1个红褐色圆，亚端线不清晰，赭褐色，外衬浅黄边，从前缘3/4向翅顶呈拱形弯伸至2脉末端，端线由1列脉间红褐色点组成；后翅橘红色。

生活习性：2–12月均有出现。

灯蛾科 Arctiidae

本科昆虫通称灯蛾。多为小至中型蛾，少数为大型蛾；幼虫多具有长而密的毛簇，着生于毛瘤上，常为褐色或黑色。

防治方法：①灯光诱杀。灯蛾类趋光性较强，采用黑光灯诱杀成虫，可取得较好的防治效果。利用此方法还可以预测虫害发生情况，为综合治理提供依据。②保护和利用天敌。如赤眼蜂、追寄蜂、小花蝽、草蛉、胡蜂、蜘蛛和益鸟等。③化学防治。喷施20%灭幼脲1号悬浮剂8000倍液，或1.2%烟参碱乳油1000倍液防治。可连用1-2次，间隔7-10d，轮换用药，以延缓抗性产生。

078 八点灰灯蛾 *Creatonotus transiens* Walker **鳞翅目 灯蛾科 灰灯蛾属**

寄主植物：桑、茶、稻、柑橘、柏木、法国梧桐。

形态特征：成虫翅长36-54mm，头、胸白色，稍染褐色，下唇须第3节，额边缘和触角黑色；足具黑带，腿节上方橙色；腹部背面橙色，腹面及雌蛾肛毛簇白色，背面、侧面及亚侧面各有一列黑点；前翅底色白，中室上、下角内、外方各有一列黑点，后翅白色或暗褐色，有时有亚端点1-4个；幼虫黑色具红黑污斑，毛簇红褐色，侧毛突黄褐色，白色宽背带，头黑色具白纹。

生活习性：1年4-5代，第1代、第2代较整齐，第3代以后世代重叠，以幼虫及部分蛹在石块缝内或落叶、杂草丛底部越冬，2月底至3月上旬越冬幼虫开始活动取食，第1代在4月至6月下旬，第2代在6月上旬至7月，第3代在7月中旬至下旬，第4代在8月中旬至9月下旬，第5代在9月下旬至11月上旬，全年以第2代、第4代为害较重。

079 黑条灰灯蛾 *Greatonotus gangis* Linnaeus **鳞翅目 灯蛾科 灰灯蛾属**

寄主植物：桑、茶、甘蔗、柑橘、大豆等。

形态特征：成虫翅展36-46mm，头、胸淡红灰色，下唇须及额黑色，颈板及胸部具有黑色纵带；腹部背面红色，背面与侧面具有黑点列，腹面黑色；前翅淡红灰色，中室上、下角各具一黑点，中室下方近基部至3脉中部有一黑带，黑带的基部窄，端部宽，中室下角至6脉近端部具一黑色楔形纹；后翅白色至暗褐色，外缘较暗，有时具有黑色亚端点，雌蛾后翅色较淡，为赭白色，通常具有3个黑色亚端点。

生活习性：成虫具趋光性，在甘蔗地，春季夜间常危害幼嫩蔗叶。

080 黑须污灯蛾　*Spilarctia casigneta* Kollar　鳞翅目　灯蛾科　污灯蛾属

寄主植物： 香兰、樱、垂柳、蒲公英、车前草。

形态特征： 雄性成虫翅展36–54mm，雌性成虫44–62mm，淡黄稍带褐，个体变异较大。下唇须、触角及额下方黑色，下胸前方黑色，有时胸背有黑带；翅顶角至后缘有一列黑点，黑点或多或少，中室下角有时具有黑点，M_2、Ms及Cu，脉处有时具亚端点、黑点或多或少；后翅色稍淡，后缘常染红色，横脉纹黑色，臀角上方常具黑点；前翅反面中区常有红色，中室端一黑点，外线黑点或多或少。足有黑带，基节和腿节上方红色，基节有黑斑，胫节与跗节黑色；腹部背面除基部及端部外红色，背面一列黑点不明显，侧面及亚侧面一列黑点。

生活习性： 本种主要分布于低海拔山区，夜晚会趋光。

081 人纹污灯蛾　*Spilarctia subcarnea* Walker　鳞翅目　灯蛾科　污灯蛾属

寄主植物： 蔷薇、榆等。

形态特征： 成虫翅展雄40–46mm，雌42–52mm，体、翅白色，腹部背面除基节与端节外皆红色，背面、侧面及亚侧面具黑点列，前翅外缘至后缘有一斜列黑点，两翅合拢时呈“人”字形，后翅染红色。

生活习性： 1年2代，老熟幼虫在地表落叶或浅土中吐丝粘合体毛做茧，以蛹越冬。翌春5月开始羽化，第一代幼虫在6月下旬至7月下旬出现，发生量不大，成虫于7–8月羽化；第二代幼虫期为8–9月，发生量较大，为害严重，自9月即开始寻找适宜场所结茧化蛹越冬。

082 强污灯蛾

Spilarctia robusta Leech 鳞翅目 灯蛾科 污灯蛾属

寄主植物： 各种果木。

形态特征： 成虫翅展雄52–64mm，雌62–74mm，乳白色，下唇须基部上方红色，下方有白毛，端部黑色，触角黑色，肩角和翅基片具黑点，翅基部反面有红带，前足基节侧面和腿节上方红色。前足基节、胫节和跗节具黑带。腹部红色，背面、侧面和亚侧面各具一列黑点。前翅中室上角有一黑点，2A脉上、下方各具一黑点，后翅横脉纹有一黑点，黑色亚端点或多或少。

生活习性： 1年3–4代。

083 红缘灯蛾

Amsacta lactinea Cramer 鳞翅目 灯蛾科 缘灯蛾属

寄主植物： 玉米、大豆、谷子、棉花等。

形态特征： 翅展雄蛾46–56mm，雌蛾52–64mm，白色，下唇须红色、顶端黑色，触角黑色，头、颈边缘及肩角条带红色，翅基片常具黑点；前翅前缘具有红带，中室上角通常具黑点，后翅横脉常为新月形纹，亚端点1–4个缺口；腹部背面除基部及肛毛簇外橙黄色，腹面白色，背面具黑色横带，侧面具黑色纵带，亚侧面有一列黑点；前足基节和腿节上方红色，基节上具黑斑，前足和中足胫节具黑条带，跗节具黑色。

生活习性： 1年3代，均以蛹越冬，翌年5–6月开始羽化，成虫日伏夜出，趋光性强，飞翔力弱，幼虫孵化后群集为害，3龄后分散为害，幼虫行动敏捷，老熟后入浅土或于落叶等被覆物内结茧化蛹。

084 黄星雪灯蛾（星白雪灯蛾）

Spilosoma menthastri Esper　鳞翅目　灯蛾科　雪灯蛾属

寄主植物： 玉米、豆类、十字花科和茄科蔬菜、棉花等作物。

形态特征： 成虫翅展33-46mm，白色；下唇须、触角暗褐色；胸足具黑带；腹部背面红色或黄色，背面、侧面具有黑点列；前翅或多或少满布黑点，黑点数目几乎每个标本都不一致；后翅中室端点黑色，黑色亚端点或多或少。

生活习性： 1年2-3代，以蛹在土中越冬。翌春3-4月羽化，以第2代幼虫发生期8-9月为害较重，幼虫共7龄，老熟后在地表结茧化蛹。

085 花布灯蛾

Camptoloma interiorata Walker　鳞翅目　灯蛾科　花布灯蛾属

寄主植物： 麻栎、乌桕、柳、东北楠等。

形态特征： 成虫翅展30-38mm，触角黑色，基节黄色，下唇须、胸及足黄色，足具黑带，腹部金黄色，雌蛾腹末三节红色且毛簇厚密，前翅黄色，前缘基部至亚中褶中部具黑色斜纹，前缘内线处至臀角上方具黑色斜纹，横脉纹为黑色短斜纹，前缘中部稍外方至3脉中部具黑色斜纹，翅顶前至3脉端部具黑色横纹，外缘上半部有一黑线，下半部及臀角向内放射红色斑纹，下半部的缘毛上有三个黑点，后翅金黄色。

生活习性： 1年1代，以春季为害为主，并以3龄幼虫在叶芽、树干、枝杈、树干基部或枯枝落叶中的虫苞内越冬，翌年3月中旬越冬幼虫开始活动，取食芽苞和叶片，5月上旬越冬幼虫开始下树在枯枝落叶层、石块下化蛹，6月上、中旬成虫羽化，产卵于叶背，7月上旬幼虫孵化，10月中旬以3龄幼虫群集于虫苞内越冬。

086 美国白蛾 *Hyphantria cunea* Drury 鳞翅目 灯蛾科 白蛾属

寄主植物：主要有白蜡、臭椿、法桐、山檀、桑树、苹果、海棠、金银木、紫叶李、桃树、榆树、柳树。

形态特征：雌蛾体长9–15mm，翅展30–42mm；雄蛾体长9–13mm，翅展25–36mm。雄蛾触角腹面黑褐色，双栉齿状，黑色，长5mm，内侧栉齿较短，约为外侧栉齿的2/3；胸部背面密布白毛，多数个体腹部白色，无斑点，少数个体腹部黄色，上有黑点；前翅多为纯白色，少数个体有斑点，后翅一般为纯白色或近边缘处有小黑点；成虫前足基节及腿节端部为橘黄色，胫节和跗节外侧为黑色，内侧为白色；前中跗节的前爪长而弯，后爪短而直。圆球形，直径0.5mm左右，初产的卵淡绿色或黄绿色，有较强的光泽，以后逐渐加深为黄绿色，孵化前呈灰褐色，顶部呈褐色，卵粒数在数百粒至上千粒不等，呈不规则块状单层排列，大小为2–3cm^2，覆盖白色鳞毛；老熟幼虫根据头部色泽分为红头型和黑头型两类，体长22–37mm，细长，圆筒形，背部有1条黑色宽纵带，各体节毛瘤发达，毛瘤上着生白色或灰白色杂黑色及褐色长刚毛的毛丛，背部毛瘤黑色，体侧毛瘤多为橘黄色；气门白色，长椭圆形，边缘黑褐色；腹面黄褐色或浅灰色；胸足黑色，臀足发达，腹足外侧黑色，基部和端部黄褐色，腹足趾钩单序，异形中带，中间趾钩10–14根，等长，两侧各具10–12根。蛹体长8–15mm，宽3–6mm。雄蛹瘦小，背中央有一条纵脊，雌蛹较肥大。腹部末端有排列不整齐的臀棘10–15根，臀棘末端膨大呈喇叭口状。蛹外被有黄褐色或暗灰色薄丝质茧，茧上的丝混杂着幼虫的体毛共同形成网状物。

生活习性：1年3代，初孵幼虫有吐丝结网群居为害的习性，每株树上多达几百只、上千只幼虫，常把树木叶片蚕食一光，严重影响树木生长，以蛹在茧内越冬，茧可在树皮下以及土壤、石片下发现，翌年春季羽化，产卵在叶背成块，覆以白鳞毛，幼虫共7龄。

087 异美苔蛾 *Miltochrista aberrans* Butler 鳞翅目 灯蛾科 美苔蛾属

寄主植物：地衣、藻类、苔藓等。

形态特征：成虫翅展20–28mm，头、胸黄色，肩角、翅基片具黑点，前足基节染红色，胫节具黑带，腹部暗褐，基部灰，端部赭色；前翅橙红，翅基有一黑色基点，中室下方2个斜置的黑色亚基点，前缘基部至内线处具黑边，内线在中室折角，中线在中室向内折角与内线相接后向内弯，外线在前缘起点与中线同，在前缘下方强烈外曲后斜，呈不规则齿状并向外曲至后缘，亚端线为一列弯曲的短黑纹，后翅黄染红色。

生活习性：未做系统观测。

088 之美苔蛾　*Miltochrista ziczac* Walker　鳞翅目　灯蛾科　美苔蛾属

寄主植物：地衣、藻类、苔藓等。

形态特征：成虫翅展20–32mm，白色，下唇须黑灰色具白毛，额与头顶具黑点，颈板与翅基片具红斑；腹部染暗褐色；前翅前缘下方在内线以内具红带，外线至翅顶为红色前缘带，外缘区为红色带，前缘基部一暗褐点，亚基线黑色，黑色中线微波形，在中室内向内曲，中脉末端上方及横脉上具黑斜带，黑色外线起自前缘近中线处、高度齿状、在前缘下方向外曲后斜，其外方一列黑点，后翅淡红色。

生活习性：未做系统观测。

089 红束雪苔蛾　*Cyana (Chionaema) fasciola* Elwes　鳞翅目　灯蛾科　雪苔蛾属

寄主植物：地衣、藻类、苔藓等。

形态特征：成虫翅展20–28mm。雄蛾白色，前翅亚基线红色，前缘基部至内线处红色，内线红色，在中室稍向外弯，从内线向中室末端发射出一红色短带，横脉纹有二斜置黑褐点，前缘毛缨上具一红点；外线红色、斜向臀角，端线红色；后翅红色，缘毛白色；前翅反面Cu_2脉发源处有一簇黄色长毛。

生活习性：未做系统观测。

090 优雪苔蛾　*Cyana hamata* Walker　鳞翅目　灯蛾科　雪苔蛾属

寄主植物：地衣、藻类、苔藓等。

形态特征：成虫翅展26–40mm，白色，下唇须及触角褐色，颈板、胸及翅基片的带和后胸斑点红色；前足胫节和跗节具褐带，气胸端部染红色；雄蛾前翅亚基线红带向前缘扩宽，红色内线在中室向外折角达中室端的红点，横脉纹2黑点，前缘毛缨发达，其上1红点，外线红色，端线红色，反面前缘带红色，叶突单一、红色，后翅黄红色，前缘区基部及缘毛白色。

生活习性：未做系统观测。

091 灰土苔蛾 *Eilema grieseola* Hubner 鳞翅目 灯蛾科 土苔蛾属

寄主植物： 地衣、藻类、苔藓等。

形态特征： 成虫翅展28-40mm，淡灰黄色至浅灰色；头淡黄色，腹部末端灰黄色，前翅有少许光泽，前缘区从基部至外线处有很窄的淡黄色带，反面灰褐色，前缘区及端区黄带较明显，后翅灰黄色。

生活习性： 未做系统观测。

092 芦艳苔蛾 *Asura calamaria* Moore 鳞翅目 灯蛾科 艳苔蛾属

寄主植物： 地衣、藻类、苔藓等。

形态特征： 成虫体长8-10mm，翅展24-30mm，黄色，肩角和中胸具黑点，前翅具黑色亚基点。

生活习性： 未做系统观测。

093 煤色滴苔蛾 *Agrisius fuliginosus* Moore 鳞翅目 灯蛾科 滴苔蛾属

寄主植物： 地衣、藻类、苔藓等。

形态特征： 成虫翅展43-45mm，白色染淡褐色。颈板、肩角、翅基片及中、后胸具有黑点，腹部侧面及腹面具黑带；前翅前缘基部黑边，亚基点黑色，其外有3个斜置黑点，内线为一列黑点、向前缘分叉，中室中央及上方各有一黑点，横脉纹黑色，外线一列黑点起自中室上角外方、在中室下方向内弯，中室外的翅脉为很浓黑带，翅顶缘毛黑；后翅浅褐色，翅脉色深，较细。

生活习性： 未做系统观测。

094 头橙华苔蛾（黄缘灰苔蛾）

Agylla gigantea Oberthür　鳞翅目　灯蛾科　华苔蛾属

寄主植物：胡枝子、茅草、桑等。

形态特征：成虫体长约10mm，翅展42–43mm，头、颈板橙黄色，胸、腹灰褐色；翅灰褐色，前翅前缘带较宽，黄色，至翅顶逐渐尖削，前缘基部黑色。后翅色较前翅稍淡。

生活习性：未做系统观测。

凤蛾科 Epicopeiidae

大型蛾类，形如凤蝶，后翅具一尾状突起，形如飘带；体黑色，有红白色斑纹，颇为美观；幼虫体壁密布蜡腺，能排出白色粉末或成为白色蜡线状。

防治方法：①灯光诱杀。成虫羽化期利用黑光灯诱杀。②人工防治。结合养护管理，摘除卵块及初孵群集幼虫集中消灭，消灭越冬幼虫及越冬虫茧。③生物防治。保护和利用土蜂、马蜂、麻雀等天敌。于卵期释放赤眼蜂，寄生率达60%–70%。④化学防治。于低龄幼虫期喷洒25%灭幼脲三号悬浮剂1500–2000倍液防治，于高龄幼虫期喷洒每毫升含孢子100亿以上苏云金杆菌乳剂400–600倍液防治，或幼虫盛发期喷洒20%杀灭菊酯乳油2000倍液。

095 榆凤蛾

Epicopeia mencia Moore　鳞翅目　凤蛾科　凤蛾属

寄主植物：桑、茶、甘蔗、柑橘、大豆等。

形态特征：成虫体长约20mm，翅展80–90mm，体翅为灰黑色或黑褐色；触角栉齿状，腹部各节后缘为红色；前翅外缘为黑色宽带，后翅有1个尾状突起，外缘有两列不规则的斑，斑为红色或灰白色，翅基片黑色各有1个红色斑点，体节间显红色或黄色；初孵幼虫虫体黄色，第一次蜕皮后虫体被较厚白蜡粉，老熟幼虫体淡绿，背线黄色，气门黄色，各节末端有1个黑色圆点，胸足灰褐色，虫体粗糙，布淡黄色刚毛。

生活习性：1年1代，以蛹在土中越冬，翌年6月下旬成虫羽化，羽化后2d产卵，每雌可产卵65–98粒，7月中旬至8月下旬是幼虫为害期，9月幼虫老熟后沿树干爬下，在寄主附近25–35mm深土层中结茧化蛹，茧外粘附土粒和幼体白粉，结茧后第3d化蛹，初蛹黄绿色，后变深褐色。

钩蛾科 Drepanidae

本科身体中小型，翅宽，腹部较细，与尺蛾相似。主要特征：喙和唇须不发达；前翅顶角一般呈钩状，幼虫多无臀足，尾节通常有长的突起；结茧于叶片中。

防治方法：①人工捕杀。利用幼虫假死性，可以人工捕杀。②化学防治。在幼虫3龄以前，用Bt粉800-1000倍液，4.5%高效氯氰菊酯2000-2500倍液，或20%灭扫利乳油1500-2000倍液进行喷雾防治。

096 接骨木山钩蛾 *Oreta lcchooana loochooana* Swinhoer 鳞翅目 钩蛾科 山钩蛾属

寄主植物：茜草类，忍冬科接骨木。

形态特征：成虫体长9-12mm，翅展35-38mm，颈周围有黄毛，身体背面棕黄色，两侧橙黄色，腹面鲜红色；前翅赤褐色间有黄斑，顶角弯曲度较小，顶角下弯成弧形，外线黄色，外缘突出，翅端向下弯曲度大，中室上有白点，后翅前半部大部灰黄色，有许多棕色点，排成三行，顶角有一块橙褐色斑。

生活习性：未做系统观测。

097 交让木钩蛾 *Hypsomadius insignis* Butler 鳞翅目 钩蛾科

寄主植物：交让木、泽漆、山漆等。

形态特征：成虫翅长20-23mm，体长18-20mm，头部锈红色，胸部铝灰色；腹部灰褐色，末端及两侧橘红色，腹面桃红色；翅灰褐色，前翅自顶角起倾斜到后缘中部内方1/3处有1条明显的赤褐色带，后翅基部也有赤褐色带与之衔接，前翅顶角直，明显外伸，外缘倾斜度大，后翅顶角钝，外缘弧形，前后翅都有暗褐色点分布，反面赭红色。

生活习性：1年3代，5月中旬第一代成虫出现，第二代在7月中旬，第三代在9月上旬。

098 洋麻圆钩蛾

Cyclidia substigmaria Hübner　**鳞翅目　钩蛾科　圆钩蛾属**

寄主植物：洋麻。

形态特征：成虫体长20–25mm，翅展54–76mm，头黑色，胸部灰白色，腹部白色微褐；前后翅底色灰白，前翅有一斜纹从前翅顶角到后缘中部，外侧色浅，有两三条波状灰白纹，内侧色深，在顶角内侧与前缘处有一深色三角形斑，斑内有白色纹，中室内有灰白色臂型纹，周围有深色圈，后翅中室有一较大褐色圆斑。

生活习性：1年3代。

099 三线钩蛾

Pseudalbara parvula Leech　**鳞翅目　钩蛾科　线钩蛾属**

寄主植物：草本植物。

形态特征：成虫翅展18–22mm，体长6–8mm。头紫褐色，下唇须中等长度呈褐色，触角黄褐色，雄单栉，雌丝状；体形细，背面灰褐，腹面淡褐。前翅灰紫褐色，有三条深褐色斜纹，中部一条最为明显。中室端有2个灰白色小点，上面1个略大；顶角尖，向外突出，内方有1灰白色眼形纹。后翅色浅呈灰白色，中室端有2个不明显小点。

生活习性：1年3–4代，成虫5–10月间出现，以蛹越冬。

卷蛾科 Tortricidae

体中或小型，多为褐、黄、棕、灰等色，并有条纹、斑纹或云斑；幼虫圆柱形，体色多为不同深浅的绿色，有的白色、粉红色、紫色或褐色，趾钩二序或三序，环式。

防治方法：①改善种植园环境，剪除病虫枝、阴枝。②控制冬梢抽发，减少越冬虫源。③结合农事操作，巡视种植园，发现卷蛾虫苞、被害花穗、幼果以及卵块，加以捕杀。④根据调查测报，抓紧第一代、第二代成虫产卵初期释放赤眼蜂，每代放蜂2-3次，每隔5-7d一次，25000只/hm^2。⑤设置黑光灯诱杀。⑥化学防治。幼虫为害期喷施20%菊杀乳油2000倍液，或70%艾美乐水分散粒剂6000倍液，兼治蚜虫和螨类。

100 梨黄卷蛾 *Archips breviplicana* Walsingham 鳞翅目 卷蛾科 黄卷蛾属

寄主植物：梨。

形态特征：雌成虫体长10–13mm，翅展20–30mm，头胸部淡紫褐色，中胸后缘具竖立的1大簇黑褐色鳞毛；腹部灰色，第2、3节背面各具背穴1对；前翅黄褐至淡赭褐色，翅上网状纹及各斑纹深褐色，网状纹特别明显，后翅灰色至浅灰褐色，顶角附近正反面均呈淡黄色至黄色；反面亦具褐色纹。雄略小，与雌相似，腹末具黄色毛丛。

生活习性：1年2–3代，以幼虫越冬，翌春寄主发芽时出蛰活动，缠缀芽叶内食害，展叶后卷叶为害，老熟幼虫化蛹于卷叶内，秋后末代幼虫经一段取食，潜入枝干皮缝里或残附物下越冬。

101 异色卷蛾 *Choristoneura diversana* Hübner 鳞翅目 卷蛾科 色卷蛾属

寄主植物：冷杉、柳、杨、桦、落叶松、栎、梨、樱、野丁香、丁香等。

形态特征：成虫16–22mm，头部、胸部具灰褐色鳞毛；雄蛾前翅无前缘褶，前翅银灰褐至棕褐，深褐色的基斑和端纹有的明显，有的不明显，中带一般都明显，上窄下宽、有时中腰间断，网状纹也明显，后翅灰褐色，缘毛较长。

生活习性：1年1代，以1龄幼虫蛀入叶肉内越冬，翌年5月中下旬越冬幼虫开始活动，钻入新芽食害幼叶及生长点。

虎蛾科 Agaristidae

中大型，色斑艳丽，形态特征与夜蛾科极为近似，但触角端部粗厚是与夜蛾科的主要区别，喙发达；幼虫多具绚丽的色彩和鲜明的斑纹；裸蛹。

防治方法：①深耕细翻，消灭部分虫源。②利用幼虫白天静伏寄主叶背的习性，进行人工捕杀幼虫。③清理种植园。枯枝败叶及时清理，减少虫害的发生。④新芽萌动时，喷洒0.5波美度石硫合剂进行防治。⑤喷洒2000倍液速灭杀丁、杀灭菊酯等高效低毒的菊酯类农药防治。

102 选彩虎蛾

Episteme lectrix Linnaeus　**鳞翅目　虎蛾科　彩虎蛾属**

寄主植物：葡萄。

形态特征：成虫体长约26mm，翅展约79mm。头及胸黑，翅基片基部一淡黄斑，腹部黄，有黑横条；前翅基部有二列粉蓝斑，中室基部一淡黄角形斑，中室中部一淡黄方斑，其后一淡黄斜方斑，外区前半有两组长方形淡黄斑，亚端区一列小白斑，后翅黄，中室端部一黑斑，中室下角至后缘一黑宽带，在亚中褶处外伸一黑条，端区一黑带，前宽后窄，内缘波曲，前段一蓝白色圆斑，中段一蓝白点。

生活习性：未做系统观测。

网蛾科 Thyrididae

网蛾科昆虫的成虫为小、中型蛾类；幼虫圆筒形，具次生刚毛，青绿色，用植物作袋蔽体，有蝽臭味。

防治方法：①农业防治。在种植园附近栽种幼虫寄主植物，引诱成虫产卵、孵出幼虫，加以捕杀。②物理防治。每10亩设置1盏黄色荧光灯或杀虫灯。③药剂防治。喷施90%晶体敌百虫20倍液，或40%辛硫磷乳油20倍液，或40%苯溴磷等药液。

103 金盏拱肩网蛾

Camptochilus sinuosus Warren　**鳞翅目　网蛾科　拱肩网蛾属**

寄主植物：榛子、核桃、柿。

形态特征：成虫雄蛾体长6–8mm，翅长10–11mm，雌蛾体长7–9mm，翅长14–15mm，头、胸及腹部均为黄褐色，并有金属光泽，前翅前缘拱起，致使呈弯曲形，前缘中部外侧有1个三角形褐斑，翅基本褐色，并有4条弧形横线，中室下方至后缘呈褐色晕斑，向外方逐渐变淡，其上有若干不规则的网状纹，后翅基半褐色，有金黄色花蕊形斑纹，外半金黄色，缘毛褐色，前、后翅反面颜色及斑纹与正面相同。

生活习性：1年4代，以蛹越冬，4月下旬、6月中旬至7月上旬、8月中旬、9月中旬可见成蛾，成虫异常机警。

104 绢网蛾（石榴茎窗蛾） *Herdonia osacesalis* Walker **鳞翅目 网蛾科 绢网蛾属**

寄主植物：石榴。

形态特征：雄蛾翅长14–20mm，体长11–14mm，雌蛾翅长20–25mm，体长16–18mm，前后翅大部分透明，前翅顶角镰形，内侧粉白，有两条短黑纹，前后缘微黄，中室银白色，臀角与肘脉间有褐色晕斑，后翅外缘黄褐色，中带由四条棕褐色线组成，翅上有一黑色区，上有两块黑斑，其余部分绢色。

生活习性：1年1代，以幼虫在枝内越冬，幼虫自芽腋处蛀入新梢，沿髓部向下蛀纵直隧道，并在不远处开一排粪孔，被害梢3–5d后枯萎。

105 银网蛾 *Rhodoneura reticulalis* Moore **鳞翅目 网蛾科 黑线网蛾属**

寄主植物：灌木。

形态特征：雄成虫翅展10–11mm，体长9–10mm，雌成虫翅展11–12mm，体长10–11mm。头及下唇须灰白色，触角丝状灰黄色，体白色，胸足灰褐色，各跗节间有白环，前足有胫刺，后足有距两对，前后翅银白色，有丝光，各带由棕色网纹组成，但分界不甚清楚，前翅前缘网纹密集，间有白色散斑，后翅各带较明显，均为棕灰色，都由隔离的网纹组成；前、后翅反面网纹及各带与正面相似，较清楚。

生活习性：1年1代。

106 直线网蛾

Rhodoneura erecta Leech　**鳞翅目　网蛾科　黑线网蛾属**

寄主植物：栎、核桃、楸树。

形态特征：雄成虫翅展8–9mm，体长6–8mm，雌成虫翅展9–11mm，体长8–9mm。头部棕褐色，触角丝状黄褐色，各节有枯黄色环，体正面棕褐色，腹面枯黄色，前足跗节内侧枯黄色，外侧棕褐色，各节有白环，前翅及后翅淡褐色，网纹褐色，前翅中线分叉，内线较直，顶角有“人”字形棕色纹，臀角处有一斜线，后翅中线较粗，内侧有两条弧形纹，顶角亦有弧纹。

生活习性：1年1代。

尺蛾科 Geometridae

尺蛾科是鳞翅目中仅次于夜蛾科的一个大科，小到大型，通常中型。身体一般细长，翅宽，常有细波纹，少数种类雌蛾翅退化或消失；幼虫寄主植物广泛，但通常取食树木和灌木的叶片。

防治方法：①人工捕杀。尺蛾成虫一般不甚活跃，可在早、晚间人工捕捉，也可结合防治其他园林害虫进行灯光诱杀。结合养护管理，在9月至次年4月底之前松土灭蛹。②化学防治。拟除虫菊酯类农药对尺蛾类幼虫防治效果较好。在幼虫低龄阶段用下列药剂喷雾：溴氰菊酯、联苯菊酯、氯氰菊酯等。此外，40%乙酰苯胺磷、50%辛硫磷及50%马拉硫磷等都有很好的效果。③保护天敌。尺蛾幼虫有很多寄生蜂寄生，用药时注意错开寄生蜂繁殖高峰。

107 白线青尺蛾

Hemistola veneta Butler　**鳞翅目　尺蛾科　无缰青尺蛾属**

寄主植物：女萎。

形态特征：成虫体长约12mm，翅展27–35mm。体翅粉绿色，头顶白色，额部红褐色，雄、雌触角双栉齿形，但雌蛾栉齿较短，基节和腿节青绿色，其余白色，但前足带褐色，前后翅横线白色较直，缘毛白色。

生活习性：未做系统观测。

108 仿锈腰青尺蛾

Chlorissa stephens Prout　**鳞翅目　尺蛾科　仿锈腰尺蛾属**

寄主植物： 日本板栗、金合欢、小构树、杨梅树、苹果树、李树、日本晚樱等。

形态特征： 雄蛾触角纤毛状，雌蛾触角线形或具极短纤毛，额不凸出或略凸出，下唇须纤细，雌虫第3节延长，鳞片粗糙，腹部背面有时有立毛簇，雄虫足胫节膨大，有毛束和端突，一对端距，雌虫2对距；体型较小，前翅顶角钝圆，前后翅外缘极微弱波曲或较光滑，后翅外有尾突，前后翅内外横线白色，较细弱，内横线通常波状或弧形弯曲，外横线略微波曲或较直，翅反面较正面色浅。

生活习性： 未做系统观测。

109 萝藦艳青尺蛾

Agathia carissima Butler　**鳞翅目　尺蛾科　艳青尺蛾属**

寄主植物： 萝藦、牛皮消。

形态特征： 成虫体长10mm左右，翅展34–40mm，前胸背黄绿色，中、后胸背黄褐色，有绿色大斑，腹背黄褐色，有绿色斑和1列褐色毛束，节间和尾部白色；前翅黄绿色，前缘灰白色，基部深褐色，中线较粗，外侧黄褐色，内侧白色，外线白色，内、外侧有褐色带，外线与外缘间除顶角处为黄绿色外，其他部分均为焦枯色，缘毛灰白色，后翅顶角处黄绿色，臀角有1个焦枯色大斑，上至前缘，斑内臀角处有2个黄绿色小斑，翅反面粉绿色，有紫褐色宽带，体腹面和各足灰白色。

生活习性： 未做系统观测。

110 尘尺蛾

Hypomecis punctinalis conyferenda Butler　鳞翅目　尺蛾科　尘尺蛾属

寄主植物：冷杉桦、落叶松、云杉、松、柳、栎等。

形态特征：成虫体和翅浅灰褐色，雄虫后足胫节粗大，距短小，后翅反面臀褶附近被浓密黄白色细毛，翅面线纹细弱，前后翅中点椭圆形中空，外线锯齿状，在前翅特别内倾，亚缘线浅色波状，在深色个体中其内侧有褐边，缘线为1列黑点，缘毛灰褐色，翅反面颜色较浅，散布褐色碎纹，中线模糊带状，中点大而略模糊，外线细带状，翅端部色较深，并在前翅顶角处留下1个不明显的浅色斑。

生活习性：未做系统观测。

111 金星垂耳尺蛾

Pachyodes amplificata Walker　鳞翅目　尺蛾科　垂耳尺蛾属

寄主植物：樟树。

形态特征：雄蛾翅长25-27mm，雌蛾翅长27-28mm；雄虫触角双栉形，额上半部和头顶白色，额下半部黑色，其下缘和下唇须黄色，后者外侧有黑褐斑；前胸白色，肩片内侧白色，外侧深灰色，胸腹部背面鲜黄色与深灰褐色相间，翅乳白色，散布大小不等的深灰色斑块，前翅亚基线与内线色较深，隐没于灰斑之内，中点处有1大灰斑，后翅中点较小，前后翅外线为1列灰斑，翅端部灰斑散碎，散布鲜黄色斑，其上有黑色碎纹，黄斑在臀角处扩展成大黄斑，缘线为1列黑点，缘毛灰白与黑灰色相间，翅反面白色，基部黄色，正面的斑纹在反面黑褐色，略扩展，翅端部无黄色。

生活习性：1年4代。

112 棉大造桥虫（水杉尺蛾）

Ascotis selenaria Schiffermuller et Denis　鳞翅目　尺蛾科　造桥虫属

寄主植物：棉花、豆类、花生、向日葵、麻类、柑橘、梨等。

形态特征：成虫体长15-20mm，翅展38-45mm，体色变异很大，有黄白、淡黄、淡褐、浅灰褐色，一般为浅灰褐色，翅上的横线和斑纹均为暗褐色，中室端具1斑纹，前翅亚基线和外横线锯齿状，其间为灰黄色，有的个体可见中横线及亚缘线，外缘中部附近具1斑块，后翅外横线锯齿状，其内侧灰黄色，有的个体可见中横线和亚缘线，雌蛾触角丝状，雄蛾羽状，淡黄色；幼虫头黄褐至褐绿色，头顶两侧各具1黑点，背线宽，淡青至青绿色，亚背线灰绿至黑色，气门上线深绿色，气门线黄色杂有细黑纵线，气门下线至腹部末端，淡黄绿色，第3、4腹节上具黑褐色斑。

生活习性：1年4-5代，以蛹于土中越冬。各代成虫盛发期：6月上中旬、7月上中旬、8月上中旬、9月中下旬，有的年份11月上中旬可出现少量第5代成虫，第2-4代卵期5-8d，幼虫期18-20d，蛹期8-10d，完成1代需32-42d。

113 橄榄绿尺蛾（合欢庶尺蛾） *Chiasmia defixaria* Walker 鳞翅目 尺蛾科 庶尺蛾属

寄主植物：草本植物。

形态特征：成虫翅展27–34mm，触角丝状，头部、胸部与腹部淡褐色；前翅顶角略钝，外缘于中段向外微弯，前缘近顶角1/4段具有1个三角形深褐色斑，后中线近前缘1/3段沿上述斑块而走，后转折向内缘近臀角1/4段，期间略向基侧凹，线纹内侧白褐色，外侧色调与体躯同，后翅外缘于近顶角1/4段于中段稍突出，翅身色调配置与前翅略同，后中线近平直，亚外缘段中央具有1个黑色斑。

生活习性：1年1代。

114 光穿孔尺蛾 *Corymica specularia nea* Wehrli 鳞翅目 尺蛾科 穿孔尺蛾属

寄主植物：草本植物。

形态特征：雄蛾前翅长12–16mm，雌蛾前翅长13–17mm，触角线形，下唇须长，红褐色与白色掺杂，额下半部红褐色，上半部和头顶、体背及翅鲜黄色，前翅顶角凸出，外缘波曲，臀角下垂，后缘端半部凹，雄蛾前翅基部有1个透明孔，后翅前缘长，顶角处微凹，外缘浅波曲，翅面散布红褐色小点，前翅前缘基部褐色与白色相间，其外侧至翅中部有2个小褐斑，雌蛾翅基部透明孔外缘褐色，后缘端半部有2个褐斑，内侧1个“8”字形，斑内常为白色，顶角下有1个浅红褐色梯形斑，斑内在前缘有1个黑褐色小斑，后翅前缘端半部有2个小褐斑，与前翅后缘的斑相呼应，后缘中部有时有1个小褐斑，缘线和缘毛黑褐色。

生活习性：1年1代。

115 毛穿孔尺蛾

Corymica arnearia Walker　**鳞翅目　尺蛾科　穿孔尺蛾属**

寄主植物：草本植物。

形态特征：成虫前翅长雄性12–13mm，雌性13–14mm，下唇须、额和头顶白色；体和翅色较光穿孔尺蛾略暗、翅上碎纹较多，前后翅均有黑褐色小中点，前翅顶角处梯形斑色略深，翅反面散布数个中空的深灰褐色环斑以及深灰褐色散点，前翅顶角之下以及后缘端部的斑块深褐色，雄性后翅后缘有1束长毛。

生活习性：1年1代。

116 栎绿尺蛾

Comibaena delicator Warren　**鳞翅目　尺蛾科　绿尺蛾属**

寄主植物：栎。

形态特征：成虫前翅长11–13mm，青绿色；前翅内线、外线及亚端线白色显著，后角附近有1个血色斑，后翅顶角上有1个更大的血色斑，前、后翅中室上均各有1个小黑点。

生活习性：未做系统观测。

117 长纹绿尺蛾

Comibaena argentataria Leech　**鳞翅目　尺蛾科　绿尺蛾属**

寄主植物：悬钩子。

形态特征：雄蛾翅长12–15mm，雌蛾翅长15mm，雄雌触角均为双栉形；翅上几乎没有白色碎纹，前翅内、外线较细弱，在臀褶处内凹一对尖齿，其中上侧的齿长而尖，翅端部逐渐变为白色，臀角处斑块深灰褐色，后翅前缘下方深灰褐色，中点短棒状，深灰褐色，顶角斑深灰紫色，臀角处白斑较小带灰褐色，前翅反面在臀褶以上绿色，中点和外线清晰，臀角处有模糊灰褐色斑，后翅反面白色，基部至翅中部略带绿色，中点同正面，色较淡，有波状灰褐色外线，顶角处为两个深灰褐色小斑。

生活习性：危害叶部。

118 肾纹绿尺蛾 *Comibaena procumbaria* 鳞翅目 尺蛾科 绿尺蛾属

寄主植物： 草本植物。

形态特征： 成虫翅展宽18–24mm，翅外缘具波浪形褐色边线，上翅下缘角和下翅前缘角具有框着褐色边线的白斑。

生活习性： 成虫出现于5–11月，生活在低、中海拔山区。

119 亚四目绿尺蛾 *Comostole subtiliaria* Bremer 鳞翅目 尺蛾科 四目绿尺蛾属

寄主植物： 菊。

形态特征： 成虫前翅长9–11mm，雄触角双栉状，末端线状，雌触角锯齿状，头顶粉白色，额橘红色，下端淡黄色，下唇须橘红色，末端黄色，第1、2节长，第3节短；前翅前缘灰黄色，内线有2个小红点，其外侧黄白色，前、后翅外线微波状，线的内半部分黄白色，外半部分红色，被翅脉隔离成点列。

生活习性： 危害叶、花。

120 黑条眼尺蛾 *Problepsis diazoma* Prout 鳞翅目 尺蛾科 眼尺蛾属

寄主植物：女贞。

形态特征：成虫翅展32–41mm，虫体和翅白色，前翅中室有圆形斑，斑内下部有2个黑色条斑，后翅中室有1个椭圆形斑，翅的外缘有一个由银灰色斑块组成的宽条带。

生活习性：未做系统观测。

121 拟柿星尺蛾 *Percnia albinigrata* Warren 鳞翅目 尺蛾科 柿星尺蛾属

寄主植物：柿。

形态特征：成虫前翅长雄蛾24–27mm，雌蛾25–29mm，触角线形，具致密短纤毛，下唇须、额和头顶前半部黑色，额下缘白色，头顶后半部和胸腹部背面灰白色排列黑斑；翅白至灰白色，前翅前缘浅灰色，斑点黑色，中点远大于其他斑点，外线和亚缘线在和M脉之间的斑点较同列其他斑点略大，亚缘线和缘线2列斑点整齐，翅反面颜色斑点同正面。

生活习性：1年3–4代。

122 柿星尺蛾 *Percnia giraffata* Guenee 鳞翅目 尺蛾科 柿星尺蛾属

寄主植物：柿、苹果、梨、核桃、杏、杨、柳、榆、桑等。

形态特征：成虫体长约25mm，翅展约75mm，雄蛾较雌蛾体小，头部黄色，复眼及触角黑褐色，前胸背板黄色，有一近方形黑色斑纹；前、后翅均白色，上面分布许多黑褐色斑点，以外缘部分较密，前翅顶角几乎成黑色，腹部金黄色，背面两侧各有一个灰褐色斑纹，腹面各节均有不规则的黑色横纹；幼虫背线宽大成带状，暗褐色，背线两侧各有一条黄色宽带，上有不规则的黑色曲线，气门线下有由小黑点构成的纵带，胴部第3–4节特别膨大，在膨大部分两侧有椭圆形黑色眼形纹1对，纹外各有一月牙形黑纹。

生活习性：1年2代，以蛹在土壤中越冬，翌年5月下旬越冬蛹开始羽化，6月下旬至7月上旬为羽化盛期，7月幼虫为害严重，老熟幼虫8月上旬进入化蛹盛期，第2代幼虫8月上旬出现，8月中、下旬为第2代幼虫为害盛期，9月老熟幼虫进入越冬期。

123 槐尺蛾 *Semiothisa cinerearia* Bremer et Grey 鳞翅目 尺蛾科 庶尺蛾属

寄主植物：槐树。

形态特征：成虫翅长17–21mm，体翅灰白至灰褐色，翅面密布小褐点，前、后翅中、外线间色较淡，外线外侧至外缘色较深，前翅内、中线为褐色细线，在前缘折成黑条斑，外线在前缘形成三角形褐斑，内有2–3个黑纹，自中部至后缘有1列黑斑，并有细线割开，顶角灰褐色，其下方有1褐色三角形斑纹，中室端具新月形褐色纹，后翅内线较直，中、外线均波状褐色，展翅时与前翅的中、外线相接，构成一完整的弧状曲线，中室端为小黑点，在翅的约3/4处于M_3脉的上、下各有1黑点。

生活习性：1年3–4代，以蛹越冬，第一代幼虫始见于5月上旬，各代幼虫为害盛期分别为5月下旬、7月中旬及8月下旬至9月上旬，卵散产于叶片、叶柄和小枝上，以树冠南面最多，化蛹场所通常在树冠投影范围内，以树冠东南向最多。

124 黄蝶尺蛾 *Thinopteryx crocoptera* Koller 鳞翅目 尺蛾科 黄蝶尺蛾属

寄主植物：构树。

形态特征：成虫翅长52–60mm，触角丝状，前翅宽，顶角稍突出，外缘平滑向外微弯，翅身黄色密布横向细短斑；前翅前缘具有明显灰白色条带由基部延伸至顶角，中线与后中线平直，带灰调之橘褐色，中线暗灰色仅限于前缘至近前缘约1/4段，亚外缘线平滑，于近前缘约1/4段向外缘弯曲；后翅外缘中间凸出，外线在凸出处向外弯曲，亚外缘线弯曲不明显。翅反面浅褐色，斑纹同正面。

生活习性：除了冬季外，成虫生活在平地至中海拔山区，夜晚具趋光性。

125 黄连木尺蛾（木撩尺蛾）

Biston panterinaria Bremer et Grey　鳞翅目　尺蛾科　鹰尺蛾属

寄主植物：黄栌、黄连木、栎类、刺槐、松、槐、核桃、黄荆等多种树木和作物。

形态特征：成虫体长18–22mm，翅展55–65mm。体黄白色。雌蛾触角丝状；雄蛾双栉状，栉齿较长并丛生纤毛；头顶灰白色，颜面橙黄色；喙棕褐色，下唇须短小；翅底白色，翅面上有灰色和橙黄色斑点，前、后翅的外线上各有1串橙色和深褐色圆斑，但圆斑隐显变异很大，中室端各有1个大灰斑，前翅基部有1个橙黄色大圆斑，内有褐纹；翅反面斑纹和正面相同；但中室端灰斑中央橙黄色。

生活习性：1年1代，以蛹在梯田石缝、树干周围的土壤内越冬，次年5月上旬开始羽化，7月中、下旬为盛期，8月底为末期，幼虫发生于7月上旬至9月上旬，幼虫期40d左右，至8月中旬开始下树化蛹，末期在10月下旬。

126 丝绵木金星尺蛾（大叶黄杨尺蛾）

Abraxas suspecta Warren　鳞翅目　尺蛾科　金星尺蛾属

寄主植物：丝绵木、黄杨、卫矛、榆、杨、柳，还有马尾松、柏、水杉、黄连木、山毛榉、板栗。

形态特征：成虫体长10–19mm，翅展32–44mm。翅底色银白，具淡灰色及黄褐色斑纹，前翅外缘有1行连续的淡灰色纹，外横线成1行淡灰色斑，上端分叉，下端有1个红褐色大斑，中横线不成行，在中室端部有1大灰斑，斑中有1个圆形斑，翅基有1深黄、褐、灰三色相间花斑；后翅外缘有1行连续的淡灰斑，外缘线成1行较宽的淡灰斑，中横线有断续的小灰斑。前后翅反面的斑纹同正面，惟无黄褐色斑纹。幼虫体黑色，刚毛黄褐色，头部黑色。冠缝及额缝淡黄色，前胸背板黄色，有3个黑色斑点，中间的为三角形，气门线、腹线黄色较宽，臀板黑色，胸部及腹部第6节以后的各节上有黄色横条纹。

生活习性：1年4代，以蛹在土中越冬。翌年3月中、下旬越冬成虫羽化。成虫多在夜间羽化，白天较少，成虫白天栖息于树冠、枝、叶间，遇惊扰作短距离飞翔，夜间活动。有弱趋光性。

127 苹烟尺蛾　*Phthonosema tendinosaria* Bremer　鳞翅目　尺蛾科　烟尺蛾属

寄主植物： 苹果、梨、栗、桑、青冈、林檎、杨栌、杜鹃、大波斯菊等。

形态特征： 雌蛾体长19–29mm，翅展61–83mm，触角丝状，雄蛾体长17–27mm，翅展54–61mm，触角羽毛状；虫体均为褐色，复眼均为茶褐色，胸部背面有灰色的鳞毛，腹部密生黄色鳞毛，背部颜色略深；翅灰色，前翅基部有明显灰黄色或灰褐色斑纹，内横线、外横线、外缘线均为茶褐色波状纹，后缘中部有深褐色斑，后翅外横线、外缘线为深褐色波状纹，中部有一个肾脏形深褐色斑，缘毛浅灰色。

生活习性： 1年1代，以蛹在土壤中越冬，成虫6月上旬开始羽化，7月上、中旬为羽化盛期，7月下旬为末期，幼虫6月中旬开始孵化，7月中、下旬为孵化盛期，8月中、下旬幼虫开始老熟，延续至9月下旬结束，老熟幼虫入土后，7d左右化蛹。

128 小蜻蜓尺蛾　*Cystidia couaggaria* Guenée　鳞翅目　尺蛾科　蜻蜓尺蛾属

寄主植物： 多种果木，尤其是蔷薇科植物。

形态特征： 雄成虫前翅长22–23mm，雌成虫前翅长22mm，头顶和胸部背面中部黑褐色，两侧黄褐色，胸部背面被长毛，腹部细长，黄褐色有黑褐斑，翅白色，斑纹黑褐色，两翅亚基线、中线和外线带状，中线和外线在两翅前缘和前翅后缘互相融合，翅端部为1黑褐色宽带，有时黑褐色斑纹扩展并占据绝大部分翅面，白色的底色被切割成若干不规则碎块，翅反面斑纹和颜色同正面。

生活习性： 1年1代，以幼虫越冬，翌年寄主发芽后开始出蛰活动危害，并有吐丝缀叶为害习性，至5月下旬开始陆续老熟，吐丝缠缀数片叶于内结茧化蛹，6–7月发生成虫。

129 掌尺蛾　*Amraica superans* Butler　鳞翅目　尺蛾科　掌尺蛾属

寄主植物： 大叶黄杨、卫矛。

形态特征： 成虫前翅长雄虫24–35mm，雌虫27–33mm，雄虫触角单栉形，末端约1/4无栉齿，雌虫触角线形；体及翅深灰褐色，略带灰紫色调，前翅内线以内和外线外侧至顶角各有1深褐色大斑，前后翅中点深灰色，大而模糊，亚缘线浅色锯齿状，在前翅通常较弱，缘线为1列黑灰色斑点，常消失，缘毛灰黄色与深灰褐色掺杂，翅反面浅灰褐色，中点黑褐色；前翅前缘端半部有2个黑褐斑。

生活习性： 未做系统观测。

130 择长翅尺蛾　*Obeidia tigrata neglecta* Thierry-Mieg　鳞翅目　尺蛾科　豹纹尺蛾属

寄主植物： 草本植物。

形态特征： 成虫前翅长雄蛾29mm，雌蛾31mm，触角黑色线形；前翅特别狭长，外缘不波曲，后翅顶角明显，前翅黄色，斑点黑褐色，内线和外线各为1列大斑，中点巨大，翅基部和外线外侧散布小散点，缘线为1列黑斑，缘毛与其内侧翅面颜色相同，后翅端部黄色，斑点同前翅，但无内线，翅反面颜色、斑点同正面。

生活习性： 1年1代。

131 紫线尺蛾 *Calothysanis comptaria* Walker 鳞翅目 尺蛾科 紫线尺蛾属

寄主植物：桑树、苜蓿。

形态特征：成虫小型，浅褐色，前、后翅中部各有一斜纹伸出，暗紫色，连同腹部背面的暗紫色，形成一个三角形的两边，后翅外缘中部显著突出，前、后翅外缘均有紫色线。

生活习性：1年3–4代。

132 赭点峰尺蛾 *Dindica erythropunctura* Chu 鳞翅目 尺蛾科 峰尺蛾属

寄主植物：草本植物。

形态特征：成虫前翅长21–24mm，雄蛾触角双栉状，雌触角丝状，额黄绿色，头顶灰黄色，掺有黑色鳞片，胸部及其上毛簇棕黑色；前翅灰褐、黄绿或暗绿色，个体变异较大；翅面散布黑色碎纹和少量灰红色，缘线在翅脉间为1列小黑点，缘毛在翅脉端黑褐色，其余与翅面同色；后翅浅黄至鲜黄色，有时白色，翅端部深色带较窄，稍模糊，常有不同程度退化甚至局部断离，其外侧多为灰绿或灰黄色，散布深色碎纹；前翅反面灰白至浅黄色，中点大而清晰，翅端部黑带狭窄，未达外缘，后翅反面黄白至鲜黄色，黑带同前翅，其外侧灰白色。

生活习性：1年1代。

133 泼墨尺蛾

Ninodes splendens Butler　**鳞翅目　尺蛾科　泼墨尺蛾属**

寄主植物：草本植物。

形态特征：成虫前翅长8–9mm，翅灰黄色，前后翅基半部在中室以下散布黑色，但常有不同程度消失，外线带状，波曲，深褐至黑褐色，其外侧有几块大小不等的褐斑和黑褐点，有时外线向外扩展成宽带并与其外侧斑点融合。

生活习性：1年1代。

134 忍冬尺蛾

Somatina indicataria Walker　**鳞翅目　尺蛾科　岩尺蛾属**

寄主植物：忍冬。

形态特征：成虫体长11mm左右，雄成虫前翅长13–16mm，雌成虫前翅长14–15mm，触角丝状，有微毛，灰褐色头顶灰白色，颜面黑褐色，下唇须灰褐色，喙黄褐色，胸背白色，腹背第1节乳白色，其他各节黑色，有白边，翅底乳白色，有银灰色斑纹，前翅中室有1个眼状黑斑，围1个橘黄色云斑，斜伸到后缘中部，外缘波状黄白色，内侧有黄褐色斑，脉间有小黑点，后翅中室有模糊眼状斑，外线为宽银灰色带，外缘波状，黄白色，内侧有黄褐色斑，缘毛白色亦间杂银灰色斑。

生活习性：1年2–3代。

135 双珠严尺蛾 *Pylargosceles steganioides* Butler 鳞翅目 尺蛾科 严尺蛾属

寄主植物： 刺槐、栗、栎、杨、柳、苹果等。

形态特征： 雄蛾后足胫距1对。前后翅外缘圆，前翅1个径副室。翅面黄褐色，斑纹红褐至紫褐色；前翅前缘深褐色，内线波状；前后翅中线较直，前翅中点在中线内侧，后翅中点极微小，在中线上；前翅外线深褐色粗壮，波状，在M_1、M_3至Cu_2各脉上有褐线与缘线相接；后翅外线纤细波状；缘线深褐色；缘毛基半部深灰褐色，端半部灰黄至灰褐色。翅反面灰黄色，可见深灰褐色外线和前翅中点；前后翅中线褐色，很模糊。

生活习性： 1年发生4代，以蛹在表土中越冬。翌年4月上旬成虫开始羽化、产卵。成虫趋光性极强。卵产于树干近基部2m以下的粗皮缝内，堆积成块，上覆灰色绒毛。幼虫蚕食叶片，咬成缺刻成孔洞，严重时把叶片吃光，树冠呈火烧状。幼虫共5龄，遇惊则吐丝下垂随风飘迁。幼虫为害时期，在枝条间吐丝拉网，连缀枝叶，如帐幕状。

136 埃尺蛾 *Ectropis crepularia* 鳞翅目 尺蛾科 埃尺蛾属

寄主植物： 马尾松等。

形态特征： 前翅长雄蛾16–18mm，雌蛾20–21mm。雄蛾触角锯齿形具纤毛簇；雌蛾触角线形。下唇须尖端伸达额外，深灰褐色。额下半部灰黄色，上半部黑褐色。头顶、体背和翅灰黄色，散布褐鳞。后翅外缘浅波曲。翅面斑纹细弱，灰褐色；外缘细锯齿状，其外侧在前翅有1叉形斑；浅色亚缘线内侧有1条深色带，锯齿形，不连续；缘线为1列细小黑点；缘毛灰白与灰褐色掺杂。翅反面污白至淡灰褐色，几乎无斑纹。

生活习性： 1年发生4代。

137 茶尺蛾　*Ectropis obliqua hypulina* Wehrli　鳞翅目　尺蛾科　埃尺蛾属

寄主植物：茶。

形态特征：成虫体长9–12mm，翅展20–30mm，雄蛾较小。头部小，触角丝状，灰褐色，全体灰白色，头胸背面厚被鳞片和绒毛，前翅具黑褐色鳞片组成的内横线、外横线、亚外缘线、外缘线各一条，弯曲成波状纹，外缘线色稍深，沿外缘具黑色小点7个。外缘及后缘有灰白色缘毛，后翅稍短，外缘生有5个黑点，缘毛灰白色；卵长1mm，椭圆形，初绿色，后变灰褐色，孵化前为黑色，卵块上覆白色絮状物；初孵幼虫黑色，体长1.5mm，胸腹部各节具白纵线及环列白色小点。末龄幼虫体长26–30mm，头部褐色。

生活习性：1年发生5–6代，以蛹在树冠下表土内越冬。翌年3月上、中旬成虫羽化产卵，4月初第一代幼虫始发，危害春茶。第二代幼虫于5月下旬至6月上旬发生，以后约每隔一月发生1代，10月以后以老熟幼虫陆续入土化蛹越冬。越冬蛹羽化进度不一，发生代数多、不整齐、除一、二代尚可分清，后各世代重叠。

138 赤线尺蛾　*Culpinia diffusa* Walker　鳞翅目　尺蛾科　赤线尺蛾属

寄主植物：豆科、桑科。

形态特征：成虫前翅翅展13.5–15mm，翅青黄色。前翅前缘赤色；外横线白色，仅下部1/3清楚，外缘有1条赤色线，边缘弯曲，前、后翅缘毛白色，有赤点。

生活习性：1年3–4代。

139 双色鹿尺蛾 *Alcis bastelbergeri* Hirschke 鳞翅目 尺蛾科 鹿尺蛾属

寄主植物：落叶松、白桦及禾本科植物。

形态特征：雄蛾体长16-20mm，翅展33-41mm，雌蛾体长11-15mm，翅展35-40mm。雌蛾触角丝状，雄蛾触角羽状，灰褐色。头部和胸部背面密被灰白色鳞毛，雌成虫腹部膨大较短，雄蛾腹部较为尖细。翅灰褐色，前翅内横线和中横线颜色较深，灰黑色，与后翅相联，构成弯曲的波状阔带。亚缘线具明显灰白锯齿状。前后翅外缘具波浪形，缘毛灰褐色。后翅斑纹近似前翅，中间有一较小黑色斑点，反面灰白色；卵椭圆形，初产白色，卵壳上密被相同颜色刻点，3-5d后逐渐变为橘红色。幼虫体长20-27mm，初孵幼虫头淡黄色，半透明，体灰白色，胸足3对，腹足1对，臀足1对，腹部背面两侧从第1节至末节各有1条白色纵带，老熟幼虫体色变深，灰褐色，头被灰白色刚毛，体11节。

生活习性：1年发生1代，以幼虫在树冠下周围枯枝落叶层及杂草下越冬，越冬幼虫多为2龄，翌年5月上旬越冬幼虫开始上树危害，5月下旬幼虫老熟，在树冠下土层中约5cm深处化蛹，6月上旬为化蛹盛期，成虫于6月下旬开始羽化，7月中旬为羽化高峰期，7月中旬幼虫孵化，7月中旬至9月中旬均有危害。

枯叶蛾科 Lasiocampidae

枯叶蛾的体色和翅斑变化较多，有褐、黄褐、火红、棕褐、金黄、绿等色；蛹光滑，居丝茧中。

防治方法：①人工捕杀：结合果园管理或修剪，捕杀幼虫，就地消灭。②采用微生物杀虫剂：在幼虫为害期喷洒杀螟杆菌800-1000倍液，加0.1%洗涤剂或喷青虫菌，每亩用量约为0.5kg，使用微生物农药要求温度24-28℃，相对湿度70%以上为好。③药剂防治：枯叶蛾的幼虫食量很大，且抗药性强，通常在3龄之前喷药防治，可喷洒5%辛硫磷乳油1000倍液或50%杀螟松乳油1000倍液，也可喷90%敌百虫1500倍液或50%敌敌畏乳油。

140 马尾松毛虫 *Dendrolimus punctatus* Walker 鳞翅目 枯叶蛾科 松毛虫属

寄主植物： 马尾松、黑松、油松、湿地松、火炬松等。

形态特征： 成虫翅展36-49mm，体茶褐色到黑褐色，触角羽状，淡黄至褐色；前翅较宽，外缘呈弧形，翅面有3-4条不很明显的横条纹，沿外横线的黑褐斑到内侧为淡褐色，中室白斑较明显，后翅中间现淡色斑纹。幼虫体色随龄期不同而有差异，大致可区分为棕红色和灰黑色两种，鳞毛也有银白色和银黄色两种，头部黄褐色，中、后胸背面有2条蓝黑色天鹅绒状的毒毛横带，身体两侧具白色长毛，并有灰蓝色纵带，由中胸至腹部第8节气门后上方的纵带处各有一白色斑点。

生活习性： 1年2代，以3-4龄幼虫在针叶丛中、树皮缝或地被物下越冬。翌年2-3月出蛰，成虫每雌产卵量通常为200-500粒，卵成堆或成串产于松树针叶上，初孵化幼虫有群集性，啃食针叶边缘，使叶丛呈现枯黄卷曲，这种现象可作为发生动态的预测标志。

141 栎黄枯叶蛾 *Trabala vishnou* Lefebure 鳞翅目 枯叶蛾科 黄枯叶蛾属

寄主植物：栎属、核桃、海棠、胡颓子、沙棘、苹果、榆、槭、月季、旱柳和山杨等。

形态特征：雌蛾体长25-38mm，翅展70-95mm，头部黄褐色，触角短双栉齿状；胸部背面黄色，前翅内、外横线之间为鲜黄色，中室处有1个近三角形的黑褐色小斑，后缘和自基线到亚外缘间又有一个近四边形的黑褐色大斑，亚外缘线处有1条由8-9个黑褐色小斑组成的断续的波状横纹；后翅灰黄色。雄蛾体长22-27mm，翅展54-62mm，绿色或黄绿色，前翅后缘无褐色长斑。幼虫密生白色或黄色体毛，在第1体节背板中央，有皇冠形黑褐色斑纹，两侧各有一黑色疣状突起，其上各分布一束黑色长毛，其基部则有黄色或白色短毛簇，在第5和11体节背部各有一簇白色长绒毛，在2-12体节亚背线处各生有1个较大的黑褐色椭圆形疣状突起，在气门上线、下线及基线处，各有1个较小的黑褐色椭圆形疣状突起。

生活习性：1年1代，以卵在树干和小枝上越冬，翌年4月下旬开始孵化，5月中旬为盛期，5月下旬孵化结束，8月中旬成虫羽化，9月上旬为羽化盛期，成虫羽化次日产卵于树干或枝条上，排成2行，即行越冬。

142 杨枯叶蛾 *Gastropacha populifolia* Esper 鳞翅目 枯叶蛾科 褐枯叶蛾属

寄主植物：杨、柳、栎、苹果、梨、杏等。

形态特征：成虫体长25-40mm，翅展40-85mm，雄虫体较小，黄褐色，头、胸背中央有暗色纵线1条，触角双栉状，前翅较窄，翅上有5条黑色波状横线，近中室端有黑色肾形小斑，后翅较宽，翅上有3条黑色横线。幼虫灰绿色或灰黑色，中后胸背面各有一黑色刷状毛簇，腹部两侧生灰黑色毛丛，第八节背面中央具黑色瘤状突，上生长毛，体背有黑色纵斜纹。

生活习性：1年2代，均以低龄幼虫在枝干或枯叶中越冬。第二年春季越冬幼虫出蛰活动，幼虫老熟后吐丝缀叶于内结茧化蛹，成虫于5-6月和8-9月发生。

143 竹黄枯叶蛾　*Euthrix laeta* Walker　**鳞翅目　枯叶蛾科　纹枯叶蛾属**

寄主植物：竹、芦竹类等植物。

形态特征：成虫翅展41–74mm，虫体和翅棕黄色，前翅中室端部有1个较大的白斑，边缘褐色，其上有1个小白斑，有时两个斑点连在一起，从顶角到斑下部有一条褐色斜线。

生活习性：未做系统观测。

毒蛾科 Lymantriidae

成虫体中型至大型，翅发达，大多数种类翅面被鳞片和细毛；幼虫体色较鲜艳，被长短不一的毛，多为植食性，少数为肉食性。

防治方法：①春季预防：早春幼虫危害叶片，严重时吃光全树叶片，在早春出叶前害虫出蛰完毕时选用50%混灭威乳油500-1000倍液，25%爱卡士乳油1000-1500倍液喷洒防治。②夏季预防：夏季及早秋选用90%晶体敌百虫1000倍液、80%敌敌畏乳油1500倍液、50%辛硫磷乳油1000倍液、60%双效磷乳油1500倍液喷洒防治，必要时选用48%毒死蜱乳油1300倍液、10%吡虫啉可湿性粉剂2500倍液、5%锐劲特乳油1000倍液喷洒防治。③冬季防治：刮净老树皮，消灭越冬幼虫，对于毒蛾发生严重的区域，人工摘除卵块，在低龄幼虫集中为害时连续摘除2-3次。在2龄幼虫高峰期喷洒Bt杀虫剂、毒蛾多角体病毒，每毫升含15000颗粒的悬浮液，每亩喷洒20L。

144 幻带黄毒蛾 *Euproctis varians* Walker 鳞翅目 毒蛾科 黄毒蛾属

寄主植物：柑橘、茶、油茶。

形态特征：雄蛾翅展约18mm，雌蛾约30mm，体橙黄色，触角干黄白色，栉齿灰黄棕色，足浅橙黄色；前翅黄色，内横线和外横线黄白色，近平行，外弯，两线间色较浓，后翅浅黄色；幼虫头部黄棕色，有褐色点，正中央有一浅黄色纵线，体棕褐色，有浅黄色斑和线。

生活习性：1年1代，以蛹在土中越冬，7、8月处于成虫期。

145 乌桕黄毒蛾 *Euproctis bipunctapex* Hampson 鳞翅目 毒蛾科 黄毒蛾属

寄主植物：乌桕、油茶、杨、桑、柳、女贞、苹果等。

形态特征：成虫雌、雄斑型相同，但体型差异较大，雄蛾较小，翅展23-38mm，雌蛾翅展32-42mm；翅面黄褐色至黑褐色，近外缘黄褐色，中央有黑褐色断隔，近翅端有2枚黑色斑点，缘毛黄色。

生活习性：1年2代，以3、4龄幼虫群集于树干向阳面的粗皮裂缝、伤疤、树腋或凹陷处，并吐灰白色薄丝做网于群虫外面御寒越冬，翌年4月中、下旬破网而出，5月中、下旬化蛹，6月下旬至7月上旬第一代幼虫孵化，8月中、下旬化蛹，9月中、下旬第二代幼虫孵化，11月幼虫进入越冬期。

146 折带黄毒蛾

Euproctis flava Bremer　**鳞翅目　毒蛾科　黄毒蛾属**

寄主植物： 樱、蔷薇、梨、苹果、桃、梅、李、海棠、山毛榉、枇杷、石榴、茶、槭、刺槐、赤杨、柑橘、油茶等。

形态特征： 翅展雄蛾25–33mm，雌蛾35–42mm，体浅橙黄色；前翅黄色，内线和外线浅黄色，从前缘外斜至中室后缘，折角后内斜，两线间布棕褐色鳞，形成折带，翅顶区有两棕褐色圆点，缘毛浅黄色，后翅黄色，基部色浅。幼虫体长30–40mm，头部黑褐色，体黄褐色，背线细，橙黄色，在第1–3腹节和第8、10腹节中断，在中、后胸和第9腹节宽，气门下线橙黄色。

生活习性： 1年2代，以老龄幼虫群集在寄主根部枯草处、枯枝落叶层内及土缝等隐蔽处越冬，越冬幼虫5月中旬后陆续转移到寄主上部的细嫩枝条为害，主要取食幼芽和嫩叶。

147 茶黄毒蛾

Euproctis pseudoconspersa Strand　**鳞翅目　毒蛾科　黄毒蛾属**

寄主植物： 山茶、茶、油茶、柑橘。

形态特征： 雌蛾体长8–13mm，翅展26–36mm，琥珀色，前翅密布有深褐色鳞片，顶角黄色区内有黑点2个，后翅均散生茶褐色鳞片，腹部具黄色毛丛；雄蛾体长6–10mm，翅展20–28mm，黄褐至深茶褐色，有季节性变化，前翅前缘、翅尖及臀角黄褐色或浅茶褐色；幼虫头部褐色，体黄色，圆筒形，体背面两侧各有两条褐色带状线，各体节背和侧方有几个黑色毛瘤，瘤上簇生黄色毒毛；蛹圆锥形，黄褐色，末端有钩状刺一束。

生活习性： 1年2代，以卵块在老叶背面越冬，次年4月上、中旬开始孵化，幼虫为害期分别在5月上、中旬，6月下旬至7月上、中旬，8月中、下旬至9月。

148 戟盗毒蛾 *Porthesia kurosawai* Inoue 鳞翅目 毒蛾科 盗毒蛾属

寄主植物：刺槐、茶、油茶、苹果、柑橘。

形态特征：雄蛾翅展20–22mm，雌蛾30–33mm，头部橙黄色，胸部灰棕色，触角干橙黄色，栉齿褐色，下唇须橙黄色，体下面和足黄色，腹部灰棕色带黄色；前翅赤褐色布黑色鳞，前缘和外缘黄色，黄褐色部分布满黑褐色鳞片，外缘部分鳞片带有银色反光，并在端部和中部向外凸出，或达外缘，近翅顶有一棕色带银色小点，内线黄色，不清楚；后翅黄色，基半部棕色。

生活习性：主要以3龄或4龄幼虫在枯叶、树杈、树干缝隙及落叶中结茧越冬，初孵幼虫喜群集在叶背啃食为害，3、4龄后分散危害叶片，有假死性，老熟后多卷叶或在叶背树干缝隙或近地面土缝中结茧化蛹。

149 柳毒蛾 *Stilprotia salicis* Linnaeus 鳞翅目 毒蛾科 雪毒蛾属

寄主植物：茶树、杨、柳、栎树、栗、蔷薇科植物、白桦、白蜡、槭树、榛子。

形态特征：成虫体长约20mm，翅展40–50mm，全体白色，具丝绢光泽，前翅鳞片叶状，宽阔，有齿2–4个，腹端无橙黄色毛丛。足的胫节和跗节生有黑白相间环纹；幼虫黑褐色，头黄褐色，上有黑斑两个，体各节有瘤状突起，其上生有黄白色长毛；蛹黑褐色，纺锤状，被鬃毛，末端有小钩两簇。

生活习性：1年2–3代，以3代为主，2–3龄幼虫在树木下面枯枝落叶层中或树皮缝内结小白茧越冬，次年3月下旬至4月上旬外出取食，翌春4月中旬化蛹，4月底羽化为成虫，5月中、下旬为成虫飞出盛期，5月下旬6月初为产卵盛期，6月中旬为幼虫孵化盛期，10月中、下旬老熟幼虫进入越冬状态。

150 榆毒蛾　*Ivela ochropoda* Eversmann　鳞翅目　毒蛾科　黄足毒蛾属

寄主植物：榆科。

形态特征：成虫体长约12mm，翅展24–40mm，体、翅白色，触角干白色；下唇须鲜黄色，体和翅白色，前足腿节端半部、胫节和跗节鲜黄色，中足和后足胫节端半部和跗节鲜黄色；幼虫体浅黄绿色，头灰褐色，各节背面具白色毛瘤，瘤的基部四周黑色，腹部1、2节上具较大的黑色毛丛。

生活习性：1年2代，以幼龄幼虫在树皮缝隙间、建筑物缝处、孔洞中结薄茧越冬，4月上、中旬越冬幼虫开始活动取食，6月中旬老熟幼虫于树叶背面、树下灌木丛叶上、杂草及建筑物缝隙处吐少量的丝化蛹，于6月下旬出现成虫，7月底、8月初成虫大量羽化，8月下旬第2代成虫羽化产卵，9月中旬第2代幼虫孵化，以幼虫越冬。成虫趋光性强。

箩纹蛾科 Brahmaeidae

箩纹蛾与大蚕蛾相似，翅色浓厚有许多箩筐条纹和波状纹。前翅顶部较圆，色深，是有箩筐条纹的大型蛾类；幼虫与成虫颜色较为相近，尾部能发出独特的爆裂声。

防治方法：①灯光诱杀成虫。②化学防治。用80%敌敌畏乳油4000倍液或50%杀螟松乳油2000倍液，喷杀2-3龄幼虫，或在幼虫危害期喷洒25%安绿宝乳油1500倍液或10%吡虫啉可湿性粉剂2500倍液、5%抑太保乳油3000倍液、10%天王星乳油6000倍液。

151 青球箩纹蛾　*Brahmaea hearseyi* White　鳞翅目　箩纹蛾科　箩纹蛾属

寄主植物：女贞、桂花、栎、水蜡、白蜡树、乌桕、毛竹。

形态特征：雌成虫翅展110–165mm，雄成虫翅展103–142mm，体青褐色，翅灰褐色；前翅中带底部近椭圆形，内有3个黑点，中带顶部外侧呈凹齿状纹，齿状纹外为1灰褐圆斑，上有4条横行白色鱼鳞纹，中带外侧有5垄箩筐纹，翅外缘有7个青灰褐色斑，顶角为一褐斑，中带外侧与翅基间有5条纵行青黄色条纹，外缘有一列半球状斑。

生活习性：卵散产于叶背面，初孵幼虫啃食叶缘成缺刻，随虫龄增加，逐渐可将整个叶片的叶肉、叶脉食尽。

152 紫光箩纹蛾 *Brahmaea porpuyrio* Chu et Wang 鳞翅目 箩纹蛾科 褐箩纹蛾属

寄主植物： 小叶女贞、金叶女贞、桂花。

形态特征： 成虫体长32–48mm，翅展122–146mm，棕褐色；触角双栉齿状；前翅中带中部两个圆形纹呈紫红色，并在其外侧有1个紫红色区域，中带内侧有7条深褐色和棕色的箩纹；卵半圆球形，初产卵乳白色，渐成淡黄色，成熟卵翠绿色；幼虫头黑色，肉刺紫红色，幼虫体色由橙黄色转黄褐色，体上遍布黄褐色斑纹和斑点，中、后胸背各有1对刺突；蛹呈长筒状，胸背下端有2颗圆形黑色凸起，有光泽。

生活习性： 1年1代，以蛹在土中越冬，翌年6月成虫出现，卵散产于寄主植物叶部。

螟蛾科 Pyralidae

成虫小到中型。身体细长，脆弱，腹部末端尖削；幼虫通常圆柱状。

防治方法：①选择渗透性强的药剂进行防治，如阿维菌素、甲维盐等；②选择一些有熏蒸、引诱特性的药剂进行混配使用如菊酯类、有机磷类农药进行防治；③选择害虫不易产生抗性的药剂如甲维盐、多杀菌素等；④进行防治时可以加一些杀卵的药剂进行混配使用如虱螨脲、氟铃脲。

153 葡萄卷叶野螟 *Syllepta luctuosalis* Guenée 鳞翅目 螟蛾科 卷叶野螟属

寄主植物： 葡萄。

形态特征： 成虫翅展31mm，灰黑色；前翅灰黑褐色，基部有淡黄色纹，外侧淡黄纹分成二支，前缘有灰白色斑纹2条，后缘中室下方有灰白色斑纹1条；后翅灰黑褐色，中央有两个淡黄条纹。

生活习性： 1年2–3代，以老熟幼虫在落叶或老树皮下越冬，到翌年春季化蛹羽化。

154 杨黄卷叶野螟　*Botyodes diniasalis* Walker　鳞翅目　螟蛾科　缀叶野螟属

寄主植物：杨树、柳树。

形态特征：成虫体长12mm，翅展约30mm，体黄色；头部褐色，触角淡褐色，胸、腹部背面淡黄褐色，雄成虫腹末有1束黑毛；翅黄色，前翅亚基线不明显，内横线穿过中室，中室中央有1个小斑点，斑点下侧有1条斜线伸向翅内缘，中室端脉有1块暗褐色肾形斑及1条白色新月形纹，外横线暗褐色波状，亚缘线波状；后翅有1块暗色中室端斑，有外横线和亚缘线，前、后翅缘毛基部有暗褐色线。幼虫黄绿色，头部两侧近后缘有1个黑褐色斑点，胸部两侧各有一条黑褐色纵纹。

生活习性：1年4代，以初龄幼虫在落叶、地被物及树皮缝隙中结茧过冬，翌年4月初越冬幼虫开始出蛰为害，5月底6月初，幼虫老熟化蛹，6月上旬，成虫开始羽化，卵产于叶背面。

155 瓜绢野螟　*Diaphania indica* Saunders　鳞翅目　螟蛾科　绢野螟属

寄主植物：丝瓜、苦瓜、黄瓜、甜瓜、西瓜、冬瓜、番茄、茄子。

形态特征：成虫体长11-15mm，翅展23-26mm，白色带丝绢般闪光。头部及胸部浓墨褐色；触角灰褐色，线形，长度约与翅长相等；下唇须下侧白色，上部褐色；翅白色半透明，有金属紫光，翅基片深褐色，末端鳞片白色；前翅沿前缘及外缘各有一淡墨褐色带，翅面其余部分为白色三角形，缘毛黑褐色；后翅白色半透明有闪光，外缘有一条淡黑褐色带，缘毛黑褐色；腹部白色，第7、8腹节深黑褐色，腹部两侧各有一束黄褐色臀鳞毛丛。

生活习性：1年6代，以老熟幼虫或蛹在枯叶或表土越冬，第一次成虫于4月中、下旬至5月中旬出现，幼虫于4月下旬始见，7月中旬发生第三代幼虫，7月上、中旬至10月中旬为盛发期。

156 黄杨绢野螟 *Diaphania perspectalis* Walker 鳞翅目 螟蛾科 绢野螟属

寄主植物：大叶黄杨、瓜子黄杨、庐山黄杨、雀舌黄杨等。

形态特征：成虫体长20–30mm，翅展30–50mm，头褐色，触角褐色，触角间鳞毛白色；前胸前缘、外缘和后缘、后翅外缘均有黑褐色宽带；前翅前缘黑褐色宽带在中室部位，具2个白斑，近基部一个较小，近外缘白斑新月形，翅其余部分均为白色半透明状，并有紫色闪光；腹部白色，末端被黑褐色鳞毛；后翅白色半透明有闪光，外缘有一条淡黑褐色带，缘毛黑褐色。幼虫胸腹部黄绿色，背线深绿色，中后胸背面各有1对黑褐色圆锥形瘤突，腹部各节背面有2对黑褐色瘤突，且生有刚毛；蛹腹末黑褐色，有臀棘8根，排成1列，先端卷曲。

生活习性：1年3代，以3–4龄幼虫吐丝缀两叶成虫苞，苞内结茧越冬，翌年3月中、下旬陆续出茧取食为害，至5月初开始化蛹，5月下旬至6月上旬成虫羽化，幼虫多为6龄，老熟幼虫多在树冠内腔中下部吐丝缀合老叶、枯残枝叶成一疏松的茧，在茧内化蛹。

157 白蜡绢野螟 *Palpita nigropunctalis* Bremer 鳞翅目 螟蛾科 绢须野螟属

寄主植物：白蜡、悬铃木、丁香、女贞，部分橄榄科和木犀科植物。

形态特征：成虫翅展28–30mm，体乳白色，带闪光；翅白色，有光泽，前翅、前缘有黄褐色带，中室内靠近上缘有2个小黑斑，中室有新月状黑纹，外缘内侧有间断暗灰褐色线，后翅中室端有黑色斜斑纹，下方有黑点一个，各脉端有黑点，缘毛白色。幼虫头绿色，较小，虫体嫩绿色，背线深绿色。

生活习性：1年3代，6–9月为害高峰期。

158 齿斑翅野螟

Bocchoris onychinalis Guenee　**鳞翅目　螟蛾科　斑翅野螟属**

寄主植物：草本植物。

形态特征：成虫翅展16–17mm，额白色，头顶黑褐色，下唇须基节及第2节下侧白色，第2节上部黑色，第3节顶端白色；触角淡褐色，胸、腹部背面白色，有褐色鳞片；前翅白色有金属光泽，有6条紫褐色横带，内横线宽阔，前缘有1条淡黄色线，后缘有2枚黄色斑纹，外缘线中间有1排不规则白点，缘毛灰褐色，顶角及后角缘毛灰白色；后翅白色，内、外横线褐色宽阔，两线中间有弯曲白斑，后翅缘毛灰褐色。

生活习性：7–8月见幼虫。

159 稻巢螟

Ancyllomia japonica Zeller　**鳞翅目　螟蛾科　巢草螟属**

寄主植物：水稻。

形态特征：成虫体长11–14mm，翅展25–35mm，灰黄白色，雌蛾色略浅；触角细锯齿状，褐色；前翅沿翅脉有黑点，各翅脉之间有铅色闪光纵条，亚外缘线暗褐有细锯齿斑纹，内侧有暗黄褐色线，外侧有灰白色线，缘毛基部暗褐，边缘淡褐色；后翅白色，无斑纹。老熟幼虫长19–21mm，龄期5–6龄，初孵幼虫头胸黑褐色有金属光泽，后期黑褐色加深，胸、腹部背面具棕色纵线5条，每节各生1对短刺；蛹褐红色，初期浅后期深，体线初期棕褐色，后期消失，尾端有一对突起。

生活习性：1年3代，以末龄幼虫在位于稻桩或杂草丛中的巢里越冬，翌年4月下旬至6月上中旬成虫发生，第1代在6月下旬至8月上中旬发生，第2代在8月下旬至10月中下旬发生，以幼虫先在叶片中、上部吐丝缀连叶屑及粪粒成筒状巢，幼虫在巢内取食叶肉，受害处现枯白斑。

160 褐巢螟 *Hypsopygia regina* Butler 鳞翅目 螟蛾科 巢螟属

寄主植物：禾本科植物。

形态特征：成虫翅展16mm，深紫褐色，前翅沿前缘有两个橘黄色，引伸出两条弯曲如波纹状的横线，翅前缘中部有一些黄斑，后翅鲜红并带有褐色，两条横线弯曲，边缘略黑，前后翅缘毛鲜金黄色。

生活习性：未做系统观测。

161 樟巢螟 *Orthaga achatina* Butler 鳞翅目 螟蛾科 瘤丛螟属

寄主植物：樟科。

形态特征：成虫体长8-13mm，翅展22-30mm，头部淡黄褐色，触角黑褐色，腹部背面淡褐色；前翅基部暗黑褐色，内横线黑褐色，前翅前缘中部有一黑点，外横线曲折波浪形，沿中脉向外突出，尖形向后收缩，后翅前缘2/3处有1乳头状肿瘤，外缘黑褐色，缘毛褐色，基部有一排黑点，后翅除外缘形成褐色带外，其余灰黄色。初孵幼虫灰黑色，2龄后渐变棕色，老龄褐色，头部及前胸背板红褐色，体背有1条褐色宽带，其两侧各有2条黄褐色线，每节背面有细毛6根。

生活习性：1年2代，以老熟幼虫入土结茧越冬，次年4月中下旬化蛹，5月中下旬羽化，7月上中旬是为害盛期，第2代幼虫10月中下旬入土越冬，如果温度适宜，幼虫为害时间可持续到11月。

162 纹歧角螟

Endotricha icelusalis Walker　鳞翅目　螟蛾科　歧角螟属

寄主植物：茴香、胡萝卜。

形态特征：翅展15-20mm，身体暗紫红色；胸部背面有暗黄色毛，雄蛾腹部末端尾毛淡黄；前翅前缘有黑色横带，排列着白色小点，翅中央有黄条纹，外缘线黑色；后翅中央有淡黄色带与前翅黄色条纹相连，外缘线黑色，双翅缘毛淡黄有光泽。

生活习性：未做系统观测。

163 草地螟

Loxostege sticticalis Linne　鳞翅目　螟蛾科　锥额野螟属

寄主植物：大豆、甜菜、苜蓿为主。

形态特征：成虫淡褐色，体长8-10mm；前翅灰褐色，外缘有淡黄色条纹，翅中央近前缘有一深黄色斑，顶角内侧前缘有不明显的三角形浅黄色小斑，后翅浅灰黄色，有两条与外缘平行的波状纹。幼虫共5龄，1龄淡绿色，体背有许多暗褐色纹，3龄幼虫灰绿色，体侧有淡色纵带，周身有毛瘤。5龄多为灰黑色，两侧有鲜黄色线条。

生活习性：1年2-4代，以老熟幼虫在土内吐丝作茧越冬。翌春5月化蛹及羽化，成虫卵散产于叶背主脉两侧，初孵幼虫多集中在枝梢上结网躲藏，取食叶肉。

164 豹纹卷野螟

Pycnarmon pantherata Butler　鳞翅目　螟蛾科　卷野螟属

寄主植物：禾本科植物。

形态特征：成虫翅展21-26mm，头和触角淡褐色；唇须苍白色，第2节粗长，基部有黑褐色斑，末节短小；体背面黄褐色，腹面苍白色；翅黄褐色，前翅基线、内、外横线宽，暗褐色，中室中央有一镶褐色边的淡黄色方形斑，中室前有1淡黄色扇形大斑，外横线与外缘之间呈淡黄色，外缘呈橙黄色，后翅内、外横线模糊，前后翅缘毛基部暗褐色，端部淡褐色。

生活习性：未做系统观测。

165 泡桐卷野螟 *Pycnarmon cribrata* Fabricins 鳞翅目 螟蛾科 卷野螟属

寄主植物：泡桐。

形态特征：成虫翅展18–20mm，头、下唇须及触角乳白色；胸背面乳白色，中央及两侧肩片基部各有1个黑斑；腹背第1–3节乳白色，第3节有1对黑斑，第4–6节赭黄色；胸、腹部腹面及足白色，前足基部有1个黑点，胫跗节有黑斑；前翅乳白色，前缘有成排黑色细横条纹及两个"U"形环状纹，中室端、顶角、臀角及后缘中部各有1个黑斑，横线淡褐色波状弯曲；后翅乳白色，外横线淡褐色波状弯曲，中室端、顶角、臀角及后缘中部各有1个黑斑。

生活习性：未做系统观测。

166 桃蛀螟 *Conogethes punctiferalis* Guenée 鳞翅目 螟蛾科 多斑野螟属

寄主植物：桃、李、梨、苹果。

形态特征：成虫体长12mm左右，翅展22–25mm，黄至橙黄色；体、翅表面具许多黑斑点似豹纹，胸背有7个，腹背第1和3–6节各有3个横列，第7节有时只有1个，第2、8节无黑点；前翅25–28个，后翅15–16个，雄虫第9节末端黑色，雌虫不明显。幼虫体色多变，有淡褐、浅灰、暗红等色，腹面多为淡绿色、暗褐，前胸盾片褐色，臀板灰褐，各体节毛片明显，灰褐至黑褐色，背面的毛片较大，气门椭圆形，气门片周边黑褐色突起；蛹初淡黄绿后变褐色，末端有曲刺6根。

生活习性：1年4–5代，均以老熟幼虫在植株残株内结茧越冬，成虫羽化后产卵，初孵幼虫蛀入幼嫩籽粒中，堵住蛀孔在粒中蛀害，蛀空后再转一粒。

167 黄黑纹野螟　*Tyspanodes hypsalis* Warren　鳞翅目　螟蛾科　黑纹野螟属

寄主植物： 禾本科植物。

形态特征： 成虫翅展31–34mm，头部淡黄色，头顶杏黄色，触角柄节为淡黄色，胸部领片及翅基片橙黄；翅基片外侧左右各有1个烟棕色斑点，腹部橙黄色，中央鳞片烟棕色，前翅花纹与橙黑纹野螟相同，唯颜色是麦秆黄色，后翅暗灰色，中央有浅银灰色斑，前、后翅缘毛银灰色有闪光。

生活习性： 未做系统观测。

168 麦牧野螟　*Nomophila noetuella* Schiffermüller et Denis　鳞翅目　螟蛾科　牧野螟属

寄主植物： 苜蓿、紫花苜蓿、小麦、柳、三叶草。

形态特征： 成虫翅展23–30mm，灰褐色，下唇须下侧白色，腹部两侧有白色成对条纹；前翅中室基部下半部有1个黑色斑纹，中室中央与中室下方各有1个边缘深色的褐色圆斑及1个肾形圆斑。

生活习性： 1年2代，成虫产卵于叶片上，卵淡黄色，幼虫危害叶片，以8月间最为严重，越冬时以幼虫吐丝缀叶或寻找石块下吐丝结茧。

169 艳双点螟

Orybina regalis Leech　**鳞翅目　螟蛾科　双点螟属**

寄主植物：禾本科植物。

形态特征：成虫翅长约14mm，头、体背火红色；体腹白色，雄蛾唇须粗大，暗红色，雌蛾唇须细小，火红色；前翅灰红色，沿前缘及外缘部分偏朱红色，中室端外有1枚柠檬黄色外侧具双峰并衬有黑色边的大斑，内、外横线暗红色，后翅前缘部分淡黄色，外横线仅在中部以后明显，前后翅缘毛灰暗红色。

生活习性：未做系统观测。

170 豆野螟

Maruca testulalis Geyer　**鳞翅目　螟蛾科　豆荚野螟属**

寄主植物：以大豆为主。

形态特征：成虫体长10–12mm，灰褐色或暗黄褐色；前翅狭长，沿前缘有一条白色纵带，近翅基有一条黄褐色宽横带，后翅黄白色，前缘色泽较深，外缘有浅褐色宽带，不达后角；幼虫初孵化时为橘黄色，渐转成白色至绿色，老熟时背面紫红色、腹面绿色，结茧后又变为黄绿色。

生活习性：危害叶部；1年3–4代，以老熟幼虫在寄主植物或晒场附近的土表下结茧越冬，第二年春天4–5月成虫陆续羽化出土，在花蕾、嫩荚、嫩叶或叶柄上产卵，10–11月老熟幼虫入土越冬。

171 松梢斑螟　*Dioryctriasp lendidella* Herrich-Schäeffer　鳞翅目　螟蛾科　松梢螟属

寄主植物：五针松、云杉、湿地松、红松。

形态特征：成虫体长10–16mm，翅展20–30mm，灰褐色；触角丝状；前翅暗灰色，中室端有一肾形大白点，白点与外缘之间有一条明显的白色波状横纹，白点与翅基部之间有两条白色波状横纹，翅外缘近缘毛处有一条直的黑色横带，后翅灰褐色，无斑纹。幼虫头部及前胸背板赤褐色，中、后胸及腹部淡褐色，体表有许多褐色毛片；腹部各节有对称的4对毛片，胸足3对，腹足4对，臀足一对。

生活习性：1年2–3代，以幼虫在被害枯梢及球果中越冬，部分幼虫在枝干伤口皮下越冬，成虫羽化卵散产，产在被害梢针叶和凹槽处，每梢1–2粒，还有产在被害球果鳞脐或树皮伤疤处。该虫多发生于郁闭度小、生长不良的幼林中，国外松受害比国内松严重，以火炬松被害最重。

172 稻纵卷叶螟　*Cnaphalocrocis medinalis* Guenee　鳞翅目　螟蛾科　纵卷叶野螟属

寄主植物：水稻。

形态特征：成虫体长7–9mm，翅展12–18mm，体、翅黄褐色；复眼黑色，触角丝状，黄白色；前翅近三角形，前缘暗褐色，翅面上有内、中、外三条暗褐色横线，内、外横线从翅的前缘延至后缘，中横线短而略粗，外缘有一条暗褐色宽带，外缘线黑褐色，后翅有内、外横线二条，内横线短，不达后缘，外横线及外缘宽带与前翅相同，直达后缘，腹部各节后缘有暗褐色及白色横线各一条，腹部末节有两个并列的白色直条斑。

生活习性：1年4–5代。

173 黑点蚀叶野螟 *Nacoleia (Lamprosema) commixta* Butler 鳞翅目 螟蛾科 蚀叶野螟属

寄主植物：禾本科植物。

形态特征：成虫翅展18-20mm；头部白色，下唇须下侧白色，其余褐色；触角黄褐色，基部黑褐色；胸背面及肩片淡褐色，有黑斑，胸部背面淡褐色有黑色鳞片，腹部末端有1个黑斑；翅黄色，前翅基部暗褐色，前缘有1个黑斑，内横线黑色波纹状弯曲，其前缘有1个黑斑，中室中央有1个黑色环斑，中室端有新月形斑纹，其前缘有1个黑色环斑，中室下侧有1个黑褐色大斑纹，翅外缘为暗褐色宽带。

生活习性：未做系统观测。

174 金黄镰翅野螟 *Circobotys aurealis* Leech 鳞翅目 螟蛾科 镰翅野螟蛾属

寄主植物：毛竹、刚竹、淡竹、红壳竹、五月季竹等竹类。

形态特征：成虫翅展30-33mm；头部黄色，额倾斜，两侧有白条纹；触角有黄色白条纹，下唇须向上斜伸末节向下，上半褐黄下半白色；胸及腹背面褐黄；雄蛾翅狭窄暗褐色无斑纹，外缘有斜宽黄色带，雌蛾翅稍宽，前翅金黄色无斑纹，后翅半透明，淡褐色。1-4龄幼虫胸部各节两侧有一黑斑，5龄幼虫中、后胸两侧的黑斑消失，末节背面有小黑斑1对，末2节背面有小黑斑2对，末3节背面亦有黑斑4个，呈“一”字形排列，正中1对似肾脏形相对排列，两边各1个，与正中的1对等长。

生活习性：1年1代，以预蛹越冬，翌年4月中旬到6月上旬化蛹，5月上旬开始产卵，幼虫29-38d后老熟。

175 金黄螟

Pyralis regalis Schiffemuller & Denis　**鳞翅目　螟蛾科　螟蛾属**

寄主植物：禾本科植物。

形态特征：成虫翅长约9mm；头部灰黄色，触角紫褐色，胸、腹部紫褐色；前翅前缘、内、外横线之间呈金黄色，其余均呈紫褐色，内横线白色宽短到中室下缘止，外横线从前缘起似长方形白斑，内横线中部外侧有1小黑点，缘毛金黄色；后翅紫红色，基部前缘苍白色，内横线白色，外横线金黄色，缘毛紫红色。

生活习性：成虫于6–7月出现。

176 蜡螟

Galleria mellonella Linnaeus　**鳞翅目　螟蛾科　蜡螟属**

寄主植物：禾本科植物。

形态特征：成虫体长约20mm；银白色下唇须向前延伸，使头部成钩状；前翅的前端2/3处呈均匀的黑色，后部1/3处有不规则的亮域或黑区，点缀黑色的条纹与参差的斑点，从背侧看，胸部与头部色淡。

生活习性：蜡螟一般出现在3–4月，成虫潜入蜂箱里产卵。

177 一点缀螟 *Paralipsa gularis* Zeller 鳞翅目 螟蛾科 缀螟属

寄主植物：玉米、小麦、大麦、水稻、大豆、面粉、亚麻、干果等。

形态特征：成虫体长13–18mm，翅展28–30mm，雌蛾个体比雄蛾略大；头、胸、腹部均为灰色，有黑点鳞片分布；触角为灰色丝状；前足第2节、中足第3节、后足第3、4节均有跗节；前翅狭长形，臀前区中央有1个明显黑点，外缘末端圆弧状，有6个小黑点，后翅比前翅宽阔，前缘为淡黄色，其他为灰白色，腹部末端有一丛灰色绒毛，上下形成圆筒状。

生活习性：以老熟幼虫越冬，越冬幼虫于翌年5月上旬开始化蛹，至6月中旬结束，越冬代成虫于5月中旬开始羽化，6月下旬结束，5月中、下旬开始产卵，低龄幼虫具有趋嫩、集聚的特性。

178 竹织叶野螟 *Algedonia coclesalis* Walker 鳞翅目 螟蛾科 织叶野螟属

寄主植物：粉单竹、青色竹、毛竹、苦竹、刺竹等。

形态特征：雌成虫体长9.5–14.2mm，雄成虫体长8.6–11.4mm，体黄至黄褐色；腹面银白色；触角黄，丝状；前翅深黄色，后翅黄白色，前后翅外缘均有褐色宽边，前翅有3条深褐色弯曲的横线，外横线下半段内倾成一纵线与中线相接，后翅中央有一条弯横线。幼虫青白色，体色多变，有青灰、橘黄、黄褐等颜色，结茧化蛹前为乳黄色，前胸背面有黑斑6块，中后胸背面各有褐斑两块，被背线分割，腹部各节背面有长褐斑两块，气门斜上方有褐斑一块；蛹橙色，具臀棘8根。

生活习性：1年2代，以老熟幼虫在土茧中越冬，翌年4月中旬化蛹，5月上旬成虫羽化，卵多产在新竹梢头叶部背面，初孵幼虫多爬至新抽出的小叶上，幼虫老熟后，下竹入土结茧，以夜间2:00–3:00下竹入土最多。

179 缀叶丛螟　*Locastra muscosalis* Walker　鳞翅目　螟蛾科　缀叶丛螟属

寄主植物： 香樟、枫香、黄连木、核桃、合欢、女贞。

形态特征： 雌成虫体长14-18mm，翅展33-35mm，雄成虫体长12-24mm，翅展25-28mm；头、胸、腹部均为红褐色；雌蛾前足腿节具绒毛，而雄蛾无；前翅栗褐色，翅基斜矩形，深褐色，中室内有1丛深褐色鳞片，后翅暗褐色，外横线不明显。幼虫棕褐色，头部黑色，前胸背板黑色，前缘有6个黄白色斑点，背中线较宽，棕红色，气门线上着生白色长毛。

生活习性： 1年1代，以老熟幼虫在寄主根茎部或落叶草丛中结茧越冬，4月化蛹，5月间成虫羽化、交尾、产卵，5月下旬至7月为幼虫为害期，8月中、下旬，幼虫老熟，下树结茧越冬。

180 黄翅双叉端环野螟　*Eumphobotys eumphalis* Catadja　鳞翅目　螟蛾科　双叉端环野螟属

寄主植物： 草本植物。

形态特征： 成虫翅展32-35mm，头、下颚须及触角淡赭黄色，下唇须淡灰黄色，胸腹部赭黄色，前翅淡赭黄色有闪光，缘毛赭黄色基部灰褐色，后翅赭黄色，前缘及臀区暗赭褐色，缘毛赭黄色。

生活习性： 未做系统观测。

181 赭翅双叉端环野螟 *Eumphobotys obscuralis* Catadja 鳞翅目 螟蛾科 双叉端环野螟属

寄主植物： 竹。

形态特征： 成虫翅展32mm，前翅及后翅均为暗烟赭色，缘毛淡黄色，前翅中室有不明显的中室端脉斑，触角、下唇须黄色，胸腹部深烟赭色，幼虫危害竹，蛀食茎秆。

生活习性： 一年2-3代或2年5代，老熟幼虫在钩梢竹腔或虫苞中越冬。

182 旱柳原野螟 *Proteclasta stotzeneri* Caradja 鳞翅目 螟蛾科 原野螟属

寄主植物： 柳。

形态特征： 雌成虫体长15-18mm，翅展31-34mm。雄成虫体长12-15mm，翅展27-32mm。头部褐色，额区两复眼间有3条白线纹，两侧的两条白线纹直通向触角背面。触角背面白色，腹面褐色。下唇须基部白色，其余部分褐色。前翅灰褐色，中室下部白色，形成宽白色纵带，纵带前方近前缘处色较深暗，纵带后方向后缘处色淡，近后缘灰白色；沿翅脉褐色，两侧灰白色，形成多条纵纹；缘毛中间黄褐色，两端白色。后翅灰白色，向外缘渐成褐色，在外缘形成一条较宽的横带。初孵幼虫体长2mm，体淡黄白色，头较大，黑色，前胸盾黑色。老熟幼虫体长20-24mm。体灰黄色，背线双条，淡紫褐色，气门线鲜黄色。

生活习性： 一年3代，以蛹于薄茧中在柳树附近的石块下或其他缝隙中越冬。翌年3月下旬至4月上旬越冬蛹开始羽化，4月中旬为羽化高峰，第1代幼虫为害期为4月下旬至5月上中旬，5月下旬第1代幼虫陆续化蛹。第1代成虫始见于6月上旬，6月中旬为羽化高峰。此时也是卵高峰期，卵期4-7d；6月下旬为第2代卵的孵化盛期，幼虫危害期在6月下旬至7月中旬，2代幼虫龄期缩短，个体较小。7月中旬初即可见到少数幼虫化蛹，中旬末大部分幼虫化蛹。第2代成虫始见于7月中旬。7月下旬至8月中旬，进入9月后老熟幼虫陆续寻找越冬场所化蛹越冬。

183 伊锥歧角螟　*Catachena histricalis* Walker　鳞翅目　螟蛾科　锥歧角螟属

寄主植物：草本植物。

形态特征：成虫翅展22-26mm，下唇须黑色，下侧白色。胸、腹部黄色。前翅黄色，散布有淡红及暗褐色鳞片，横线黑褐色，中室内、中室端外侧及后缘中部各有1个白色透明斑纹，斑纹周围有黑色镶边。后翅橘黄色，中室端脉斑黑褐色条状，外缘线黑褐色弯曲。

生活习性：未做系统观测。

184 烟草粉斑螟　*Ephestia elutella* Hubner　鳞翅目　螟蛾科　粉斑螟属

寄主植物：烟草。

形态特征：小型蛾类，体长5-7mm，翅展12-19.5mm。前翅灰黑色，近基部1/3处有一近直形淡色横纹，略斜向前缘基部，横纹外侧色较深，近端部有一略变曲的淡色横纹，横纹内外翅色较深，中室端部有时有2个小黑点作上下排列，沿翅的外缘有明显黑色斑点。卵长约0.5mm，宽约0.3mm，乳白色，有光泽，卵壳上有花生壳似的网纹。幼虫约15mm，头部赤褐色，前胸盾片、臀板及毛片黑褐至深黑褐色，腹部黄或淡黄色，背面有时桃红色。

生活习性：一年发生2-3代，成虫于5月上旬及8月出现，以第二代幼虫越冬。

舟蛾科 Notodontidae

舟蛾成虫体中型，多为褐色或暗灰色，少数洁白或体色鲜艳；幼虫大多体色鲜艳并具斑纹，体形较特异，早有舟形虫之称。

防治方法：①人工摘除卵块和群集在叶片上取食的幼虫。②用6%甲维杀铃脲1500倍液，喷洒树冠杀死幼虫，每代幼虫3龄以前进行。③郁闭度超过0.7以上林分，用2.5%高效氯氰菊酯乳油喷烟。④保护和利用天敌，如舟蛾赤眼蜂、小茧蜂、啮小蜂等。

185 栎纷舟蛾　*Fentonia ocypete* Bremer　鳞翅目　舟蛾科　纷舟蛾属

寄主植物： 柞木。

形态特征： 雄成虫体长17–20mm，翅展44–48mm，雌成虫体长19.5–22.5mm，翅展46–52mm。头部和胸部褐色与灰白色混杂，腹部灰褐色。前翅暗灰褐色，内线模糊双股，黑色潜波浪纹；内线以内的亚中褶上有1黑色纵纹，外线黑色双股平行，从前缘到Cu_2脉浅锯齿形，向外弯曲，以后呈2、3个深锯齿形曲伸达后缘近臀角处，其中靠内面1条较模糊，外面1条外衬灰白边横脉纹为1苍褐色圆点，中央暗褐色，横脉纹与外线间有1模糊的棕褐色到黑色椭圆形大斑，亚端线模糊，暗褐色锯齿形，端线细，黑色，脉端缘毛黑色，其余暗灰褐色，后翅苍灰褐色，臀角有1模糊的暗斑，外线为1模糊的两带。

生活习性： 1年1代，以蛹在树下土中越冬，翌年7月成虫羽化，成虫羽化后晚间交尾、产卵，卵产在柞叶背面，分散产卵，经5–7d孵化为幼虫。一龄幼虫7月上中旬出现，分散生活，4龄后食叶量增加，8–9月间幼虫老熟，体色转淡，于树下土中吐丝粘结土粒，作薄茧化蛹越冬。

186 苹掌舟蛾　*Phalera flavescens* Bremer et Grey　鳞翅目　舟蛾科　掌舟蛾属

寄主植物： 杏、桃、梨、苹果、海棠、樱桃、梅、榆。

形态特征： 成虫体长约25mm，黄白色，翅展约56mm；前翅基部有银灰和紫褐色各半的椭圆形斑，近外缘处有与翅基部色彩相同的斑6个，翅顶角有灰褐色斑2个。幼虫枣红色，体侧有黄线，密被黄色长毛，大龄幼虫体黑色，着生黄白色软长毛；蛹体红褐色，腹末有两分叉刺2个，全体密布刻点。

生活习性： 1年1代，以蛹在土中越冬，翌年7月成虫羽化，卵产于叶背面，数十粒呈块状，幼虫共5龄，7–9月是幼虫为害期，秋季老熟幼虫入土化蛹越冬。

187 榆掌舟蛾 *Phalera takasagoensis* Matsumura 鳞翅目 舟蛾科 掌舟蛾属

寄主植物： 榆树、杨、樱花、梨、沙果、樱桃、麻栎和板栗。

形态特征： 成虫翅展雄42–53mm，雌53–60mm；前翅灰褐带银色光泽，前半部较暗，后半部较明亮，顶角斑淡黄白色，似掌形，中室内和横脉上各有一个淡黄色环纹，亚基线、内线和外线黑褐色较清晰，外线沿顶角斑内缘弯曲伸至后缘，波浪形，外线外侧近臀角处有一暗褐色斑，亚端线由脉间黑褐色点组成，端线细黑色。幼虫黑色，亚背线（双道）、气门上线和气门下线白色，每节中央有一红色环带，其上密生淡黄白色长毛。

生活习性： 1年1代，以蛹在土中越冬，翌年7月中旬开始羽化为成虫，产卵于叶背，幼虫孵化后，群集叶背面，头的方向一致，排列整齐，啃食叶肉呈箩网状，3龄以后分散取食，8月为害最重，9月上、中旬先后老熟入土化蛹越冬。

188 杨扇舟蛾 *Clostera anachoreta* Denis et Schiffermüller 鳞翅目 舟蛾科 扇舟蛾属

寄主植物： 杨、柳、白蜡、泡桐、槭树。

形态特征： 成虫体长约15mm，褐灰色；前翅扇形，顶角有灰褐色大斑1块，三条横线灰白色具暗边，外线前半段横过顶角斑，呈斜伸的双齿形曲，外衬锈红色斑，亚端线由一列脉间黑点组成，其中以2–3脉间一点较大而显著，臀毛簇末端暗褐色；卵圆形，先橙红色，后黑褐色；幼虫体灰赭褐色，全身密闭灰褐色长毛，头部黑褐色，胸部灰白色，侧面灰绿色，两侧有灰褐色宽带，每节有环形排列的橙红色瘤8个，其上有长毛，两侧各有较大瘤1个，第1和8腹节背中央有红黑色大瘤，两侧各伴有一个白点；蛹长圆形，黑色。

生活习性： 1年5–6代，均以蛹结薄茧在土中、树皮缝和枯叶卷苞内越冬，成虫产卵于叶背面和嫩枝上，初孵幼虫群集叶背啃食叶肉，2龄后群集缀叶结成大虫包，白天隐匿于虫苞，夜间取食，被害叶枯黄明显，3龄后逐渐向外扩散取食全叶，遇惊后能吐丝下垂随风飘移，幼虫共5龄，末龄幼虫食量最大，虫口密度大时，可在短期内将全株叶片食尽，老熟后在卷叶内吐丝缀叶结薄茧化蛹。

189 仁扇舟蛾 *Clostera restitura* 鳞翅目 舟蛾科 扇舟蛾属

寄主植物：杨、柳、白桦。

形态特征：体灰褐至暗灰褐色，头顶到胸背中央黑棕色。前翅灰褐至暗灰褐色，顶角斑扇形，红褐色，3条灰白色横线具暗边，中室下内外线之间有1斜的三角形影状斑，外线在M_2脉前稍弯曲，亚端线由1列脉间黑色点组成，波浪形，在Cu_1脉呈直角弯曲，Cu_1脉以前其内侧衬1波浪形暗褐色带，端线细，不清晰，横脉纹圆形暗褐色，中央有1灰白色把圆斑横割成两半，后翅黑褐色。老熟幼虫圆筒形，体长28–32mm，头灰色，具黑色斑点，体灰色至淡红褐色，被淡黄色毛，胸部两侧毛较长，中、后胸部各有2个白色瘤状突起，第1、8腹节背面各有1杏黄色大瘤，瘤上着生2个小的馒头状突起，瘤后生有2个黑色小毛瘤，第1腹节的两侧各着生1个大黑瘤，第2、3腹节背部各有黑色瘤状突起2个，其他腹部各节具白色突起1对。

生活习性：1年6–7代，主要以卵在枝干上越冬，越冬卵翌年4月下旬开始孵化，初孵幼虫群集取食，3龄以后分散取食。

190 杨小舟蛾 *Micromelalopha troglodyta* Graeser 鳞翅目 舟蛾科 小舟蛾属

寄主植物：杨、柳。

形态特征：成虫体长11–14mm，翅展24–26mm，体色变化较多，有黄褐、红褐和暗褐等色；前翅有3条具暗边的灰白色横线，内横线似1对小括号“( )”，中横线像“八”字形，外横线呈倒“八”字的波浪形，横脉为1小黑点，后翅臀角有1褐色或红褐色小斑；卵黄绿色，半球形，呈块状排列于叶面；老熟幼虫体长21–23mm，体色变化大，呈灰褐色、灰绿色，微具紫色光泽，体侧各具一条黄色纵带，体上生有不显著的肉瘤，以腹部第1节和第8节背面的较大；蛹褐色，近纺锤形。

生活习性：1年4–5代，9月初第3代老熟幼虫开始在树洞、落叶、墙缝和屋角等处吐丝结茧化蛹越冬，翌年4月中旬羽化成虫，成虫多将卵产于叶片上，各代幼虫的出现期为：第一代为5月上旬，第二代6月中旬至7月上旬，第三代发生于7月下旬至8月上旬，第四代为9月上、中旬，初孵幼虫群集啃食叶表皮，稍大后分散，7、8月高温多雨季节发生严重，老熟幼虫吐丝缀叶化蛹，10月进入越冬期。

191 杨二尾舟蛾　*Cerura menciana* Moore　鳞翅目　舟蛾科　二尾舟蛾属

寄主植物：杨、柳。

形态特征：成虫体长28–30mm，翅展75–80mm，全体灰白色；前、后翅脉纹黑色或褐色，上有整齐的黑点和黑波纹，纹内有8个黑点，后翅白色，外缘有7个黑点。幼虫体绿色，头呈正方形，深褐色，两颊具黑斑，部分缩入前胸内，前胸背板大而坚硬，腹部背面有三角形紫红色大斑，向上形成峰突，臀足退化成尾状，其上密生小刺，由翻缩腺自由伸出及缩进，末端赤褐色；蛹椭圆形，赤黑色，体有颗粒状突起，尾端钝圆。

生活习性：1年2代，以幼虫吐丝结茧化蛹越冬，第一代成虫五月中、下旬出现，幼虫6月上旬为害；第二代成虫7月上、中旬出现，幼虫7月下旬至8月初发生。

192 锈玫舟蛾　*Rosama ornara* Oberthür　鳞翅目　舟蛾科　玫舟蛾属

寄主植物：胡枝子。

形态特征：成虫体长15–16mm，翅展31.5–36mm；下唇须、头部和胸部背面锈红褐色，颈板灰白色，后胸背面有2个白点；腹部背面淡灰褐色，臀毛簇端部锈红褐色；前翅锈红褐色，前缘灰白色从基部向外逐渐缩小伸达翅顶，下面衬有1条灰褐色影状纵带，中室下基部有锈红色雾点散布在黄的底色上，基部有1银白色的三角形小斑。

生活习性：1年1代，9月中、下旬老熟幼虫吐丝缀叶作茧化蛹越冬，翌年5月下旬到7月成虫羽化，幼虫期7–8月。

193 榆白边舟蛾 *Nericoides davdi* Oberthür 鳞翅目 舟蛾科 白边舟蛾属

寄主植物：榆树。

形态特征：成虫体长14.5–20mm，雄虫翅展32.5–42mm，雌虫翅展37–45mm；头和胸部背面暗褐色，翅基片灰白色；腹部灰褐色；前翅前半部暗灰褐带棕色，其后方边缘黑色，后半部灰褐蒙有一层灰白色，尤与前半部分界处白色显著，前缘外半部有一灰白色纺锤形影状斑，内、外线黑色，内线只有后半段较可见，并在中室中央下方膨大成一近圆形的斑点，外线锯齿形，前段横过前缘灰白斑中央，后段紧接分界线齿形曲的尖端内侧，外线内侧隐约可见1模糊暗褐色横带，前缘近翅顶处有2–3个黑色小斜点，端线细，暗褐色，后翅灰褐色，具1模糊的暗色外带。

生活习性：1年2代，10月以后老熟幼虫在寄主植物根部周围土下吐丝作茧化蛹越冬，翌年4月中旬羽化第1代成虫。

194 明肩新奇舟蛾 *Neophyta costalis* Moore 鳞翅目 舟蛾科 新奇舟蛾属

寄主植物：灌木。

形态特征：成虫体长24–25mm，雄虫翅展46.5–47.5mm，雌虫翅展52–54mm，触角分支一侧较短，头和胸部背面暗褐色，颈板前缘偏灰白色，腹部背面灰褐色，基毛簇烟灰色，腹面苍褐色，前翅前半部灰褐色，其中内半部蒙有一层灰褐色，翅顶有一暗褐色斑，前翅后半部暗褐色，其中基部较暗，中室下缘外半部有1横尖刀形银斑，内侧衬1小银点，外侧脉上有2个小银点，内中外线不清晰，隐约可见每线由2列暗褐色点组成，亚端线由1列脉间暗褐点组成，内衬灰白边；端线细，暗褐色。

生活习性：未做系统观测。

195 角翅舟蛾

Gonoclostera timoniorum Bremer　**鳞翅目　舟蛾科　角翅舟蛾属**

寄主植物：柳树。

形态特征：体长10-13mm，翅展29-33mm。下唇须红褐色。触角干灰白色，头胸部背面暗褐色，腹部背面灰褐色，臀毛簇末端暗褐色，前翅褐黄带紫色，内、外线之间有1暗褐色三角形斑，斑尖几乎达翅后缘，斑内颜色从内向外逐渐变浅，最后呈灰色，内线前半段不清晰，后半段较可见，灰白色衬暗褐色边，外线灰白色波浪形曲线，亚端线模糊的暗褐色，锯齿形，外线与亚端线之间的前缘处有1暗褐色影状楔形斑，缘毛暗褐色，后翅灰褐色，有1模糊的灰白色外线。

生活习性：未做系统观测。

196 冠齿舟蛾

Lophontosia cuculus Staudinger　**鳞翅目　舟蛾科　冠齿舟蛾属**

寄主植物：杨树、榆树等。

形态特征：体长13mm，翅展34mm，头胸部背面暗褐色，翅基片灰褐色，腹部暗灰褐色，内、外线之间暗灰褐色，齿形毛簇灰黑色，所有横线黑色，基线呈不清晰的波浪形，内线呈不规则的波浪形，外衬浅色边，以内缘附近最明显，外线锯齿形，亚端线为1条很模糊的灰色带，脉端缘毛较暗，后翅褐灰色，臀角黑斑上有2条白色的短横线。

生活习性：未做系统观测。

木蠹蛾科 Cossidae

中至大型；木蠹蛾的幼虫主要危害草本植物的根、茎，以及树干和根部，1种木蠹蛾危害植物少则几种，多则几十种。木蠹蛾科在中国已记录2亚科13属约65种（亚种）。

防治方法：①人工修剪：修枝要避免在木蠹蛾产卵的春季进行。②化学防治：50%倍硫磷乳油1000-1500倍液或50%久效磷乳油1000-1500倍液或2.5%溴氰菊酯、20%杀灭菊酯3000-5000倍液喷杀尚未蛀入干内的初孵幼虫；50%久效磷乳油、80%敌敌畏100-500倍液药剂注射虫孔、毒杀已蛀入干内的中、老龄幼虫，以兽医针筒灌药注射虫孔；树干基部钻孔灌药、内吸传导、毒杀干内幼虫常用药剂为50%久效磷乳油，35%甲基硫环磷内吸剂原液。

197 榆木蠹蛾 *Holcocerus vicarius* Walker **鳞翅目 木蠹蛾科 线角木蠹蛾属**

寄主植物：苹果、梨、山楂、杏、樱桃、核桃、栗、杨等。

形态特征：成虫体长25-40mm，翅展雄蛾45-60mm，雌蛾70-85mm，体和前翅灰褐色；前翅外缘及中央淡灰色，翅面密布许多黑褐色条纹，亚外缘线黑色、明显，外横线以内中室至前缘处呈黑褐色大斑是该种明显特征；后翅浅灰色，翅面无明显条纹，成虫翅缰由11-17根硬鬃组成；中足胫节1对距，后足胫节2对距，中距位于端部14处，后足基跗膨大，中垫退化。

生活习性：2年1代，以幼虫在被害株的枝、干内经过2次越冬，越冬幼虫于第3年5月中、下旬化蛹，6月上旬始见成虫。蛹壳一半留在孔内，一半露于孔外。成虫有较强的趋光性。幼虫先危害蛀入孔周围的韧皮层和边材表面，形成片状或槽状虫道，然后蛀入木质部内。

蓑蛾科 Psychidae

本科雌雄异型。雄虫有翅及复眼，触角羽状，喙退化，翅略透明。雌虫无翅，幼虫形，终生生活在幼虫所缀成的巢中。

防治方法：①人工摘袋囊：冬季阔叶树和果树落叶后可见在树冠上袋蛾的袋囊，尤其是大袋蛾，可人工摘除。②化学防治：在城市行道树上于7月上旬用机动喷雾机喷施90%敌百虫晶体水溶液或80%敌敌畏乳油1000-1500倍液；5%溴酚聚酯乳油5000-10000倍液防治，喷雾力求均匀周到，防治效果很好。③生物防治：寄蝇寄生率较高，要充分保护和利用。

198 白囊袋蛾 *Chalioides kondonis* Mats 鳞翅目 蓑蛾科

寄主植物： 蔷薇科等果木。

形态特征： 雌成虫长约9mm，淡黄色。雄成虫长8-11mm，前后翅透明，体灰褐色，具白色鳞毛。幼虫体长25-30mm，红褐色，胸部背面有深色点纹，腹部毛片色深。袋囊长约30mm，完全用丝织成，灰白色，袋囊丝质较密致，不附叶片与枝梗。

生活习性： 1年1代，以老熟幼虫在袋囊内越冬，翌年春天一般不再活动、取食，或稍微活动取食，蛹期6月至7月上旬，成虫期6月下旬至7月中旬，卵期7月中旬，幼虫期7月中旬至翌年5月下旬。

199 茶袋蛾 *Clania minuscula* Butler 鳞翅目 蓑蛾科 窠蓑蛾属

寄主植物： 悬铃木、杨、柳、女贞等多种树木花卉。

形态特征： 雄成虫体长10-15mm，翅展23-26mm，体暗褐色，沿翅脉两侧色较深，体密被鳞毛，胸部有2条白色纵纹。雌成虫体长20mm，米黄色，胸部有显著黄褐色斑，腹部肥大。

生活习性： 1年2代，以老熟幼虫在袋囊内越冬，第二年不再取食，4月下旬化蛹，5月中旬雌成虫产卵，6月上旬幼虫开始为害，6月下旬至7月上旬为害较严重，一直取食至10月中、下旬封囊越冬。

200 桉袋蛾 *Acanthopsyche subferaloa* Hampson 鳞翅目 蓑蛾科 小蓑蛾属

寄主植物： 多种树木花卉。

形态特征： 雄成虫体长4mm，翅展12-18mm，头部和腹部黑棕色，披白毛，前后翅线黑棕色，后翅反面浅蓝白色，有光泽。雌成虫体长5-8mm，头小，胸部略弯呈黑褐色，腹末米黄色。幼虫体长6-9mm，头部淡黄色，散布深褐色斑点，各胸节背板有深褐色斑4个，腹部乳白色。蛹外表黏附叶屑和树皮屑，幼虫化蛹前囊上有1条长丝将袋囊悬垂于枝叶上。

生活习性： 1年1代，以老熟幼虫在袋囊内越冬，翌年3月气温升至8℃开始活动，15℃以上大肆为害，5月中下旬开始化蛹，第一、二代幼虫分别于6月中旬、8月下旬前后发生。10月中下旬幼虫逐渐往枝梢转移，袋口用丝封闭越冬。

夜蛾科 Noctuidae

成虫为中等或大型蛾类，触角丝状，口器发达，前翅较狭长，以黑褐色为主，杂有深色条纹或肾形纹，后翅三角形，灰或白色，少数为黄、橙、红色。

防治方法：①诱杀成虫：利用性诱剂及杀虫灯诱杀成虫。②农业防治：根据初孵幼虫具有群集为害的特性，结合农事操作，及时摘除初孵幼虫卵叶，捏杀卵块和虫窝。清除枯枝落叶，中耕松土，可以消灭部分虫蛹。③化学防治：在卵孵高峰至1-2龄幼虫盛期进行防治，防治药剂可选用氯虫苯甲酰胺、虫螨腈、虫酰肼、短稳杆菌、乙基多杀菌素等药剂，间隔5-7d用药一次。抓住幼虫群集为害时期，在清晨露水未干前喷粉，可用2.5%敌百虫粉剂或1.5%敌百虫粉剂或1.5%对硫磷粉剂，每亩1.5-2kg。

201 晃剑纹夜蛾 *Acronicta leucocuspis* Butler 鳞翅目 夜蛾科 剑纹夜蛾属

寄主植物：杨、桃、柑橘等。

形态特征：成虫体长约16-18mm，翅展为39-44mm；头和胸部灰褐色；前翅淡褐色，基线仅前端可见黑色双线，基剑纹黑色，基部微上弯成矩形，在中线处成叉状，内线双线，呈不规则波浪形，环纹白色黑边，肾纹褐色有白圈，内缘黑色环、肾纹之间有一黑线，肾纹与前缘脉之间另有一黑条，中室下角有一细黑线，内斜至后缘与内线相遇，外线明显，双线黑色，端剑纹黑色伸至翅外缘，亚端线为一列白点，端区翅脉上及各脉间有黑色短纹，端线为一列黑点，缘毛褐色，基部与端部白色，后翅淡褐色，隐约可见褐色外线，端线为一列黑点，缘毛淡黄色。

生活习性：成虫吸食果实汁液。

202 桑剑纹夜蛾 *Acronicta major* Bremer 鳞翅目 夜蛾科 剑纹夜蛾属

寄主植物：桃、桑。

形态特征：体长25-28mm，翅展60-69mm，头部及胸部灰褐色；足黑褐色，胫节侧面有黑纹；腹部褐色；前翅灰白色略带褐色，翅基部中褶间有黑色纵条，端部分枝，内线不清晰，在前缘可见两曲条，相距较大，环纹斜长圆形，灰色具黑边，不完整，肾纹较大，斜长圆形，灰色具黑边，中间有一纵条，前方有一黑斜纹伸达前缘脉，中线外斜至肾纹，然后不显，外线双线锯齿形，外一线黑色，端线为一列黑点，缘毛灰白色，后翅褐色，外线暗褐色，端线为一列黑点。

生活习性：1年1代，以蛹越冬，翌年7月上旬成虫开始羽化，一直可延续到8月下旬，卵产在枝条近端部嫩叶面上，7月下旬幼虫开始孵化，为害盛期为8月中旬至9月中旬。幼虫6龄，9月上旬至10月中下旬老熟幼虫陆续下树结茧化蛹越冬。

203 梨剑纹夜蛾 *Acronicta rumicis* Linnaeus 鳞翅目 夜蛾科 剑纹夜蛾属

寄主植物： 梨、苹果、桃等。

形态特征： 成虫体长约14–16mm，翅展32–46mm；头部及胸部棕灰色间有黑白色毛，额棕灰色，有一黑条；跗节黑色间以淡褐色环；腹部背面浅灰色带棕褐色；前翅暗棕色间以白色斑纹，基线为一黑色短粗纹，末端曲向内线，内线为双线黑色弯曲，环纹灰褐色黑边，肾纹淡褐色，半月形，有一黑条从前缘脉达肾纹，外线双线黑色，锯齿形，在中脉处有一白色新月形纹，亚端线白色，端线白色，外侧有一列三角形黑斑，缘毛白褐色。幼虫头部红褐色，体被浅褐色至灰色长毛，背线为黄白色点刻及一列黑斑，亚背线有一列白点，腹部2–7节背线除白色毛疣外，每节毛疣亚背线各有一对近“八”字形橘黄色斑，8、9节背上有两对白色长毛，腹部第4、11节背面隆起，各节有黑褐色短毛丛。

生活习性： 1年4代，9月下旬至11月下旬以老熟幼虫在土中或枯枝落叶、建筑物缝隙等处结茧化蛹越冬，翌年3月下旬至5月上旬羽化，幼虫6龄，在叶背啃食叶片叶肉残留表皮，3龄前群聚在叶背剥食叶肉，后分散取食。

204 桃剑纹夜蛾 *Acronicta incretata* Hampson 鳞翅目 夜蛾科 剑纹夜蛾属

寄主植物： 桃、梨、杏、苹果。

形态特征： 成虫体长17–22mm，翅展40–48mm，灰色微褐；触角丝状暗褐色；胸部被密而长的鳞毛，腹面灰白色；前翅灰色微褐，环纹灰白色，黑褐边，肾纹淡褐色，肾环纹几乎相接，其间有1条向外斜的黑色短线，内线双条黑色锯齿形，内条色深，外线双条黑色锯齿形，外缘脉间各有1个三角形黑斑，剑纹黑色，基剑纹树枝形，端剑纹2个分别于外线中，后部达到翅外缘。

生活习性： 1年2–3代，以茧蛹在草丛、土中或树皮裂缝中越冬，越冬蛹于4月下旬至5月中旬羽化，羽化后短时间即交配产卵，幼虫孵化后会向枝条端部移动，一般喜欢自叶片顶部开始取食。

205 枯艳叶夜蛾 *Eudocima tyrannus* Guenée 鳞翅目 夜蛾科 艳叶夜蛾属

寄主植物： 猕猴桃、柑橘、桃、葡萄等。

形态特征： 成虫体长35–38mm，翅展96–106mm；头胸部棕色，腹部杏黄色，触角丝状；前翅枯叶色，顶角很尖，外缘弧形内斜，后缘中部内凹，从顶角至后缘凹陷处有1条黑褐色斜线，内线黑褐色；翅脉上有许多黑褐色小点，翅基部和中央有暗绿色圆纹；后翅杏黄色，有明显的黑色阔旋纹，中部有一肾形黑斑，亚端区有一牛角形黑纹。

生活习性： 1年2–3代，以成虫越冬，第1代成虫6–8月出现，第2代成虫8–10月出现，越冬代成虫9月至翌年5月可见。

206 小地老虎 *Agrotis ypsilon* Rottemberg 鳞翅目 夜蛾科 地夜蛾属

寄主植物：广泛。

形态特征：成虫体长17–26mm，翅展40–54mm，头、胸褐色至黑灰色；触角雌蛾丝状，雄蛾基半部双栉状，端半部丝状；前翅棕褐色，静止时，前翅平覆背上，前缘区较黑，基线双线黑色波浪形不显，内线双线黑色波浪形，剑纹小，暗褐色黑边，环纹小，扁圆形，黑边，有一个圆灰环，肾纹黑色黑边，外侧中部有一楔形黑纹伸至外横线，中横线黑褐色波浪形，外横线双线黑色锯齿形，齿尖在各脉上为黑点，亚外缘线微白，锯齿形。

生活习性：1年6–7代，以幼虫越冬，第一代幼虫为害严重，幼虫共6龄，个别7–8龄。

207 大红裙杂夜蛾 *Amphipyra monolitha* Guenée 鳞翅目 夜蛾科 杂夜蛾属

寄主植物：桃、李、苹果、葡萄等。

形态特征：成虫体长25mm，翅展56–63mm；头部黑棕色或褐色，下唇须外侧棕黑色；胸部黑棕色杂褐色；前翅紫棕色，基线双线黑色，锯齿形，环纹白色，中线黑棕色，不清晰，外线双线黑色，线间灰黄色，在中褶处内弯，外区前缘有1灰黄纹，亚端线灰黄色，内侧黑棕色并有几条黑纵纹，端线由一列灰黄点组成，外衬黑色，后翅红褐色。

生活习性：未做系统观测。

208 超桥夜蛾 *Anomis fulvida* Guenée 鳞翅目 夜蛾科 桥夜蛾属

寄主植物：木槿、木芙蓉等锦葵科植物、柑橘。

形态特征：成虫体长17–21mm，翅展37–45mm；头、胸部橙红色，中、后胸背覆有棕灰色绒毛片；触角丝状；前翅橙红色杂褐色，各横线灰褐色或紫红色，内横线成3弯曲波纹，中横线微波浪形，向前倾斜；外横线前半深波浪形，下端前缘至内衬有白色带，后半不明显，亚缘线至外横线间形成暗褐斑，下缘弯曲波纹，外缘紫红色，前半部成浅弧形，后半部斜伸至臀角，中部突出成尖角，两翅合拢时呈倒“V”形，环纹为1个白点，红棕色边，肾形纹略呈哑铃形，前小后大，也有形似椭圆棕黑斑。

生活习性：1年2代，以蛹在枯枝落叶中或树冠下浅土层越冬、越夏，第一代幼虫6月初卵开始孵化，到6月上旬为孵化高峰期，直至7月上旬开始下树，在枯枝落叶中化蛹，9月中旬至10月上中旬为第二代幼虫为害期，10月中下旬老熟幼虫在树冠下浅土层中化蛹越冬。

209 桥夜蛾 *Anomis mesogona* Walker 鳞翅目 夜蛾科 桥夜蛾属

寄主植物：红悬钩、醋栗、黑莓。

形态特征：成虫体长15–17mm，翅展35–38mm；头、胸暗红褐色，腹部暗灰褐色；前翅暗红褐色，内线褐色，在中室后缘折成突齿，肾纹暗灰色，在前后端各有一黑色圆点，外线褐色，前段波曲外弯，折角直线后垂，亚外缘线褐色波曲，内侧色较暗，外缘区布有零星黑点，缘毛棕褐色，后翅褐色，后缘有黄毛，缘毛淡褐间棕色。

生活习性：未做系统观测。

210 朽木夜蛾 *Axylia putris* Linnaeus 鳞翅目 夜蛾科 朽木夜蛾属

寄主植物：繁缕属、滨藜属、车前属。

形态特征：成虫体长12–14mm，翅展28–32mm；头部浅褐杂白色，体表具有浓厚的淡赭黄色绒毛；触角丝状，胸背赭黄杂黑色，腹部暗褐色；前翅淡赭黄色，中区布有黑点，前缘区大部带黑色，基线双线黑色，中室基部有两条黄白纵线，内线双线黑色波浪形，环纹与肾纹中央黑色，外线双线黑色间断，外侧有双列黑点，端线为一列黑点，内侧中褶及亚中褶处各一黑斑，缘毛有一列黑点，后翅淡赭黄色，翅脉黑褐色，端线为一列黑点。

生活习性：1年2–3代，以蛹在寄主附近的落叶底层或土中做室化蛹越冬，翌年4月下旬越冬代成虫开始羽化，9月下旬开始陆续化蛹越冬。

211 枫杨癣皮夜蛾 *Blenina quinaria* Moore 鳞翅目 夜蛾科 癣皮夜蛾属

寄主植物：枫杨、核桃。

形态特征：雌成虫体长16–18mm，翅展42–45mm，雄成虫体长13–16mm，翅展40–42mm；头部及胸部白色杂黑绿色，下唇须及足跗节有黑斑；腹部灰褐色；前翅白色，布有暗绿色细点，外线与端线间布有黄褐色细点，后缘区中部乳黄色，基线黑色达1脉，内线隐约呈波形，前半部黑色，肾纹黑色，前方有一黑斜纹，外线前半不显，自肾纹后端外斜至臀角明显黑色，亚端线黑色波浪形，外有一列模糊的黑斑，端线黑色，缘毛白色，有波浪形黑线，后翅黄褐色，端区黑褐色，中带褐色模糊。

生活习性：7月上旬为幼虫为害高峰期，大多数幼虫的虫龄接近成熟，7月中旬部分老熟幼虫开始结茧化蛹，结茧化蛹高峰期出现在7月下旬和8月上旬，蛹期12–15d，8月上旬少量的蛹开始羽化为成虫，8月下旬为羽化高峰期，9月中旬还存在少量的活体成虫。

212 齿斑畸夜蛾 *Bocula quadrilineata* Walker 鳞翅目 夜蛾科 畸夜蛾属

寄主植物：毛竹。

形态特征：成虫体长11–13mm，翅展26–30mm；头部灰褐色，触角基节灰黄色，胸部背面灰褐色；前翅灰褐色，基线黑褐色，微外斜，自前缘脉至亚中褶，内线黑褐色，在前缘脉后微外凸，其后较直向后，1脉后微外斜，中线双线黑褐色，微内弯，外线黑褐色，微内弯，端区有大黑斑，内缘在顶角处窄缩成一短钩形，在7脉后强内伸，近达外线，成一钝圆角折向外斜达臀角，后翅灰褐色，腹部灰褐色。

生活习性：未做系统观测。

213 散纹夜蛾 *Callopistria juventina* Stoll 鳞翅目 夜蛾科 散纹夜蛾属

寄主植物：碗蕨科。

形态特征：成虫体长14mm左右，翅展30–36mm；头部棕色杂褐黄色；胸背褐黄色杂黑棕色，翅基片及后胸赤赭色，腹部褐黄毛，毛簇端部黑色；前翅紫棕色，基部微黑，基线白色，只达中室，内线双线黑色，线间白色，弧形外弯，环纹黑色白边，极窄而外斜，肾纹白色，中央有黑窄圈，外线双线黑色，线间紫色，后半内侧较宽的褐黄色，外侧褐色带紫色呈带状，亚端线仅前半为三个白色内斜纹及一个白色外斜纹，端线白色，外侧一黑线及棕色粗线，缘毛黑色，后翅淡褐黄色，端区污褐色。

生活习性：未做系统观测。

214 日月明夜蛾 *Sphragifera biplagiata* Walker 鳞翅目 夜蛾科 明夜蛾属

寄主植物：树莓、樱桃、大叶合欢。

形态特征：成虫体长9–12mm，翅展28–38mm；头部及胸部白色；触角褐色；前足胫节有二黑点；腹部背面淡褐色，基部较白；前翅白色，后半部及端区带土灰色，前缘脉基部有一褐点，中部有一赤褐斜斑达中室下角，近顶角有一赤褐弯斑纹，亚端线白色，自弯纹外侧至6脉折角内斜，肾纹黑褐色，白边，“八”字形，外侧有一模糊黑褐斑，端线为一列内侧衬白的黑长点。

生活习性：1年1–2代，幼虫取食叶片，使叶片形成缺刻或孔洞，其幼虫食量较大，常常造成整片叶子缺失。

215 鼎点钻夜蛾 *Earias cupreoviridis* Walker 鳞翅目 夜蛾科 钻夜蛾属

寄主植物：锦葵科、田麻科、梧桐科、菊科。

形态特征：成虫翅展8–10mm；头部白色微带绿色，额两侧褐色；触角有白环；胸有黄绿色，翅基片及前胸前沿黄色；前翅黄绿色，前缘区内半部带红色，中室色较黄，2个明显的褐色点，中室前有1个淡褐色点，端区有1条褐色带，其内缘三曲，带中有橘红色点，缘毛红褐色，后翅白色，顶角微带褐色，腹部灰白色杂绿褐色。

生活习性：1年4–5代，以蛹越冬，第1代幼虫主要在5月危害冬苋菜和蜀葵，第2代以后主要危害棉，9月底结茧化蛹越冬。

216 旋皮夜蛾 *Eligma narcissus* Cramer 鳞翅目 夜蛾科 旋夜蛾属

寄主植物：臭椿、香椿、红椿。

形态特征：成虫体长23–28mm，翅展67–80mm，体橘黄色；头、胸部被淡灰褐色绒毛；触角丝状；胸、腹背中央及两侧各节有圆形黑斑，以背部中央黑斑较大；前翅狭长，前缘区黑褐色，散布淡黄色斑点，后缘区前端自基部至翅顶不到为一条银白色纵带，有光泽，其基部有4枚黑点，外方有3黑点，其余部分为紫灰褐色，后缘近基部有黑点，靠外另见1黑短线，中室部至后缘有1黑色弯曲形条状粗线，亚缘线为一列黑点或条状，缘毛浅灰色；后翅大部分为橘黄色，自前缘至外缘臀角处为蓝黑色宽带，由宽而窄，其上有一块粉蓝色晕斑。

生活习性：1年3代，幼虫在9月下旬开始结茧化蛹越冬，翌年4月上中旬越冬蛹羽化为成虫产卵，4月下旬至5月上旬1代幼虫出现为害，6月上旬至7月上旬2代幼虫出现为害，8月下旬至9月下旬3代幼虫出现，老熟幼虫在9月中下旬开始结茧越冬。

217 变色夜蛾 *Enmonodia vespertili* Fabricius 鳞翅目 夜蛾科 变色夜蛾属

寄主植物：合欢、楹树、紫藤、柑橘、金合欢。

形态特征：成虫体长24–29mm，翅展74–82mm；前翅淡褐灰色，略带青色或深黑褐色，大部分密布黑棕色细点，内线黑褐色外弯，在翅中室外端处有黑棕色斑点1–5个，变化很大，中线黑棕色，波浪形，外线黑棕色，波浪形，在各脉上呈黑点，亚端线灰色波浪形，其外侧暗褐色，端线黑色双线，波浪形，顶角有暗棕纹；后翅灰褐色，中线双线棕黑色，外一线模糊，外线棕黑色，波浪形，在各脉上为黑点，亚端线暗灰色，波浪形，端线双线黑色，波浪形，端区带青色，后缘杏黄色。

生活习性：1年2–4代，以蛹越冬，6月中旬至7月下旬幼虫危害叶片，幼虫经7龄，7月下旬成虫出现，7月下旬至9月上旬产卵，7月中旬至8月中旬幼虫又进行为害，9月上旬陆续化蛹越冬。

218 魔目夜蛾

Erebus crepuscularis Linnaeus　**鳞翅目　夜蛾科　目夜蛾属**

寄主植物： 梨，苹果。

形态特征： 成虫体长26–28mm，翅展86–105mm；前翅褐色，内线黑色外弯，内侧微白，肾纹有赭色黑边，后端二齿形外伸，中线黑色，外侧衬白色，半圆形绕过肾纹，外线黑色，外侧衬白色，中部呈锯齿形或稍外凸，亚端线白色，不规则波浪形，外侧有1列黑纹，前后端内侧带黑色，前端有一白色斑，后翅褐色，内线黑色，外侧衬白色，中线白色，细波浪形；亚端线黑色，不规则波浪形，内侧衬间断的白色。

生活习性： 成虫以锐利的口吻刺破果皮吸食果汁后，第二天被害处仍流出汁液，数天后，果实开始腐烂直至落果，成虫有趋光性、趋化性和补充营养的习性。

219 蚪目夜蛾

Metopta rectifasciata Ménétri　**鳞翅目　夜蛾科　蚪目夜蛾属**

寄主植物： 菝葜、牛尾草，桃、柑橘等果树。

形态特征： 成虫体长21–23mm，翅展58–61mm；前翅棕褐微带紫色，前缘区带灰色，端区带有紫灰色，内线黑褐色，波浪形，肾纹灰褐色，内、外侧黑色及白色，后部外伸成3裂形，中线黑色，外侧衬白色，自肾纹前端半圆形外弯，肾纹内侧的中室棕黑色，外线双线白色，自前缘脉后直线内斜，中线与外线之间大部棕黑色，亚端线白色，外侧衬棕黑色，不规则弯曲，缘毛端部暗棕色，后翅棕褐色，外线白色呈带状，较宽，其外缘在各翅脉上呈放射细纹，带的前端斜削，不完全达翅前缘，亚端线白色，锯齿形，缘毛暗棕色。

生活习性： 未做系统观测。

220 棉铃虫

Helicoverpa armigera Hübner　**鳞翅目　夜蛾科　铃夜蛾属**

寄主植物： 禾本科、锦葵科、茄科和豆科。

形态特征： 成虫体长15–20mm，翅展27–38mm；雌蛾赤褐色，雄蛾灰绿色，前翅翅尖突伸，外缘较直，斑纹模糊不清，中横线由肾形斑下斜至翅后缘，外横线末端达肾形斑正下方，亚缘线锯齿较均匀，后翅灰白色，脉纹褐色明显，沿外缘有黑褐色宽带，宽带中部2个灰白斑不靠外缘。

生活习性： 1年3–7代，都是以蛹在土壤中越冬，翌年4月中下旬，成虫开始羽化，雌蛾将卵产在嫩叶、嫩梢、茎基等处，初孵幼虫取食嫩叶和小花蕾，被害部分残留表皮，形成小凹点，2–3龄时吐丝下垂分散危害花蕾及花。

221 茶色狭翅夜蛾

Hermonassa cecilia Butler **鳞翅目 夜蛾科 狭翅夜蛾属**

寄主植物：番石榴。

形态特征：成虫体长16mm，翅展35mm；前翅暗褐色，有细黑点，基线与内线均灰色，前者前后端的外侧各有1黑斑，中室基部有1橙色内斜纹，内线穿过黑色棒形剑纹，环纹黑色，橙色边，肾纹小，中线与外线均黑色，锯齿形，外线双线，外侧各翅脉上有黑点，亚端线黄褐色，细锯齿形。

生活习性：未做系统观测。

222 肖毛翅夜蛾

Thyas juno Dalman **鳞翅目 夜蛾科 肖毛翅夜蛾属**

寄主植物：桦、李、木槿、柑橘、梨、桃、苹果。

形态特征：成虫体长30–33mm，翅展81–85mm；前翅赭褐色或灰褐色，布满黑点，前后缘红棕色，基线红棕色，自前缘至亚中褶，内横线红棕色，前段微曲，自中室起直线外斜，环纹为1个黑点，肾纹暗褐边，后部有1个黑点，外横线红棕色，直线内斜，后端稍内伸，顶角至臀角有1条内曲的弧线，黑色或赭黄色，亚端区有1条隐约的暗褐纹，缘线为一列黑点；后翅黑色，端区红色，中部有粉蓝色弯钩状纹，外缘中段有密集黑点，后缘毛褐色。

生活习性：1年2代，以老熟幼虫在土表枯叶中结茧化蛹过冬，6月和8月出现两次幼虫阶段。

223 石榴巾夜蛾

Dysgonia stuposa Fabricius **鳞翅目 夜蛾科 巾夜蛾属**

寄主植物：石榴、国槐、合欢、紫薇、月季等。

形态特征：成虫体长18–20mm，翅展43–46mm，前翅内线棕色，在中室后微外曲，外线棕色衬白色，内线与中线间白色带有棕褐色细点，中线与外线间棕褐色，亚端线锯齿形，顶角附近有棕黑色斑2个，端线灰白色。

生活习性：1年3代，以蛹越冬，4月上旬石榴萌芽时成虫开始羽化，第1代幼虫4月中旬出现，第2代幼虫6月上旬孵化，第3代幼虫7月中旬开始孵化，幼虫老熟化蛹越冬。

224 暗肖金夜蛾　*Plusiodonta coelonota* Kollar　鳞翅目　夜蛾科　肖金夜蛾属

寄主植物：水蜜桃、柑橘、秋白梨、千金藤。

形态特征：成虫体长约12–14mm，翅展约27–30mm；触角丝状；前翅茶褐色，具有各种斑纹，近前缘角有一双线条纹延及至内缘中部上方，顶角下方和臀角上方有两个金黄色云斑，基角处亦有金黄色云斑，后翅灰色。

生活习性：1年6代，主要以蛹越冬。

225 类灰夜蛾　*Polia altaica* Lederer　鳞翅目　夜蛾科　灰夜蛾属

寄主植物：草本植物。

形态特征：成虫翅展40mm；前翅灰褐色，亚中褶基部一黑纵纹，基线，内线及外线均双线黑色，内线波浪形，外线锯齿形，剑纹、环纹及肾纹暗褐色，中线黑棕色，亚端线白色，在3、4脉处成大锯齿形，后翅褐色，腹部灰褐色。

生活习性：未做系统观测。

226 斜纹夜蛾　*Spodoptera litura* Fabricius　鳞翅目　夜蛾科　灰翅夜蛾属

寄主植物：番茄，油菜。

形态特征：成虫体长14–27mm，翅展33–46mm；翅面呈有较为复杂的褐色斑纹，内、外横线为灰白色的波浪形，翅面上有一个明显的环状纹和肾状纹，在两纹之间，从内横线前端至外横线后端有3条灰白色斜纹，前翅后端约1/5处有一段灰紫色闪光横纹直至翅末端，成虫静止时两前翅的斜纹呈脊型，后翅为灰白色半透明状，无斑纹，常有浅紫色闪光。幼虫体长33–50mm，头部黑褐色，胸部多变，从土黄色到黑绿色都有，体表散生小白点，各节有近似三角形的半月黑斑一对。

生活习性：1年6代。

227 胡桃豹夜蛾 *Sinna extrema* Walker 鳞翅目 夜蛾科 豹夜蛾属

寄主植物：山核桃、枫杨、青钱柳、泡桐。

形态特征：成虫体长15-17mm，翅展32-40mm；前翅橘黄色，有许多白色多边形斑，翅尖圆，外缘曲度平稳，顶角白色，内有4个大黑斑，外缘后半部又有3个小黑斑，后翅白色，微带淡褐光彩，腹部浅灰褐色，节间灰白色。

生活习性：1年6代，以老熟幼虫在矮小灌木、杂草及枯枝落叶中结茧化蛹越冬，幼虫共6龄，末2龄为暴食期。

228 隐金夜蛾（隐金翅夜蛾） *Abrostola triplasia* Linnaeus 鳞翅目 夜蛾科 隐金夜蛾属

寄主植物：荨麻属、葎草属、野芝麻属。

形态特征：成虫体长约15mm，翅展31-36mm，身体褐色；头、胸及腹部褐色，额具1黑色横纹；触角丝状，浅黄褐色；前翅灰褐色，内线内方淡褐色，内线与外线黑褐色，内线内侧及外线外侧各一棕褐线，环纹、肾纹黑边，其后一黑边斜圆斑，亚端线淡褐色锯齿形，端线黑色；后翅黄褐色，外缘色暗，缘毛黄褐色。

生活习性：未做系统观测。

229 三斑蕊夜蛾 *Cymatophoropsis trimaculata* Bremer 鳞翅目 夜蛾科 斑蕊夜蛾属

寄主植物：草本植物。

形态特征：体长15mm左右，翅展35mm左右；头部黑褐色，胸部白色，腹部灰褐色，前后端带白色；前翅黑褐色，基部、顶角及臀角各有1个大斑，底色白，中有暗褐色，基部的斑最大，外缘波曲外弯，斑外缘毛白色，其余黑褐色，2脉端部外缘毛有1个白点，后翅褐色，横脉纹及外线暗褐色。

生活习性：1年1代，幼虫危害取食叶片，老熟幼虫入土筑室化蛹越冬，翌年5月成虫羽化，成虫趋光性强。卵单产于叶梢上。幼虫白天栖息于枝条，晚上取食。

230 苎麻夜蛾 *Arcte coerula* Guenee 鳞翅目　夜蛾科　封夜蛾属

寄主植物：麻、荨麻、蓖麻、亚麻、大豆等。

形态特征：成虫体长20–30mm，翅展约60–70mm；前翅顶角具有近三角形褐色斑，中央有黑色环状纹和棕褐色肾状纹；后翅生青蓝色略带紫光的3条横带。黄白型幼虫色黄白，体背各节有5–6条黑横线和黄白纹，第八和第九腹节黄色，气门上线和气门线黑色，气门下线呈黄带，亚腹线由不连续黑斑组成。黑型幼虫体黑色，体背各节有5–6条黄白色横纹，气门上线和气门下线黄白色。末龄幼虫体长53–66mm。

生活习性：1年3代，以成虫在麻田、草丛、灌木或土缝中越冬，5月中旬至6月上旬一代幼虫盛发，二代7月上、中旬盛发，三代8月中旬至9月上旬盛发，幼虫共6龄。

231 毛胫夜蛾 *Mocis undata* Fabricius 鳞翅目　夜蛾科　毛胫夜蛾属

寄主植物：大豆、鱼藤。

形态特征：成虫翅展约44–49mm；触角丝状，雄虫腹面具有纤毛，体躯与双翅主色土褐色带橘色调；前翅略呈宽直角三角形，臀角弧形，前中段近内缘具有一黑色点斑或斑晕，前中线呈由基侧斜往外缘的赭褐色直线，直线外缘具明显平行的深褐色宽晕纹，后中线于中段呈特殊的S形弯曲，翅身近外缘1/3段色调较深。

生活习性：未做系统观测。

232 青安钮夜蛾 *Ophiusa tirhaca* Cramer 鳞翅目　夜蛾科　裳夜蛾属

寄主植物：果园植物。

形态特征：成虫体长30–37mm，翅展70–87mm，头胸部褐色，雄虫腿节和胫节被淡黄褐色绒毛。前翅浅绿色，基线暗棕色近直线，略向外斜，止于中褶线，内线暗褐色外斜，环纹为一灰褐色边的小圆圈。肾纹较大，雌蛾肾纹灰褐色，中央褐色。雄蛾肾纹紫棕色，中央褐色。后翅黄色，内区和亚端线各有很大的褐带。腹部黄色，节间具棕色绒毛。

生活习性：一年中4–6月危害枇杷、桃、李等果实，5月下旬至7月，危害杨梅等果实；8月中旬以后危害柑橘果实。

鹿蛾科 Amatidae

小至中型蛾类，外形似斑蝶或黄蜂；幼虫色泽鲜艳，具有4对足，1对臀足，体表常具毛瘤，其上着生长毛簇，腹足趾钩半环形；蛹光滑，坚硬，有茧。

防治方法：①5-6月间在林间释放白僵菌粉孢，每公顷放32个。②幼林地可用90%敌百虫晶体1000倍液，80%敌敌畏乳剂2000倍液，40%氧化乐果1000倍液，50%辛硫磷1500倍液，2.5%溴氰菊酯500倍液，喷雾毒杀5龄前幼虫，效果较好。

233 广鹿蛾 *Amata emma* Butler 鳞翅目 鹿蛾科 鹿蛾属

寄主植物：乌蔹莓。

形态特征：成虫体长9-12mm，翅展24-36mm；触角线状，黑色，顶端白色；头、胸、腹部黑褐色；颈板黄色，腹部背侧面各节具黄带，腹面黑褐色；翅黑褐色，前翅M_1斑近方形或稍长，M_2斑为梯形，M_3斑圆形或菱形，M_4、M_5、M_6斑狭长形，后翅后缘基部黄色，前缘区下方具有一较大的透明斑、在Cu_2脉处成齿状凹陷，翅顶的黑边较宽。

生活习性：未做系统观测。

234 蕾鹿蛾（茶鹿蛾） *Amata germana* Felder 鳞翅目 鹿蛾科 鹿蛾属

寄主植物：茶、桑、蓖麻、橘、黑荆等。

形态特征：雌蛾体长12-15mm，翅展31-40mm，雄蛾体长12-16mm，翅展28-35mm，体黑褐色；触角丝状，黑色，顶端白色；头黑色，额橙黄色，中、后胸各有一橙黄色斑；胸足第1跗节灰白色，其余部分黑色；腹部各节具有黄或橙黄色带；翅黑色，前翅基部通常具黄色鳞片，后翅后缘基部黄色，中室、中室下方及2脉处为透明斑。幼虫头深绿色，体黄褐色，胸部各胸节有4对毛瘤，腹部第1、2、7腹节各有7对毛瘤，第3-6腹节各有6对毛瘤。

生活习性：1年3代，以幼虫越冬，翌年3月上旬越冬幼虫开始取食活动，4月下旬开始化蛹，5月中旬成虫羽化。各代幼虫为害盛期：越冬代3月下旬至4月下旬，第一代6月下旬至7月中旬，第二代9月上、中旬。

235 明鹿蛾　*Amata lucerna* Wileman　鳞翅目　鹿蛾科　鹿蛾属

寄主植物：草本植物。

形态特征：成虫体长15mm左右，翅展34–44mm；触角丝状，黑色，尖端1/4处为白色；头黑色，额橙黄色，颈板、翅基片黑色，胸部黑色，中、后胸各具1条橙色斑，后胸足跗节第1节白色，腹部黑色，各节具有黄斑；翅黑色，前翅基部具黄点，翅斑互相分隔，M_1斑圆或椭圆形，M_2斑梯形，M_3斑很宽，M_4斑长形，其上附有小斑点，M_5比M_6斑稍大；后翅具1个大斑，黑边较宽，后缘黄色。

生活习性：1年3代。

天蛾科 Sphingidae

本科昆虫主要特征是前翅狭长，后翅呈短三角形，复眼大，胸部粗壮，腹部末端尖，呈流线型，触角端部细而弯曲；幼虫肥大，圆柱形，体面多颗粒，第8腹节背中部有一臀角；蛹的喙显著。

防治方法：①结合松土，人工挖蛹，并根据树下虫粪寻找幼虫进行捕杀；②利用黑光灯诱杀成虫；③化学防治：虫口密度大，为害严重时，喷洒2.5%溴氰菊酯1000倍液，50%辛硫磷乳油1000倍液。

236 豆天蛾　*Clanis bilineata* Mell　鳞翅目　天蛾科　豆天蛾属

寄主植物：大豆、绿豆、豇豆和刺槐等。

形态特征：成虫体长40–45mm，翅展100–120mm，体翅黄褐色；头胸暗紫色；前翅狭长，在前缘近中央处有一淡黄色的半圆形斑，基部和后脚附近黄褐色，并有2条明显的波状纹。幼虫头深绿色，体色淡绿，前胸节有黄色颗粒状突起，中胸节有4个皱褶，后胸节有6个皱褶，第1–8腹节两侧有黄色斜纹，背部有小皱褶及白色刺状颗粒，胸足橙褐色，腹足与体色相同，腹面色稍淡。

生活习性：1年2代，末龄幼虫在土中9–12cm深处越冬，越冬场所多在豆田及其附近土堆边、田埂等向阳地。

237 椴六点天蛾　*Marumba dyras* Walker　鳞翅目　天蛾科　六点天蛾属

寄主植物： 椴树、美丽异木槿、发财树等。

形态特征： 成虫翅展90–100mm，体翅暗灰褐色；触角背灰白色，腹面灰黄色，雄虫触角具长纤毛；胸、腹部背线为棕褐色细线，腹部节间色淡；前翅暗灰褐色，外缘齿状、棕黑色，基部有一褐点，臀角内侧有2个棕褐斑，各线纹棕褐色，亚基线单线且直，中室端点为小白点，上方顺横翅脉向前方伸展呈棕色月牙形纹，臀角内侧有棕黑斑2个，斑的周围色淡。

生活习性： 以蛹越冬，翌年3月上旬开始羽化出土，5月中旬达到羽化、交尾、产卵高峰期。

238 桃六点天蛾　*Marumba gaschkewitschii* Bremer et Grey　鳞翅目　天蛾科　六点天蛾属

寄主植物： 桃、苹果、梨、杏、樱桃、枇杷、海棠、葡萄等。

形态特征： 成虫体长40–46mm，翅展71–77mm；触角枯黄；前翅黄褐色，外线、中线及内线棕褐色，后角有相连结的棕黑色斑两块；后翅枯黄略带粉红色，翅脉褐色，后角有黑色斑；前翅反面基部至中室呈粉红色，后翅反面粉红色。幼虫黄绿色至绿色，头小，呈三角形，体表有横褶，其上着生黄白色颗粒，尾角较长，上生有稀疏黑刺，胸部两侧各有1条与背线平行的黄绿色线，腹部1–8节各有2个黄白色“八”字形斜纹。

生活习性： 1年2代，以蛹越冬，越冬代成虫于5–6月出现，第1代幼虫5月下旬开始出现，第2代成虫于8月出现。

239 白薯天蛾　*Herse convolvuli* Linne　鳞翅目　天蛾科　白薯天蛾属

寄主植物： 甘薯、蕹菜、月光花等旋花科植物以及茄科、豆科植物。

形态特征： 成虫体长43–52mm，翅展100–120mm；头暗灰色，胸背灰褐色；肩板有黑色纵线；腹部背面灰色，各节两侧有白、红、黑三条横纹；前翅内、中、外横带各为两条深棕色的尖锯齿线，M_1及Cu_2脉的颜色较深，顶角有黑色斜纹；后翅有4条暗褐色横带，缘毛白色及暗褐色相杂。前翅灰褐色，翅上密被锯齿状纹和云斑纹。幼虫5龄，体表密布小颗粒，腹部1–7节各有7条背褶，两侧各有一条褐色至黑褐色的斜纹。第八腹节背面有弧形尾角；蛹红褐色，喙长而游离，臀棘三角形。

生活习性： 1年4代，以蛹在土中越冬，越冬蛹5月下旬至6月下旬羽化，第一代幼虫于6月上旬至7月中旬发生，第二代幼虫于7月上旬至8月下旬发生，第三代幼虫8月下旬至9月下旬发生。

240 构月天蛾

Parum colligata Walker　**鳞翅目　天蛾科　月天蛾属**

寄主植物：构树、桑树。

形态特征：成虫翅展65–80mm，体翅褐绿色；胸部背板及肩板棕褐色；前翅亚基线灰褐色，内横线与外横线之间呈较宽的茶褐色横带，中室末端有一个小白点，外横线暗紫色，顶角有新月形暗紫色斑，四周白色，顶角至后角间有向内呈弓形的白色带；后翅浓绿色，外横线色较浅，后角有棕褐色月牙斑一块。

生活习性：1年2代，以蛹在寄主附近5–10cm深土层中作土室过冬，越冬蛹翌年6月中、下旬羽化为成虫，第一代成虫于7月间发生为害，第二代成虫8月中旬出现，于8月下旬开始为害。

241 黑长喙天蛾

Macroglossum pyrrhosticta Butler　**鳞翅目　天蛾科　长喙天蛾属**

寄主植物：茜草科。

形态特征：成虫翅展45–55mm，体翅黑褐色；头及胸部有黑色背线；腹部2–3节两侧有橙黄色斑，4–5节有黑色斑，第5节后缘有白色毛丛，腹部腹面灰色至灰褐色；前翅内横线呈黑色宽带，近后缘向基部弯曲，外横线呈双线波状，亚外缘线甚细不明显，外缘线细黑色，翅顶角至6–7脉间有一黑色纹；后翅中央有较宽的橙黄色横带，基部与外缘黑褐色。

生活习性：1年1代，以蛹越冬，成虫8–9月间出现。

242 横带天蛾

Enpinanga transtriata　**鳞翅目　天蛾科　突角天蛾属**

寄主植物：栎树、构树。

形态特征：成虫翅展25mm，体棕黄色，间杂白色鳞毛，前翅赭褐色，内线棕色微呈波状，中线直，暗黄色，外侧有赭色宽横带，外线波状赭褐色，亚外缘线自顶角下方向外弯曲至四脉端达外缘，外侧呈新月形赭色斑，顶角外伸，外缘弯曲较大，后翅棕黄色，内缘有灰褐色缘毛，翅反面赭黄色，前翅后缘灰黄色，外线至后角有一条棕黄色带，后翅横线明显，外缘有一棕黄色宽带。

生活习性：1年1代，以蛹越冬。

243 红天蛾 *Pergesa elpenor* Butler　**鳞翅目　天蛾科　红天蛾属**

寄主植物： 凤仙花、柳兰、忍冬、秋兰、茜草科、柳叶菜科，草花类、葡萄等植物。

形态特征： 成虫体长25-35mm，翅展45-65mm，体翅红色为主，有红绿色闪光；头部两侧及背部有两条纵行的红色带；腹部背线红色，两侧黄绿色，外侧红色，第一腹节两侧有黑斑；前翅基部黑色，前缘及外横线、亚外缘线、外缘及缘毛都为暗红色，外横线近顶角处较细，愈向后缘愈粗，中室有一小白点；后翅红色，靠近基半部黑色；翅反面较鲜艳，前缘黄色。

生活习性： 1年5代，主要在5-10月造成为害，尤以5月中旬至7月中旬发生量大，为害最严重，以蛹在土表下蛹室中越冬，翌年4月下旬开始羽化，出现越冬代成虫。

244 葡萄缺角天蛾 *Acosmeryx naga* Moore　**鳞翅目　天蛾科　缺角天蛾属**

寄主植物： 葡萄、猕猴桃、葛藤。

形态特征： 体灰褐色，颈板及肩板边缘有白色鳞毛，腹部各节有棕色横带，前翅各横线棕褐色，亚外线达到后角，顶角端部直，稍内陷。内方有深棕色三角形斑及灰白色月牙形环纹，中室端近前缘有灰褐色盾形斑，其下方沿M_1脉有棕色条状纵带。后翅前缘及内缘灰褐色，中部及外缘茶褐色，有棕色横带，翅反面锈红色，前缘及外缘灰褐色，后翅各横线明显赭褐色。

生活习性： 未做系统观测。

245 蓝目天蛾

Smerinthus planus Walker　**鳞翅目　天蛾科　目天蛾属**

寄主植物：柳、杨、桃、樱桃、苹果、沙果、海棠、梅、李等植物。

形态特征：成虫翅展80–90mm，体翅灰褐色；胸部背面中央褐色；前翅基部灰黄色，中线呈前后两块深褐色斑，中室前端有一个“T”字形浅纹，外横线呈两条深褐色波状纹，外缘自顶角以下色较深；后翅淡黄褐色，中央有大蓝目斑一个，斑的周围黑色，蓝目上方粉红色。

生活习性：1年2代，以蛹在土中越冬。幼虫多在叶背或枝条上栖息，老熟后下树入土化蛹。

246 团角锤天蛾

Gurelca hyas Walker　**鳞翅目　天蛾科　锤天蛾属**

寄主植物：茜草科、鸡眼藤属等植物。

形态特征：成虫翅展40mm左右，体紫褐色；头顶及颈板背线棕黑色，腹部背侧各节有棕黑色斑，尾端两侧有刷状毛，腹面5、6两节各有小白点一对；前翅灰褐色，中线部位前缘至后缘有深褐色横带，顶角较圆，顶角下方至外缘有月形棕黑色斑，后角内侧有一灰褐色半圆形斑，斑内有深棕色横纹，中室端有黑色三角形斑一个，后缘后角内侧向里切缺；后翅橙黄色，外缘有赭棕色宽边；翅反面赭黄色，各线纹及外缘棕褐色。

生活习性：1年2代，以蛹在植株周围土壤中的土茧内越冬，成虫7、8月间出现。

247 松黑天蛾 *Hyloicus caligineus sinicus* Rothschild et Jordan 鳞翅目 天蛾科 松天蛾属

寄主植物：松树。

形态特征：成虫翅长30-35mm，体、翅灰褐色；胫板及肩板棕褐色线；腹部背线及两侧有棕褐色纵带；前翅内横线及外横线不明显，中室附近有倾斜的棕黑色条纹5条，顶角下方有一条向后倾斜的黑纹，后翅棕褐色，缘毛灰白色。

生活习性：1年2代，成虫5-7月间出现，以蛹越冬。

248 芋双线天蛾 *Theretra oldenlandiae* Fabricius 鳞翅目 天蛾科 斜纹天蛾属

寄主植物：水芋、葡萄、魔芋等作物。

形态特征：成虫体长38-54mm，翅展65-75mm，灰褐色；头及胸部两侧有灰白色缘毛；复眼褐色，近圆形；触角黄褐色，鞭状，长约为前翅前缘1/3；腹部有2条银白色背线，两侧有深棕色及淡黄色纵条；前翅由顶角到后缘有一条白色斜带，此外还有数条黑灰色条纹，翅中端各有一个黑点；后翅黑褐色，有灰黄色斜带一条，缘毛白色；前后翅反面为黄褐色，有3条暗褐色横带。幼虫体长70mm左右，体暗褐色，胸背部有两行黄白色斑，每行8-9个，腹侧面有一列黄色圆斑，圆斑内有黄黑两色，也有红黑两色，体末端有尾角，尾角黑色，仅末端白色。

生活习性：幼虫取食叶片，害虫发生数量多时，可将叶片吃光，仅剩主脉和枝条，甚至可使枝条枯死；1年2代，以蛹在土中越冬。

249 雀纹天蛾　*Theretra japonica* Orza　鳞翅目　天蛾科　斜纹天蛾属

寄主植物：爬山虎、常春藤、麻叶绣球、大绣球。

形态特征：成虫体长约40mm，翅展67–72mm，体褐绿色；头胸部两侧、背中央有灰白色绒毛；背线两侧有橙黄色纵纹，各节间有褐色条纹；前翅黄褐色，有暗褐色斜纹6条，后翅黑褐色，后角附近有呈灰色的三角斑纹。幼虫体长70mm，有褐色与绿色两种色型。褐色型：全体褐色，背线淡褐色，亚背线色浓，于尾角两侧相合，第1、2腹节亚背线上各有1较大的眼状纹，尾角细长而弯曲，赤褐色，上面微带黑色。绿色型：全体绿色，背线明显，亚背线白色，尾角长大，褐色。

生活习性：以幼虫在叶背蚕食叶片，造成叶片残缺不全；1年1代，以蛹于土壤中越冬，翌年6月间成虫羽化，交尾后产卵于叶背，卵期为7d左右，6月下旬出现幼虫，初孵幼虫有背光性，白天静伏在叶背面，10月幼虫老熟，入土化蛹越冬。

250 葡萄天蛾　*Ampelophaga rubiginosa* Bremer et Grey　鳞翅目　天蛾科　葡萄天蛾属

寄主植物：葡萄、野葡萄、爬山虎、黄荆、乌蔹莓。

形态特征：成虫体长45mm左右，翅展90mm左右，体翅茶褐色，背面色暗，腹面色淡，近土黄色；体背中央自前胸至腹端有1条灰白色纵线；前翅各横线均为暗茶褐色，中横线较宽，内横线次之，外横线较细呈波纹状，前缘近顶角处有1暗色三角形斑，斑下接亚外缘线，亚外缘线呈波状，较外横线宽，后翅周缘棕褐色，中间大部分为黑褐色，缘毛色稍红。幼虫体长80mm左右，绿色，背面色较淡，体表布有横条纹和黄色颗粒状小点，第8腹节背面中央具1锥状尾角，胴部背面两侧（亚背线处）有1条纵线，第2腹节以前黄白色，其后白色，止于尾角两侧，前端与头部颊区纵线相接，第1–7腹节背面前缘中央各有1深绿色小点，两侧各有1黄白色斜短线，于各腹节前半部，呈"八"字形。

生活习性：1年1–2代，以蛹在葡萄架下及立柱边缘浅层表土中越冬，越冬蛹于5月下旬开始羽化，6月中、下旬为羽化盛期，7月下旬老熟幼虫入土化蛹，7月下旬至8月上旬第1代成虫羽化，第2代8月中旬幼虫大量出现，9月上旬老熟幼虫开始陆续入土化蛹越冬。

251 霜天蛾 *Psilogramma menephron* Cramer 鳞翅目 天蛾科 霜天蛾属

寄主植物： 大叶女贞、小叶女贞、冬青、桂花、茉莉、丁香。

形态特征： 成虫体长42–50mm，翅展90–130mm；胸部背板有棕黑色的似半椭圆形条纹，后端有1条棕黄色横纹；腹部背线棕黑色，两侧有灰黑色纵带；前翅内线呈不显著的波状纹，中线呈双行波状，棕黑色，中室下方有2条外斜黑纵条，下面1条较短，顶角有1黑色线条向前缘弯曲，基角前缘有1个黑斑；后翅棕褐色，臀角有灰白色斑；前后翅缘均为黑白相间的方块斑列。幼虫绿色，体长75–96mm，头部淡绿，胸部绿色，背有横向排列的白色颗粒8–9排，腹部黄绿色，体侧有白色斜带7条，尾角褐绿，上面有紫褐色颗粒，长12–13mm，气门黑色，胸足黄褐色，腹足绿色。

生活习性： 1年2–3代，以蛹在浅土层中越冬，越冬代成虫发生在4月下旬至8月上旬，第1代在6月下旬至9月下旬，第2代在8月中旬至10月中旬，10月中、下旬老熟幼虫陆续入土化蛹羽化越冬。

252 白肩天蛾 *Rhagastis mongoliana* Butler 鳞翅目 天蛾科 白肩天蛾属

寄主植物： 葡萄、小檗、凤仙花、绣球花。

形态特征： 成虫翅展45–60mm，体翅褐色，头部及肩板两侧白色；胸部的后缘有橙黄色毛丛；前翅中部有不甚明显的茶褐色横带，近外缘呈灰褐色，后缘近基部白色；后翅灰褐色，近后角有黄褐色斑；翅反面茶褐色，有灰色散点及横纹。

生活习性： 1年2代，以蛹在植物根部周围的表土层越冬。成虫5月、8月出现。

253 咖啡透翅天蛾 *Cephonodes hylas* Linnaeus 鳞翅目 天蛾科 透翅蛾属

寄主植物： 栀子、茜草科植物、咖啡、花椒等。

形态特征： 成虫翅长20–38mm；胸部背面黄绿色，腹面白色；腹部前端草青，中部紫红，后部杏黄，尾部毛丛黑色，腹部腹面黑色，5、6节两侧有白斑；触角黑色，前半部粗大，尖端尖而曲；翅透明，脉棕黑色，基部草绿，顶角黑色；后翅内缘至后角有黄绿色鳞毛。幼虫浅绿色，头部椭圆，前胸背板颗粒状突起，各节具沟纹8条，亚气门线白色，其上生黑纹。

生活习性： 1年4代，以蛹在土中越冬，次年4月下旬成虫羽化，第二至第四代成虫分别出现在6月、8月、10月，成虫羽化后交尾产卵，卵期3–5d，幼虫期45d。

254 榆绿天蛾　*Callambulyx tatarinovi* Bremer et Grey　鳞翅目　天蛾科　绿天蛾属

寄主植物： 榆、刺榆、垂柳。

形态特征： 成虫体长30–33mm，翅展75–79mm；胸背墨绿色；翅面粉绿色，有云纹斑，前翅前缘顶角有一块较大的三角形深绿色斑，后缘中部有块褐色斑，内横线外侧连成一块深绿色斑，外横线呈2条弯曲的波状纹，翅的反面基部后缘淡红色；后翅红色，后缘角有墨绿色斑，外缘淡绿，翅反面黄绿，腹部背面粉绿色，每腹节有条黄白色线纹。

生活习性： 1年1代，以蛹越冬，第二年4月中旬出现成虫，6–7月第一代幼虫，10月入土化蛹越冬。

蚕蛾科 Bombycoidea

蚕蛾科触角双栉齿状。前翅R脉，5条基部共柄，后翅无翅缰，$Sc+R_1$脉与中室由1横脉相连，无喙；幼虫尾角型。

防治方法：①严格执行桑苗、接穗的检疫，防治将越冬卵块传布新区。②冬季刮除越冬卵块，并结合保护黑卵蜂和卵小蜂。③用80%敌敌畏乳油2000倍液、90%晶体敌百虫3000倍液，50%辛硫磷乳油10000倍液、50%二溴磷乳油1000–1500倍液等农药喷杀幼虫。

255 野蚕蛾　*Theopila mandnrina* Moore　鳞翅目　蚕蛾科　野蚕蛾属

寄主植物： 桑科。

形态特征： 雄蛾13–16mm，翅长15–19mm，雌蛾19–21mm，翅长17–21mm，体翅暗褐色，前翅的外缘顶角下方向内凹陷；内线及外线色稍浓，棕褐色，各由两条线组成，亚端线棕褐色较细，下方微向内倾斜，顶角下方至外缘中部有较大的深棕色斑；后翅色略深，中部有较深色宽横带，后缘中央有一棕黑色斑，外围白色；雄蛾比雌蛾色深，身上各线及斑均较明显，中室有肾纹。

生活习性： 1年2–4代，以卵在寄主的老皮及枝杈处过冬，幼虫期可从4月持续至10月，越冬卵自桑叶返青吐芽时开始孵化，老熟幼虫在枝干及老叶片上吐丝结淡黄色茧，结茧后第二天即化蛹，成虫羽化后24h即交配产卵，卵块一般产于叶背面，越冬卵产于枝条近末端，每块数十粒，疏散平铺，无覆盖物，呈扁平灰白色。

256 桑螨 *Rondotia menciana* Moore 鳞翅目 蚕蛾科 桑螨属

寄主植物： 桑树。

形态特征： 雄蛾6–9mm，翅长13–15mm，雌蛾11mm，翅长19mm；体、翅黄色；头小，复眼黑褐色，球状；触角黄褐色，栉状；胸部及腹部背面有黄褐色毛丛；前翅顶角外突，下方向内凹陷，内线及外线呈两条黑褐色波状纹，中室端有黑褐色短纵纹；雌蛾腹部腹面有棕黑色毛。

生活习性： 1年2–3代，以卵块越冬，翌年6、7月间孵化出第一代幼虫，8月上旬孵化为第二代幼虫，9月中旬孵化出第三代幼虫，10月上旬化蛹，下旬羽化，并产下越冬卵。

大蚕蛾科 Saturniidae

该科蛾类除翅脉外，触角双栉状，胫节无距，无翅缰，体大型，翅色鲜艳，翅中各有一圆形眼斑，某些种的后翅上有燕尾；幼虫粗壮，大多生有许多毛瘤。

防治方法：①成虫将卵产在1–3m处树干的粗糙表皮裂缝或凹陷处，摘除容易。也可在7月捕捉老龄幼虫和摘茧。②利用黑光灯诱杀成虫。③采用2.5%敌杀死3000倍液或50%马拉硫磷1500倍液喷杀。老龄幼虫要加大剂量，杀虫效果达95%以上。

257 樗蚕 *Philosamia cynthia* Walker et Felder 鳞翅目 大蚕蛾科 樗蚕蛾属

寄主植物： 臭椿、乌柏、冬青、含笑、梧桐、樟树、泡桐、喜树、核桃、悬铃木、黄连木。

形态特征： 成虫翅长65–70mm，体长30–35mm；头部白色，颈板前缘及前胸后缘白色并有长绒毛；腹部黄褐色，与胸部之间有白色横带，背线及侧线由白色斑点组成；前翅顶角突，外线宽，中部向外突，外线在顶角下方向内迂回很深，内侧下方有黑斑，黑斑上方有白色闪形纹，内线白色，镶有黑边，外线白色，在中室月牙形斑的顶角向外突出，外线外侧有紫红色宽带，中室有较大的新月形半透明斑，斑的前缘镶有黑色，下缘黄色，后翅颜色与前翅相近，但前翅中室斑明显长于后翅中室斑。

生活习性： 1年2代，幼虫共5龄，迁移性较强，第一代幼虫老熟后一般在原寄主上缀叶结茧，第二代则多在树干或寄主附近的灌木上做茧化蛹，越冬蛹翌年羽化后不久即可交配产卵，卵多产于叶背或新生枝条上呈块状，弧形排列。

258 绿尾大蚕蛾　*Actias selene ningpoana* Felder　鳞翅目　大蚕蛾科　尾蚕蛾属

寄主植物：山茱萸、丹皮、杜仲、柳树等。

形态特征：成虫翅长59–63mm，体长35–45mm；头部两侧及肩板基部前缘有暗紫色横切带；翅粉绿色，基部有较长的白色绒毛，前翅前缘暗紫色，混杂有白色鳞毛，中室端有一个眼形斑，斑的中央在横脉处呈一条透明横带，透明带的外侧黄褐色，内侧内方橙黄色，外方黑色，间杂有红色月牙形纹，尾带末端常呈卷折状，中室端有与前翅相同的眼形纹，只是比前翅略小。幼虫体黄绿色，体节近六角形，着生肉突状毛瘤，毛瘤上具白色刚毛和褐色短刺。

生活习性：1年2代，以茧蛹附在树枝或地被物下越冬，翌年5月中旬羽化、交尾、产卵，第1代幼虫于5月下旬至6月上旬发生，第2代幼虫8月中旬始发，为害至9月中下旬，陆续结茧化蛹越冬。

259 樟蚕　*Eriogyna pyretorum* Westwood　鳞翅目　大蚕蛾科　樟蚕属

寄主植物：樟树、枫树、枫杨、野蔷薇、沙梨、番石榴、紫壳木及柯树等。

形态特征：成虫雌蛾体长32–35mm，翅展约100–115mm，体翅灰褐；前翅基部暗褐色，外侧为一褐条纹，条纹内缘略呈紫红色，翅中央有一眼状纹，翅顶角外侧有紫红色纹两条，内侧有黑褐色短纹两条，外横线棕色、双锯齿形，翅外缘黄褐色，其内侧有白色条纹，后翅与前翅略同。幼虫头黄色，胴部青黄色，被白毛。各节亚背线、气门上线及气门下线处，生有瘤状突起，瘤上具黄白色及黄褐色刺毛。腹足外侧有横列黑纹，臀足外侧有明显的黑色斑块。臀板有3个黑点，或仅有1个，甚至完全消失。体长74–92mm。

生活习性：1年1代，以蛹在茧内越冬，翌年2月底开始羽化，3月中旬为羽化盛期，3月上旬开始产卵，3月中旬到7月为幼虫为害期。

260 银杏大蚕蛾 *Dictyoploca japonica* Butler 鳞翅目 大蚕蛾科 胡桃大蚕蛾属

寄主植物：银杏、苹果、梨、李、柿、枫香等。

形态特征：成虫翅长50-60mm，体长20-30mm，头灰褐色，触角黄褐色，雄虫触角双栉形，雌虫触角栉齿形，身体灰褐至紫褐色，肩板与前胸间有紫褐色横带，胸部有较长黄褐色毛，腹部各节色较深，两侧及端部有较长的紫褐色毛，前翅顶角外突，顶角钝圆，内侧近前缘处有肾形斑，内线紫褐色较直，内线与翅基间呈棕紫色，靠近前缘处色更深，外线暗褐色，自前缘至中室一段较直，自中室下方则呈一斜角达后缘与内线靠近，内线与外线之间有较宽的粉紫色区，亚外缘线由两条赤褐色波浪纹组成，外线紫褐色，亚外缘线与外线呈棕黄色，近后角有白色月牙形纹，外侧暗褐色，中室端有月牙形透明眼斑，斑的周围有白色及暗褐色轮廓，后翅从中室横线至翅基间呈较宽的红色区，亚端线橙黄色，端线灰黄色，中室端的眼形斑较大，外围有一灰橙色圆圈及银白色线两条，后角内侧的白色月牙形更为明显，前翅反面颜色偏紫红色，中室眼斑明显。

生活习性：1年2代，以卵越冬，翌年5月上旬越冬卵开始孵化，5-6月进入幼虫为害盛期，6月中旬至7月上旬于树冠下部枝叶间结茧化蛹，8月中下旬羽化、交配和产卵。

细蛾科 Gracilariidae

成虫体微小，翅具鲜明大斑；幼虫虫体较扁平。

防治方法：①虫量小时可摘除虫苞。②保护利用天敌。一般情况下小蜂寄生率可达80%-90%，不必防治。③化学防治：尽量选择在低龄幼虫期防治，用45%丙溴辛硫磷1000倍液，或20%氰戊菊酯1500倍液+5.7%甲维盐2000倍液混合液，40%啶虫毒1500-2000倍液喷杀幼虫，可连用1-2次，间隔7-10d喷洒。

261 柳丽细蛾 *Caloptilia chrysolampra* Meyrick 鳞翅目 细蛾科 丽细蛾属

寄主植物：杨树、柳树，其中以小青杨、旱柳最为严重。

形态特征：成虫体长约4mm，翅展约12mm；前翅淡黄色，近中段前缘至后缘有淡黄色三角形斑，其顶角达后缘，后缘从翅基部至三角形斑处有淡灰白色条斑，停落时两翅上的条斑汇合在体背上呈前钝后尖的灰白色锥形斑。幼虫长筒形略扁，幼龄乳白色略带黄色，近老龄黄色略加深，体上有稀疏细长毛。

生活习性：1年3代，以成虫在老树皮下、地表土缝中或向阳墙缝、窗缝中越冬，第二年4月中旬杨树芽萌动时成虫开始产卵，幼虫为害期分别为4月中、下旬到6月中旬，6月中、下旬到7月底，8月到9月上、中旬，以第一代发生最为严重。

鞘翅目 Coleoptera

鞘翅目是昆虫纲中乃至动物界种类最多、分布最广的第一大目。种类繁多，系统复杂。这个类群昆虫前翅角质化、坚硬、无翅脉，称为“鞘翅”，因此而得名。鞘翅目昆虫为咀嚼式口器，许多种类是农作物和林木的重要害虫，成、幼虫均为咀嚼式口器。幼虫多为寡足型，少数为无足型，胸足通常发达，腹足退化。蛹为离蛹。卵为圆形或圆球形。

本次普查调查到的鞘翅目有20科90种，占比19.38%，仅次于鳞翅目。鞘翅目成、幼虫的食性复杂，有腐食性、粪食性、尸食性、植食性（各种叶甲、金龟、天牛等，也是本次普查的重点）。植食性种类很多都是农林作物重要害虫，有的生活于土中危害种子、块根和幼苗，如叩甲的幼虫——金针虫（成虫亦为虫害）和金龟的幼虫——蛴螬（成虫亦为虫害）等；有的蛀茎或蛀干危害林木、果树等经济作物，如天牛、吉丁等；有的取食叶片，如叶甲类及多种甲虫的成虫；有的是重要的贮粮害虫，如豆象科的大多数种类专食豆科植物的种子，主要种类占比见图4。

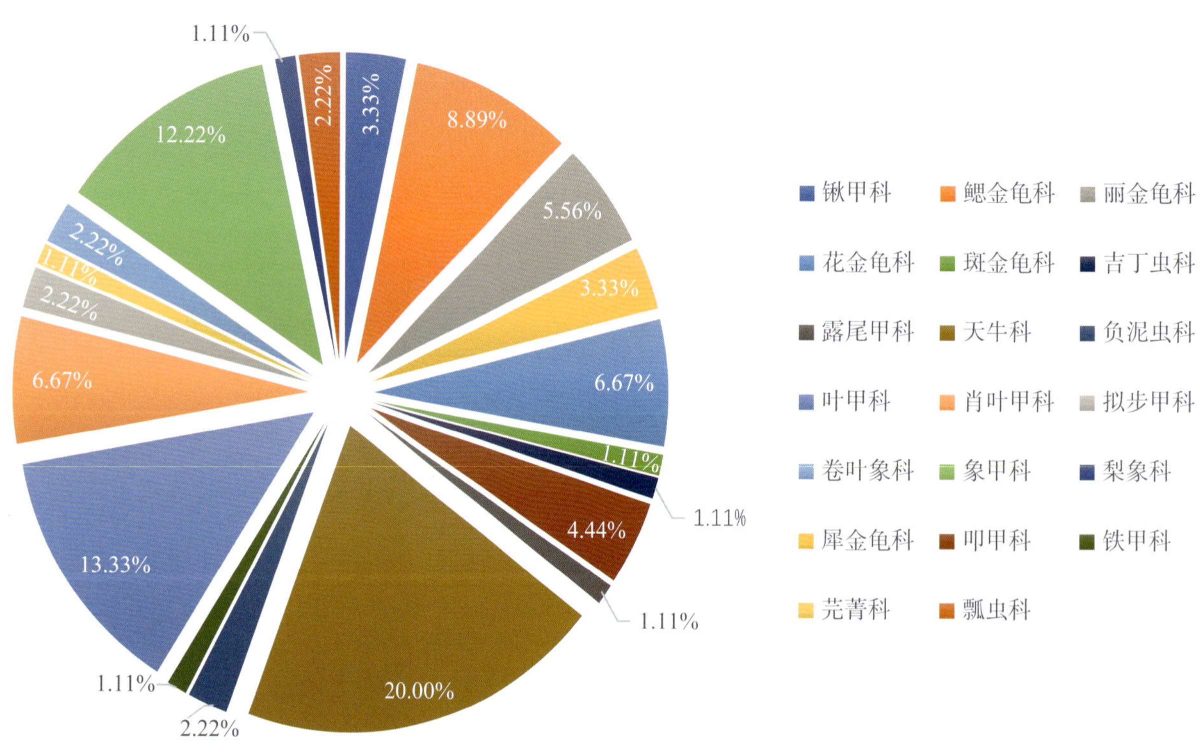

图4　监测鞘翅目害虫各科昆虫种数占比

天牛科 Cerambycidae

成虫重要鉴别特征：头部不向前延伸呈喙状，触角着生于额的突起上，能向后反折，一般与身体等长或更长；各足胫节均具2个端刺，跗节4节，爪通常呈单齿式；中胸背板除锯天牛类外，常具发音器。天牛生活史的长短依种类而异，有1年完成1世代或2世代，或2、3年甚至4、5年完成1世代的。一般以幼虫越冬，或以成虫在蛹室内越冬，成虫寿命一般不长，十数天至1-2个月不等。

防治方法：①人工捕杀：成虫一般活跃在5-9月，可在成虫停息树上，或低飞于林间时捕杀，或利用植物源诱芯或性诱芯诱杀成虫；天牛产卵有明显刻槽，低龄幼虫未蛀入木质部前，在枝上为害处有新鲜汁液或树脂流出，用利刀刮树皮，寻找并杀死卵和幼虫。②化学防治：成虫出孔盛期，喷菊酯类农药，2.5%溴氰菊酯、2.5%三氟氯氰菊酯、5%高氰戊菊酯、5%高效氯氰菊酯1000-4000倍液，每隔5-7d喷施树干1次。在产卵和幼虫孵化盛期，于产卵刻槽和幼虫为害处涂上述菊酯类加柴油或煤油等10倍液，外再包塑料薄膜，或药液拌适量黏土调成药液，粘涂于产卵和幼虫为害处。4-5月和7-10月幼虫为害期，找到新排粪的蛀虫孔，塞56%磷化铝片剂，磷化铝吸水放出剧毒磷化氢气体，对蛀道内天牛有强烈熏蒸作用或塞磷化锌毒签。③保护天敌：寄甲或肿腿蜂。

001 暗翅筒天牛 *Oberea fuscipennis* Chevrolat **鞘翅目 天牛科 筒天牛属**

寄主植物：危害桑树、构树等。

形态特征：成虫体长14-18mm，体被淡黄色绒毛。触角黑色，与体等长或稍长。头部和前胸刻点细密；前胸背板长大于宽，小盾片半圆形，鞘翅淡褐色，两侧和末端黑色，鞘翅长于前胸背板和头部总和的3倍；鞘翅基部宽，中部略有缢缩，末端凹形，鞘翅上的刻点粗且密，排列成行，仅在末端不成行而且很细。腹部密布细的刻点。

生活习性：以老熟幼虫在被害枝条的孔道内越冬。成虫发生于4月下旬至7月上旬，成虫羽化出穴后进行补充营养，性成熟后产卵于梢端。成虫飞翔力强，特别是晴天日中飞翔力特别强，而早晨、傍晚及阴雨天不喜飞翔，平时常停息于桑叶叶背，具假死性。由于成虫羽化后尚未性成熟，需补充营养，常飞至桑叶叶背，取食叶脉及附近叶肉，再交配产卵。

002 刺角天牛 *Trirachys orientalis* Hope　鞘翅目　天牛科　刺角天牛属

寄主植物：危害杨、柳、榆、槐、刺槐、臭椿、泡桐等树木的老龄树木。

形态特征：成虫体长35-52mm。灰黑色，密被棕黄及银灰色丝光绒毛。雌成虫触角超过体长，雄成虫触角第3-7节、雌成虫触角第3-10节内端具刺；基节呈筒状，具环形波状脊。前胸两侧具短刺突，背部多粗皱有波状脊，中央处明显凹陷且有波状脊，中央偏后有一小块近乎三角形的平板，覆黄色绒毛，平板两侧较洼，无毛，有近平行的波状横脊。鞘翅肩部隆起，翅端斜截，缝角及外端角具翅。足胫节有少许棕黄色绒毛，跗节均为3节，上密生棕黄色绒毛。

生活习性：该虫2年发生1代，少数3年1代，以幼虫或成虫越冬。2年1代的以成虫越冬，5月开始活动，补充营养进行交配。5月中旬至7月上旬为产卵期；5月中旬至10月下旬为幼虫期，幼虫于11月初停止取食准备开始越冬，第二年4月中旬开始活动，7月中旬开始化蛹，8月中旬开始羽化，成虫开始出孔活动，成虫于11月上旬开始准备越冬。

003 光肩星天牛 *Anoplophora glabripennis* Motschulsky　鞘翅目　天牛科　星天牛属

寄主植物：危害柳、杨、苦楝、桑、水杉、槭、元宝枫、榆、苹果、梨、李、樱等。

形态特征：成虫体长17-39mm，漆黑色，带紫铜色光泽。前胸背板有皱纹和刻点，两侧各有一个棘状突起。翅鞘上有十几个白色斑纹，基部光滑，无瘤状颗粒。幼虫体长约50mm，初孵幼虫乳白色，老熟幼虫淡黄色，头部褐色，前胸背板前缘黑褐色，背板黄白色，后半部有“凸”字形黄褐色硬化斑纹。

生活习性：1年发生1代，或2年发生1代；以幼虫或卵越冬。次年4月气温上升到10℃以上时，越冬幼虫开始活动为害。5月上旬至6月下旬为幼虫化蛹期。6月上旬开始出现成虫，盛期在6月下旬至7月下旬，直到10月都有成虫活动。6月中旬成虫开始产卵，7、8月间为产卵盛期，卵期16d左右。6月底开始出现幼虫，到11月气温下降到6℃以下，开始越冬。幼虫蛀食树干，为害轻的降低木材质量，严重的能引起树木枯梢和风折；成虫咬食树叶或小树枝皮和木质部，飞翔能力不强，白天多在树干上交尾。雌虫产卵前先将树皮啃一个小槽，在槽内凿一产卵孔，每孔内产1-2粒卵。初孵化幼虫先在树皮和木质部之间取食，25-30d后开始蛀入木质部，并且向上方蛀食，幼虫蛀入木质部以后，还经常回到木质部的外边，取食边材和韧皮。

004 星天牛 *Anoplophora chinensis* Forster 鞘翅目 天牛科 星天牛属

寄主植物：危害杨、柳、榆、刺槐、核桃、桑、红椿、楸、乌桕、梧桐、苦楝、悬铃木等。

形态特征：成虫体长19–39mm；体色为亮黑色。触角呈丝状，黑白相间。前胸背板左右各有一枚白点。翅鞘散生许多白点，白点大小个体差异颇大。本种与光肩星天牛的区别就在于鞘翅基部有黑色小颗粒，而后者鞘翅基部光滑。幼虫乳白色至淡黄色，圆筒形；头部和口器褐色，胸部肥大，前胸背板前方左右各有一黄褐色飞鸟形斑纹，后半部有一块“凸”字大斑纹，略隆起，全体有稀疏褐色细毛。胸足退化，中胸腹面、后胸及腹部1–7节背腹两面均有移动器。

生活习性：1年发生1代，以幼虫在被害寄主木质部内越冬。越冬幼虫于次年3月以后开始活动，于清明节前后多数幼虫凿成长3.5–4cm，宽1.8–2.3cm的蛹室和直通表皮的圆形羽化孔，虫体逐渐缩小，不取食，伏于蛹室内，4月上旬气温稳定到15℃以上时开始化蛹，5月下旬化蛹基本结束。每只雌性星天牛一次交配就可以产达200颗卵，而每颗卵都会被分开藏在树皮中。当幼虫孵化时，它会咀嚼入树内，造成一条通道用来结蛹。由产卵至结蛹及成虫为期可以达12–18个月。星天牛的虫患可以杀死多种不同的硬木树。

005 楝星天牛 *Anoplophora horsfieldi* Hope 鞘翅目 天牛科 星天牛属

寄主植物：危害楝科植物、朴树、榆、枫杨等。

形态特征：成虫体长31–41mm，体大型，较宽；虫体黑色，有光泽；全身布大型黄色绒毛斑。触角自第3节起，各节基部被白色绒毛；后头两侧各有1黄色绒毛斑。前胸有两条平行的黄色纵斑，与头顶纵斑相连，两侧侧刺突与足基节之间各有斑点1个。鞘翅毛斑很大，排列成4横行；第1行位于肩部，近圆形；第2行位于中部前方；第3行位于中部后方，后缘有凹缺；第4行位于端部，倒“八”字形。

生活习性：成虫在6–7月出现，白天活动。幼虫危害树木主干。

006 黄星桑天牛　*Psacothea hilaris* Pascoe　鞘翅目　天牛科　黄星天牛属

寄主植物：危害桑、无花果等树枝、树干、树皮。

形态特征：成虫体长16-30mm；体密被灰色或灰绿色绒毛，并有杏黄色绒毛斑纹。头中央有一条杏黄色纵纹；两触角基部往后至中胸后缘有两条黄色纵带。鞘翅上散生杏黄色圆斑。

生活习性：1年发生1代；以老熟幼虫在被害枝干的蛀道内越冬。7月中旬开始羽化，9月大量羽化。成虫有强烈的趋光性，成虫经补充营养后开始交尾产卵。雌虫选择适宜产卵枝干后，先在枝干上咬出5mm长的横向伤口，而后将卵产于树皮下，幼虫孵化后先咬食树皮，继而钻入木质部加深为害。幼虫由侵入孔自上而下蛀食为害，其孔口为纵长形。翌年在蛀道内为害的幼虫将虫粪排出孔口造成枝干空洞，致使林木长势衰弱，如虫口密度较大时，枝干内空洞会造成林木枯死，如遇大风枝干被害部分易被折断。

007 咖啡皱胸天牛　*Plocaederus obesus* Gahan　鞘翅目　天牛科　皱胸天牛属

寄主植物：危害咖啡、人面子、木棉、酸枣、石梓等。

形态特征：成虫身体较短阔，雌虫更加明显；红褐色，密被棕灰色短绒毛。触角红褐色，第1节的大部分、第2节及第8-10节的末端黑褐色，雄虫超出体长约半倍，雌虫与身体等长或略短；头中央复眼之间有一条纵脊纹。前胸宽胜于长，侧刺突发达，末端尖锐；前胸背板具不规则的隆起皱纹，沿后缘两横沟之间有一条横脊纹；前胸腹板凸片有一圆筒形瘤突。鞘翅缝缘长，呈黑色。

生活习性：幼虫喜欢生活在多浆植物上，成虫在3月出现，蛹藏在结实的茧中，外壳是由碳酸钙组成，坚硬，不易破碎，蛹室位于树皮下。

008 桑天牛　*Apriona germari* Hope　鞘翅目　天牛科　粒肩天牛属

寄主植物：危害杨、柳、枫杨、桑、榆、栎、刺槐、柑橘、苹果、海棠、樱桃、枇杷、梨、无花果等。

形态特征：成虫体长25-51mm，体黑褐色，密生暗黄色细绒毛。触角鞭状；第1、2节黑色，其余各节灰白色，端部黑色。鞘翅基部密生黑瘤突，肩角有黑刺一个。幼虫圆筒形，乳黄色；前胸背板“凸”字形锈色硬化斑的前缘色深，后半部密布赤褐色片状刺突，中部刺突较大，向前伸展成3对纺锤状纹，呈放射状排列。

生活习性：成虫食害嫩枝皮和叶；幼虫蛀食枝干的皮下和木质部。2年发生1代；以幼虫在枝干内越冬，寄主萌动后开始为害，落叶时休眠越冬；蛹期25-30d，6月下旬羽化。7月上旬产卵，下旬孵化。与很多蛀干性害虫主要危害衰弱林木不同，该虫对高大、生长旺盛、分枝多的树木的趋性强、为害重；反之，则相反。

009 锈色粒肩天牛 *Apriona swainsoni* Hope 鞘翅目 天牛科 粒肩天牛属

寄主植物：危害槐树、柳树、云实、黄檀、三叉蕨等。

形态特征：成虫体长28–39mm，黑褐色，体密被铁锈色绒毛；头、胸及鞘翅基部颜色较深。触角10节，1–4节下方具毛，第4节中部以后各节黑褐色。前胸背板宽大于长，有不规则的粗大颗粒状突起，前后横沟均为3条，侧刺突发达，先端尖锐。中胸明显，直达头后缘。鞘翅肩角略突，无肩刺，翅端切状，内外端角刺状，缘角小刺短而钝，缝角小刺长而尖，翅基角1/5密布黑褐色光滑瘤状突起。中、后胸腹面两侧各有1–2个白斑。

生活习性：2年发生1代，以幼虫在枝干木质部虫道内越冬。二次越冬幼虫5月上旬开始化蛹，蛹期25–30d。6月上旬至9月中旬出现成虫，取食新梢嫩皮补充营养；雌成虫一生可多次交尾、产卵。产卵期在6月中下旬至9月中下旬。7月中旬初孵幼虫自产卵槽下直接蛀入边材为害，11月上旬在虫道尽头做细小纵穴越冬。翌年3月中下旬继续蛀食，11月上旬老熟幼虫在虫道尽头做凹穴越冬。

010 松墨天牛 *Monochamus alternatus* Hope 鞘翅目 天牛科 墨天牛属

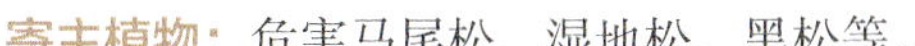

寄主植物：危害马尾松、湿地松、黑松等。

形态特征：成虫体长15–28mm，体橙黄色至赤褐色。雄虫触角为体长的2.5倍。前胸背板多皱纹，有5条橙黄色和黑色相间纵纹，两侧具粗大刺突。每个鞘翅有5条纵纹，由方形黑色及灰白色绒毛斑点相间组成。腹面及足杂有灰白色绒毛。幼虫扁长圆筒形，乳白色，前胸背板褐色。

生活习性：在江苏省每年发生1代，以幼虫在树干木质部越冬。翌年4月越冬幼虫开始转移到靠近树皮部位，作一蛹室化蛹。新羽化的成虫自树皮下约6mm的圆形羽化孔飞出。5–9月均有成虫羽化，其中以5月中旬至7月下旬羽化数量最多。新羽化成虫需补充营养，昼夜均可飞翔，且常喜欢在幼嫩枝条或针叶上取食。通常羽化后2d即开始产卵。成虫主要选择衰弱树，卵多产于树干或粗壮枝干上，先咬食树皮然后咬一浅痕（刻槽），在其内产卵数粒不等。初孵化幼虫先在树皮下的内皮及边材处取食，蛀成宽阔而不规则的扁平坑道，幼虫在此部位生活1–2月。长大的幼虫开始向树干木质部蛀食并向上穿凿椭圆形的纵坑道，直至晚秋，幼虫在木质部坑道内越冬，次年春再开始活动。整个坑道呈“U”形，坑道内的木屑大部分被推出而堆积于树皮外，除蛹室附近有少量之外，坑道内很干净。松墨天牛是松材线虫病的主要传播媒介。

011 桃红颈天牛　*Aromia bungii* Fald　鞘翅目　天牛科　颈天牛属

寄主植物：危害桃、杏、李、梅、樱桃等。

形态特征：成虫体长26–37mm，体亮黑色。雄虫前胸腔面密布刻点，触角长出虫体约1/2；雌虫前胸腹面无刻点，但密布横皱，触角稍长于虫体。前胸背面棕红色或全黑色，有光泽，背面有4个瘤突，两侧各1刺突。身体两侧各具1分泌腺，有恶臭味，受惊或被捕捉时射出具恶臭味的白色液体。鞘翅表面光滑，基部较前胸为宽，后端狭窄。幼虫圆筒形，乳白色，体两侧密生黄棕色细毛。前胸背板前半部横列4个稍骨化的黄色斑块，中间的两块呈横长方形，中央凹缺。

生活习性：2–3年发生1代，以不同虫龄幼虫在蛀道内越冬。寄主萌动后开始为害。幼虫蛀食树干，初期在皮下蛀食逐渐向木质部深入，钻成纵横的虫道，深达树干中心，上下穿食，并排出木屑状粪便于虫道外。受害的枝干引起流胶，生长衰弱。幼虫在树干的虫道内蛀食两三年后，在虫道内作茧化蛹。成虫在6月间开始羽化，中午多静息在枝干上，交尾后产卵于树干或骨干大枝基部的缝隙中，卵经10d左右孵化成幼虫，在皮下为害，以后逐渐深入到木质部。入冬后，幼虫休眠，立春开始活动，循环往复，年年如此。幼虫在树干内隐蔽生活为害2–3年很快导致林木死亡。

012 眼斑齿胫天牛　*Paraleprodera diophthalma* Pascoe　鞘翅目　天牛科　齿胫天牛属

寄主植物：危害板栗、核桃、猕猴桃等。

形态特征：体长17.5–27mm，全身密被灰黄色绒毛，头、胸绒毛稍带红褐。触角被灰黄色绒毛，第3–5节端部及以下各节被深褐色绒毛；触角基瘤彼此分离较远，额宽胜于长，复眼下叶横阔，短于颊；雄虫触角为体长的一倍半多，雌虫触角长度超过鞘翅端末。额两侧刻点粗大，后头至前胸背板的两侧各有一条黑色纵纹；小盾片被灰黄绒毛，中央有一条无毛区域。每个鞘翅基部中央有一个眼状斑纹，眼斑周缘为一圈黑褐色绒毛，圈内有几个粒状刻点及被覆淡黄褐色绒毛；中部外侧有一个大型近半圆形或略呈三角形深咖啡色斑纹，斑纹边缘黑色。体腹面及足略带褐色绒毛，不着生绒毛之处，形成黑色小斑纹。

生活习性：眼斑齿胫天牛幼虫取食朽木。

013 云斑白条天牛 *Batocera horsfieldi* Hope 鞘翅目 天牛科 白条天牛属

寄主植物：危害杨柳、枇杷、无花果、乌桕、柑橘、紫薇、羊蹄甲、泡桐、苦楝、红椿、苹果、梨、白蜡、榆、核桃和板栗等。

形态特征：成虫体长32–65mm，体宽9–20mm。体黑至黑褐色，密被灰白或灰褐色绒毛。前胸背板中央有一对近肾形白色或橘黄色斑，两侧中央各有一粗大尖刺突，其尖端略向后弯。鞘翅上有排成2–3纵行10多个斑纹，斑纹的形状和颜色变异大，色斑呈黄白色、杏黄或橘红色混杂，翅中部前有许多小圆斑，或斑点扩大，呈云片状。翅基有颗粒状光亮瘤突，约占鞘翅的1/4。体腹面两侧，从眼后到尾部各有一白色直条纹。触角从第二节起，每节有许多细齿；雄虫触角超出体长3–4节，雌虫触角较体长略长。

生活习性：成虫危害新枝皮和嫩叶，幼虫蛀食枝干，造成生长势衰退、凋谢乃至死亡。国内尤其以长江流域以南地区发生最为严重。成虫白天栖息在树干和大枝上，有趋光性，晚间活动取食，啃食嫩枝皮层和叶片。每2–3年发生1代。以成虫或幼虫在蛀道中越冬。

014 中华薄翅天牛 *Megopis sinica* White 鞘翅目 天牛科 薄翅天牛属

寄主植物：危害苹果、杨、柳、桑、榆等。

形态特征：成虫体长30–50mm，全身赤褐色或暗褐色；有时鞘翅为深棕红色；头胸部及触角基部数节色泽多半较深。头部具细密颗粒式刻点，并密生细短灰黄毛，上唇有较硬直的棕黄长毛；上颚黑色，分布深密刻点；前额中央凹下，后头较长，自中央至前额有一细纵沟。雄虫触角体长相等或略超过，第1–5节极粗糙，下面有刺状粒，柄节粗壮，第3节最长。雌虫触角较细短，约伸展至鞘翅后半部，基部5节粗壮程度较弱。前胸背板前端狭窄，基部宽阔，呈梯形，后缘中央两旁稍弯曲。小盾片三角形，后缘稍圆。鞘翅宽于前胸节，向后渐狭窄，表面呈微细颗粒刻点面，基部略粗糙；有2–3条较清楚的细小纵脊。腹面、后胸腹板被密毛。足扁形。

生活习性：2年发生1代，以幼虫在树干内越冬。成虫羽化期为6月下旬至7月上旬。交配期在7月中旬，产卵期7月中下旬，约经7d卵孵化为幼虫，经2–3年幼虫期蛀食发育成熟后蜕皮化蛹，进而再羽化为成虫。成虫交配后，喜于主干和大枝的木质半腐态树疤或树洞处产卵。由于孵化后幼虫聚集在同一树洞中蛀食为害，常将小疤蛀成大洞，幼虫蛀食时在洞内排粪，经3–5年蛀食，全株大树即折断死亡。

015 竹紫天牛 *Purpuricenus temminckii* Guerin-Meneville　鞘翅目　天牛科　紫天牛属

寄主植物： 危害竹、枣等。

形态特征： 成虫体长11–19mm，体窄长，略呈长形；头、触角、腿及小盾片黑色；前胸背板及鞘翅朱红色，后者色泽稍浅，后段常带有橙黄。头短，前部紧缩；额宽短，近于垂直；后头两侧及后方有粗糙刻点，正中小区平滑。触角向后伸展，雌虫较短，接近鞘翅后缘，雄虫长约为身体的1.5倍，各节远端稍大，第3节较柄节略长，后者与第4节长度大致相等。前胸背板有5个黑斑，接近后缘的8个较小，前方的一对较大而圆；前胸宽度约为长的2倍，基部较端部稍窄，两个缘有一对显著的瘤状侧刺突，胸面密布刻点，后部有一极显著的中瘤。小盾片细小，呈锐三角形，略微突起。鞘翅两侧缘平行，后缘圆形，翅面密布刻点，自前至后刻点较细而稠密。身体背面除头及小盾片外，几乎无毛。腹面黑色，雌虫前胸腹板两侧朱红色，有时延及中部，表面满布小刻点及褐黄色柔毛。腿大小中等，后腿第1跗节短于第2、第3跗节的总长。

生活习性： 多数1年发生1代，少数2年发生1代；多在竹材中越冬。成虫4–5月出现，产卵于生长2–3年以上的活竹或枯死的竹秆的节的外侧。幼虫食入内部，受害的竹在节中积留水及虫粪，遂至枯死。老熟幼虫早者自8月中旬即在竹材中化蛹；至翌春始脱出至外部。

016 帽斑紫天牛 *Purpuricenus petasifer* Fairm　鞘翅目　天牛科　紫天牛属

寄主植物： 危害苹果、山楂、酸枣等。

形态特征： 成虫体长16–20mm，宽5–7mm，足、头、触角为深黑色，背面密布粗糙刻点，腹面疏被灰白色绒毛，前胸背板和鞘翅红色，前胸背板有5个黑斑点（前2后3），鞘翅上有6个黑色斑点（左右各3个），1对近圆形，1对大型，中缝处连接呈毡帽形。

生活习性： 每年发生1代，以幼虫于树干内越冬，成虫5月中、下旬发生，白天活动。

017 苎麻双脊天牛

Paraglenea fortunei Saunders　**鞘翅目　天牛科　双脊天牛属**

寄主植物： 危害苎麻、木槿、桑等植物。

形态特征： 成虫体长10–17mm，黑色，密被蓝绿色至青绿色绒毛。触角黑色，基部前3节或前4节被蓝绿色绒毛。前胸背板无侧刺突，中区两侧各具1个圆形黑斑。鞘翅斑纹变化较大，每鞘翅各具3个黑色大斑，有时前面两个黑斑合并，有时各斑缩小甚至消失。腹面被淡灰色竖毛。

生活习性： 1年发生1代，以老熟幼虫在寄主根部越冬。翌年3月中下旬幼虫开始化蛹，4月中旬开始羽化。成虫白天活动，啃食寄主的新叶及嫩梢补充营养。5月开始产卵，卵多产于直径1cm左右的健壮枝条上。初孵幼虫蛀食皮层，1周后蛀入髓部，自上向下蛀食，发生严重时造成寄主枯死。入冬后在根部蛀道内越冬。

018 中华裸角天牛

Aegosoma sinicum White　**鞘翅目　天牛科　裸角天牛属**

寄主植物： 危害柳树、杨树等植物。

形态特征： 成虫体长30–55mm，体赤褐色或暗褐色，雄虫触角几与体长相等或略超过，第一至第五节极粗糙，下面有刺状粒，柄节粗壮，第三节最长。雌虫触角较细短，约伸展至鞘翅后半部，基部五节粗糙程度较弱。前胸背板前端狭窄，基部宽阔，呈梯形，后缘中央两旁稍弯曲，两边仅基部有较清楚边缘，表面密布颗粒刻点和灰黄短毛，有时中域被毛较稀，鞘翅有2–3条较清楚的细小纵脊。

生活习性： 1年发生1代，以老熟幼虫在寄主根部越冬。

吉丁虫科 Buprestidae

吉丁虫科体形与叩甲很相似，常有金属光泽，体流线型；幼虫无足，体扁而细长，乳白色，分节明显，具扁平而膨大的前胸，口器坚硬。

防治方法：①于成虫羽化盛期利用其假死性进行人工捕捉，或发现流胶处用刀刮杀幼虫。②结合冬季清园，去除受害严重的枯树、枯枝，加强果园管理，以利恢复树势，减轻危害。③于成虫盛发期选用下列任一药剂防治：40%氧化乐果乳油1000倍液、25%亚胺硫磷乳油500倍稀释液；幼虫大量孵化时，用80%敌敌畏乳油3倍稀释液或40%氧化乐果5倍稀释液或25%亚胺硫磷乳油3倍稀释液，涂抹流胶处。

019 日本脊吉丁

Chalcophora japonica Gory　**鞘翅目　吉丁虫科　脊吉丁属**

寄主植物：危害马尾松、青冈栎、柳杉、杉木、栗、黄檀、乌桕、泡桐等。

形态特征：成虫体长30-40mm；体呈长纺锤形，全体黑褐色或铜褐色。复眼褐色，椭圆形，较突，颜面在复眼间有凹陷；前胸背板及鞘翅上具突起发亮的雕刻状脊纹，雕纹之间的凹陷区域布满黄灰色的毛粉层；通常缺小盾片；头前伸，两复眼间具3条纵雕脊状纹，额正中略纵凹，触角较扁，长度与头部及前胸之和的长近等。前胸背板具5条纵雕脊纹。鞘翅上具8条纵雕脊纹，翅缝隆起发亮，每翅中部前后各具1个宽浅的凹窝，凹窝底部布满毛粉层。腹面黑色发亮，布满毛粉层。

生活习性：未做系统观测。

叩甲科 Elateridae

成虫体形小至大型，体色多晦暗，有的大型种类体色鲜艳，体表多被细毛或鳞片状毛，组成不同的花斑或条纹；幼虫体细长，圆柱形。大多种类是植食性地下害虫，可危害多种农作物、果树、林木、中药材、牧草等。

防治方法：①林业措施：播种前深耕多耙，结合中耕锄草杀蛹和卵或让鸟类捕食，播种时检查土壤，每平方米有虫2-3头时即须防治。②化学防治：成虫高发期，连续喷杀2次杀虫药，一般间隔10-15d喷杀1次，选用40%毒死蜱水乳剂+甲环唑，也可用2.5%高效氯氰菊酯2000-3000倍液。

020 丽叩甲

Campsosternus auratus Drury　**鞘翅目　叩甲科　丽叩甲属**

寄主植物：松、杉。

形态特征：成虫体长37.5-43mm，体长椭圆形，极其光亮，艳丽；大多蓝绿色，前胸背板和鞘翅周缘具有金色和紫铜色闪光，触角和跗节黑色，爪暗栗色。头宽，额向前呈三角形凹陷，两侧高凸，凹陷内刻点粗密，向后渐疏。触角短而扁平，向后可伸达前胸背板基部，不超过后角。前胸长和基宽相等，基部最宽，背面不太凸，盘区刻点细、稀，刻点间光滑，刻点向前变粗，向两侧加密，刻点间为细皱状。小盾片宽大于长，略呈五边形，大多近端部有二个较明显的针孔。鞘翅基部与前胸略等宽，表面被有刻点，中央较稀，两侧明显密集，点间皱纹状或龟纹状。足粗壮，跗节1-4节腹面具有垫状绒毛，爪简单。

生活习性：为完全变态昆虫，生活史须经卵、幼虫、蛹及成虫四个阶段。主要出现4-10月低海拔山区，为叩头虫科中最常见的种类之一。

021 朱肩丽叩甲 *Campsosternus gemma* Candeze 鞘翅目 叩甲科 丽叩甲属

寄主植物：危害苦楝、木梨等。

形态特征：成虫体长约36mm；全身光亮，无毛，椭圆形，铜绿色，前胸背板两侧、前胸侧板、腹部两侧及最后两节间膜红色；上颚、下颚须、下唇须、触角及跗节黑色；复眼和爪栗褐色。头顶凹陷，两侧高凸，散布粗刻点；额前缘无脊，紧接上唇。触角向后不达前胸后角端部，末节狭长，近端部两侧有缢缩。前胸背板宽明显胜于长；中央密布微弱刻点。小盾片横宽，横椭圆形，无刻点。鞘翅等宽于前胸，自中部向后逐渐变狭，侧缘上卷，端部锐尖；表面凸，散布微弱刻点，有微弱条痕。腹面除前胸侧板外，散布有细弱刻点；腹前叶前端刻点粗，密连成筛点状；腹部两侧低凹不平。

生活习性：幼虫发育要经数年时间，成虫产卵于土壤和植物组织中。成虫多发生于6–8月，常见于林区。夜间有趋光性。

022 双瘤槽缝叩甲 *Agrypnus bipapulatus* Candeze 鞘翅目 叩甲科 槽缝叩甲属

寄主植物：危害花生、甘薯、棉花等。

形态特征：成虫体长约16.5mm；体黑色，密被褐色和灰色的鳞片状扁毛，几乎形成一些模糊的云状斑，尤其是在鞘翅上。触角红色，基部几节红褐色，末节近菱形，近端部缢缩，顶端呈圆形突出。前胸背板不太凸，中部有2横瘤，后部倾斜；前胸侧缘长大于中宽。鞘翅等宽于前胸基部，自基部向中部微弱扩宽，然后呈弧形弯曲变狭；端缘完全。腹面具有和背面相同的颜色和鳞片毛；刻点明显，前部强烈。足红褐色，跗节腹面密集有灰白色的垫状绒毛。

生活习性：在我国南北均有分布，在山地的高海拔处和低海拔处均能发现。多栖息在树林中，常可在柞树、榆树及土中采到。有明显的趋光性。成虫5–9月均可发现。

023 细胸金针虫 *Agriotes subrittatus* Motschulsky 鞘翅目 叩甲科 叩甲属

寄主植物： 危害松、柏、槐、悬铃木、枫香、海棠等。

形态特征： 成虫细长，体长约9mm，背面扁平，被黄色细绒毛。头、胸部棕黑色，鞘翅，触角、足棕红色，光亮。触角着生于复眼前端，被额分开，触角细而短，向后不达前胸后缘，均较短，自第四节起呈锯齿状，末节圆锥形。前胸背板长稍大于宽，基部与鞘翅等宽，侧边很窄，中部之前，明显向下弯曲，直抵复眼下缘，后角尖锐，伸向斜后方，顶端多少上翘，表面拱凸，刻点深密。小盾片略似心脏形，覆毛极密。鞘翅狭长至端部稍缢尖，每翅具9行纵行深刻点沟。各足跗节1-4节，节长渐短，爪单齿式。

生活习性： 3年发生1个世代；以各龄幼虫和成虫在土内越冬。翌年春节3、4月恢复活动。4月中下旬成虫产卵。6月中、下旬羽化为成虫，成虫活动能力较强。7、8月高温季节幼虫下潜深土层，故危害不重。9、10月上升活动。第二、第三年4月危害明显。成虫白天多潜伏在表土、杂草丛和土块下，夜间活动。幼虫在土中啃食植物种子、幼苗和地下茎，造成苗木枯死，并能诱发腐烂病害。

负泥虫科 Crioceridae

本科的主要鉴别特征：头一般向前伸，前口式，后头发达，呈颈状，复眼突出，有凹切，不与前胸前缘接触，前胸一般呈筒形，背板两侧无边框，后翅有臀室1个。

防治方法：①清园除虫：冬前和翌春及时清除枯枝落叶，消灭越冬成虫。②化学防治：于越冬成虫出土盛期选用0.6%苦参烟碱醇液1000倍液，50%辛硫磷乳油1500倍液，其中任一种喷洒。

024 褐负泥虫 *Lema rufotestacea* Clark 鞘翅目 负泥虫科 合爪负泥虫属

寄主植物： 草本植物。

形态特征： 成虫体长4.7-6.3mm；背腹面黄褐至红褐色，触角除第1节黄褐色外，余全为黑色，足黄褐色，胫节与跗节部分黑色。头顶隆起，中央有1短纵凹，后头光洁，额唇基大部光洁，基部具微细刻点。触角细长，第1节粗壮，第2节最短，第3节略短于第4节，第5节以后各节长度近等，约为3、4节之和。前胸背板方形，宽略大于长，四角略突出，两侧中部收狭，基横沟深，沟前盘区隆起，刻点微细；小盾片近方形，端缘微下凹。鞘翅肩胛方形，肩内沟深，沟与翅缝之间平隆。

生活习性： 负泥虫亚科的成虫和幼虫都生活在寄主植物上，食害叶片和嫩梢，尤以幼虫为害更甚，严重影响植株的生长。该亚科的幼虫以自己的排泄物堆积于体背作为保护物，因此称为负泥虫。幼虫老熟后钻入土中做茧，化蛹于其中。

025 红胸负泥虫　*Lema fortunei* Baly　鞘翅目　负泥虫科　合爪负泥虫属

寄主植物： 草本植物。

形态特征： 成虫体长6–8.2mm，长形；头、前胸背板及小盾片血红或棕红，体腹面黄褐至红褐，鞘翅蓝色具金属光泽；触角（除基部1或2节外）、足胫节、跗节黑色，腿节一般褐色。头顶光洁，稍隆，头在眼后强烈收缩，中央有1短沟，有时平坦；触角丝状。前胸背板略呈圆筒形，长宽近等，两侧中部收狭，表面隆起，光亮，无明显横凹，但基部低洼，其中部有1凹窝；小盾片方形，横宽，被稀疏毛。鞘翅基半部两侧近于平行，基部微隆起，其后微凹，肩胛突出，方形，刻点排列成行，向端部渐细小，行距平坦。

生活习性： 1年1代，以成虫在枯枝落叶下越冬，翌年4月下旬越冬成虫交尾产卵，把卵产在新芽嫩叶中间，幼虫孵出后分散为害，幼虫期20–30d，6–7月发育成成虫，啃食叶片。

斑金龟科 Trichiidae

斑金龟科是金龟总科较小的一个科，成虫的主要鉴别特征：体形较短宽，结构松散，有些酷似步行虫，中胸后侧片背面观不太明显，通常体表具斑点或绒斑，唇基部狭长或近于方形，前缘或多或少具中凹，有时向上折翘，复眼大而突出。

防治方法：①勿施未腐熟的有机肥，冬季翻耕，将越冬虫体翻至土表冻死，人工振落捕杀大量成虫。②用75%辛硫磷1000–1500倍液喷洒地面以杀死成虫，用5%辛硫磷颗粒剂掺细土200倍撒于地面或翻入地下防治幼虫，或用75%辛硫磷1000–1500倍液打洞淋灌花木根部防治幼虫。

026 短毛斑金龟　*Lasiotrichius succinctus* Pallas　鞘翅目　斑金龟科　毛斑金龟属

寄主植物： 危害玉米、高粱、向日葵、月季及林木等。

形态特征： 成虫体长9–13mm。鞘翅黄褐色，全体遍布竖立或斜状灰黄色、黑色或栗色长绒毛。前胸背板长宽几乎相等，两侧边缘近于弧形，背面密布圆刻点，杂布黑色和灰黄色竖立长绒毛；前胸微收狭，前缘圆，中凹较浅，侧缘弧形；小盾片为长三角形，密布小刻点和绒毛。鞘翅较短宽，散布稀大刻纹，每翅有4对纤细条纹；通常每翅有3条横向黑色或栗色宽带。腹面、腿、胫节密布皱纹和灰黄色长绒毛，前足胫节外缘有2齿；跗节细长，爪大，微弯曲。

生活习性： 1年发生1代，以幼虫越冬。翌年老熟幼虫用杂物作虫室羽化，成虫在5–9月出现，白天活动。成虫植食性，幼虫腐食性。

花金龟科 Cetoniidae

花金龟科是金龟总科Scarabaeoidea中较大的一个科，成虫均为植食性，幼虫为腐食性，大多以幼虫越冬，少数以成虫越冬。

防治方法：①利用白僵菌、绿僵菌防治幼虫（蛴螬）。②用50%辛硫磷乳油0.5kg，加水20-25kg，拌种子250-300kg，或用40%甲基异硫磷乳油0.5kg，加水15-20kg，拌种子200kg，或用25%对硫磷微胶囊缓释剂0.5kg，加水12.5kg，拌种250kg进行药剂拌种。③每亩用50%辛硫磷乳油，或用25%对硫磷微胶囊缓释剂，或用40%甲基异硫磷100ml，加水0.5kg，混入过筛的细干土20kg拌匀毒土施用。

027 白星花金龟 *Protaetia* (Liocola) *brevitarsis* (Lewis)　**鞘翅目　花金龟科　星花金龟属**

寄主植物：危害女贞、月季、梅花、榆树、海棠、杨、柳、槐、苦楝等多种树木。

形态特征：成虫体长18-24mm，椭圆形；古铜或青铜色，带有绿色或紫色光泽；体表散布众多不规则白绒斑。唇基前缘向上折翘，中凹，两侧具边框，外侧向下倾斜；触角深褐色。前胸背板具不规则白绒斑，后缘中凹；前胸背板后角与鞘翅前缘角之间有一个三角片甚显著。1-5腹板两侧有白绒斑；足较粗壮，膝部有白绒斑。

生活习性：1年发生1代，以幼虫在土壤中越冬。翌年5月中旬出现成虫，成虫羽化盛期在6月上旬至7月上旬。成虫白天活动，常聚集危害花和成熟果实，造成落花、落果。

028 东方星花金龟 *Protaetia orientalis* Gory & Percheron　**鞘翅目　花金龟科　星花金龟属**

寄主植物：危害桃、李、苹果、麻栎等。

形态特征：成虫体长21-26mm。体中到大型，狭长椭圆形；表面有光泽，通常为绿色、铜红色、古铜色等。唇基前缘略向上折翘，中间具1明显凹陷。前胸背板前狭后阔，两侧边缘为弧形，后角微圆，后缘有中凹，除盘区散布小刻点外密布粗刻点和皱纹。小盾片为长三角形，除两基角有少量刻点外甚平滑，末端较钝。鞘翅较宽大，肩部最宽，其后外缘强烈弯曲，后外缘端缘圆弧形，前胸背板及鞘翅布有众多条形、波形、云状、点状白色绒斑，大致呈对称排列。腹板两侧具大而长的条纹状白斑。后足基节散布稀大皱纹和白绒斑，后外端角向后延伸呈齿状。

生活习性：同白星花金龟。

029 凸白星花金龟 *Protaetia aerata* Erichson 鞘翅目 花金龟科 星花金龟属

寄主植物：危害桃、李、苹果等。

形态特征：成虫体长21~26mm。体型较长大，近长椭圆形；表面甚光亮，通常为绿色、铜红色、古铜色等，几乎遍布白绒斑，很多特征与白星花金龟相近似。唇基近长方形，前缘强烈向上折翘；背部密布粗糙刻点。前胸背板稍短宽，两侧边缘为弧形，后角微圆，后缘有中凹；中部有2对白绒斑呈梯形排列，1对在中部，1对在后部。小盾片为长三角形。鞘翅较宽大，肩部最宽，其后外缘强烈弯曲，后外缘端缘圆弧形，皱纹较稀大。后足基节散布稀大皱纹和白绒斑，后外端角向后延伸呈齿状。足短粗，前足胫节外缘3齿，中齿和端齿大而接近；跗节较细长，爪大而强烈弯曲。

生活习性：1年发生1代。成虫于5月下旬开始出现，食性杂。成虫属夜伏昼出型，喜群聚为害。气温高时，活动和飞翔能力强；早晚气温低时群聚在果实上或爬在树梢上采暖，有假死性。成虫多将卵产在腐殖质含量高的土壤中。幼虫可取食作物根或块根。

030 横斑花金龟 *Glycyphana hybrida* 鞘翅目 花金龟科 花金龟属

寄主植物：喜访花吸蜜。

形态特征：体长13–15mm，体背黑色，鞘翅中央附近及下方外侧具有一大一小、略带光泽的米黄色斑纹。

生活习性：成虫出现于春、夏二季，生活在低、中海拔山区。

031 黄粉鹿花金龟 *Dicranocephalus wallichi* Keychain 鞘翅目 花金龟科 鹿花金龟属

寄主植物：危害梨、板栗、栎、松等。

形态特征：成虫体长19–25mm。体型大小甚悬殊；除唇基、前胸背板2肋、鞘翅肩凸和后凸、后胸腹板中间、腹部、腿节的部分、胫节和跗节等为栗色或栗红色外，遍布黄色或黄绿色粉末状薄层。雄虫唇基上方有一深凹陷，前缘呈弧形突出，中央微凹切，两侧向前呈鹿角状强烈延伸，顶端叉状上翘；复眼内侧各有1块指形黄色斑。前胸背板近椭圆形，中央2条叉状栗色肋纹较短；周缘有栗色窄边框。小盾片近三角形，末端尖，散布浅黄色绒毛。鞘翅近长方形，肩部最宽，两侧向后渐收狭，缝角不突出；肩凸肋纹近三角形。腹部栗红色，侧缘被褐黄色绒毛。后足基节遍布黄绿色薄层和浅黄色绒毛。

生活习性：1年发生1代，以幼虫在土下越冬。成虫5月初出现，6–7月为发生盛期。成虫取食寄主的花和树汁；幼虫危害林木的根系。

032 绿奇花金龟 *Agestrata oriechalcea* Linnaeus　鞘翅目　花金龟科　奇花金龟属

寄主植物： 危害柑橘、栎类等。

形态特征： 成虫体长36–45.5mm。体型甚宽大而扁平，颇光滑；头部、前胸背板、小盾片、鞘翅为深铜绿色，臀板、腹面各部分、足均为橘红色，后胸腹板中间、各足基节和腿节边缘常为墨绿色。唇基较长，近长方形，前缘中凹宽弧形，前角尖锐，两侧具有边框。前胸背板较宽大，两侧边缘弧形，后缘中段强烈向后延伸，覆盖部分小盾片。小盾片小而狭长，末端甚尖。鞘翅长且大，光滑，几乎无刻点，侧面散布大小相间刻纹，近边缘刻纹较大，肩部最宽。

生活习性： 成虫5月出现，6月下旬至7月上旬为发生盛期。主要危害寄主的花和新叶。

丽金龟科 Rutelidae

丽金龟成虫多数种类色彩艳丽，有古铜、铜绿、墨绿等金属光泽，不少种类体色单调，呈棕、褐、黑、黄等色；体小型至大型，以体型中等者为多；幼虫为蛴螬。

防治方法：①及时清除杂草和适量灌水，使用充分腐熟的厩肥做底肥。②果园耕作和施用有机肥时，捡杀幼虫和蛹。③黑光灯诱杀成虫，或于清晨和傍晚振树捕杀落地假死的成虫。④成虫出土盛期（5–7月）地面喷洒50%辛硫磷乳油300倍液，25%辛硫磷微胶囊缓释剂300倍液或48%毒死蜱600倍液，成虫盛发期往树冠上喷洒20%甲氰菊酯乳油1500倍液。

033 变色异丽金龟 *Anomala varicolor* Gyllenhal　鞘翅目　丽金龟科　异丽金龟属

寄主植物： 喜访花蜜。

形态特征： 成虫体长12.5–17mm。体近卵圆形；体色和斑纹变异大，通常体浅褐至褐色，头部背面通常前半部红褐。唇基近宽半圆形，上卷强或甚强。前胸背板光滑，刻点细小而密；后缘沟线完整，前胸背板2斑。鞘翅粗刻点行略陷，宽行距布颇密粗刻点，窄行距略隆起；鞘翅肩突、端突和周边黑或黑褐色；有时背面浅黄褐，头深红褐，鞘翅周缘窄边。肩突、端突上各1小斑、黑褐色。臀板浅黄褐、红褐至深红褐。腹面浅黄褐或红褐。

生活习性： 不详。

034 黄褐异丽金龟

Anomala exvleta Faldermann **鞘翅目 丽金龟科 异丽金龟属**

寄主植物：危害蔬菜、林木、果树的地下部分。

形态特征：成虫体长15–18mm，宽7–9mm，体黄褐色，有光泽，前胸背板色深于鞘翅，前翅背板隆起，两侧呈弧形，后缘在小盾片前密生黄色细毛。鞘翅长卵形，密布刻点，各有三条暗色纵隆纹，前、中足大爪分叉，3对足的基、腿节淡黄褐色。

生活习性：1年1代，以幼虫越冬，成虫5月上旬出现，6月下旬至7月上旬为成虫盛发期，成虫出土后不久即交尾产卵，幼虫期300d，主要在春、秋两季危害。

035 铜绿异丽金龟

Anomala corpulenta Motschulsky **鞘翅目 丽金龟科 异丽金龟属**

寄主植物：危害苹果、山楂、海棠、梨、桃、李、柳、杨、榆、乌桕、枫杨等。

形态特征：成虫体长15–22mm，椭圆形；前胸背板发达，密生刻点，铜绿色，小盾片色较深，有光泽，两侧边缘淡黄色。鞘翅铜绿色，色较浅，上有不明显的3–4条隆起线。胸部腹板及足黄褐色，上着生有细毛。复眼深红色，触角9节。鳃浅黄褐色，叶状。足腿节和胫节黄色，其余均为深褐色，前足胫节外缘具两个较钝的齿，前足、中足大爪分叉，后足大爪不分叉。

生活习性：1年发生1代，以3龄幼虫在土中越冬。翌春越冬幼虫开始上升活动、取食为害，4月中、下旬开始活动，5月上旬开始化蛹，5月中旬成虫开始出现，6–8月是为害盛期。成虫喜欢栖息于疏松潮湿的土壤中，有趋光性、假死性和群集性。成虫取食叶片，常造成大片幼龄树木叶片残缺不全，甚至全树叶片被吃光；幼虫取食寄主植物的叶片。

036 斑喙丽金龟

Adoretus tenuimaculatus Waterhouse **鞘翅目 丽金龟科 喙丽金龟属**

寄主植物：危害油茶、油桐、板栗、刺槐、梧桐等。

形态特征：成虫体长10–12mm，长椭圆形；茶褐色，全身密生茶褐色鳞毛。唇基半圆形，前缘上卷；复眼较大。前胸背板侧缘呈弧状外突，后侧角钝角形。小盾片三角形。鞘翅有4条纵线，并夹杂有灰白色毛斑。腹面栗褐色，具鳞毛，前足胫节外缘3齿，内缘具1个内缘距，后足胫节外缘有1个齿突。

生活习性：1年发生2代，以幼虫在土壤中越冬。翌年4月下旬至5月上旬幼虫老熟开始化蛹，5月中下旬羽化出成虫，6月为越冬代成虫盛发期，8月为第一代成虫盛发期，8月中旬产卵，8月下旬幼虫孵化，10月下旬幼虫开始越冬。成虫有假死性、群集取食性。成虫取食叶片及嫩枝严重时，被害叶片仅存叶脉，影响树势生长。幼虫在土中危害根部。成虫白天潜伏土中，夜间取食。

037 中华弧丽金龟 *Popillia quadriguttata* Fabricius 鞘翅目 丽金龟科 弧丽金龟属

寄主植物： 危害榆、栎、杨、梨、苹果、女贞、紫藤、月季等。

形态特征： 成虫体长7.5–12mm，长椭圆形；体色多为深铜绿色，鞘翅浅褐至草黄色，四周深褐至墨绿色，足黑褐色；臀板基部具白色毛斑2个，腹部1–5节腹板两侧各具白色毛斑1个，由密细毛组成。头小点刻密布其上，触角9节鳃叶状，棒状部由3节构成。前胸背板具强闪光且明显隆凸，中间有光滑的窄纵凹线。小盾片三角形，前方呈弧状凹陷。鞘翅宽短略扁平，后方窄缩，肩凸发达，背面具近平行的刻点纵沟6条，沟间有5条纵肋。足短粗；前足胫节外缘具2齿，端齿大而钝，内方距位于第2齿基部对面的下方；爪成双，不对称，前足、中足内爪大，分叉，后足则外爪大，不分叉。

生活习性： 1年发生1代，以3龄以上幼虫在较深的土层中越冬。成虫6–8月活动；成虫白天活动危害植株叶片，夜间入土潜伏；幼虫在地下危害植物根部和地下茎。

鳃金龟科 Melolonthidae

鳃金龟科是金龟总科中最大的一科。成虫体较小至大型，多为中型，椭圆或卵圆形，体色多棕、褐至黑褐色，成虫多为植食性，幼虫为蛴螬。

防治方法：①翻耕出成虫冻杀。②利用毒饵诱杀，取杨、柳嫩枝或白菜、菠菜等用40%氧化乐果乳油或辛硫磷乳油30-50倍液浸泡，分散撒入土中诱杀成虫。③进行灯光诱杀和人工捕杀成虫。④播种前用50%辛硫磷乳油3750ml/hm^2，加水10倍稀释，喷洒在25-30kg的细土上，拌匀施于苗床上，然后浅锄，将药翻入土中。

038 黑绒鳃金龟 *Maladera orientalis* Motschulsky 鞘翅目 鳃金龟科 绒毛金龟属

寄主植物： 危害蔷薇科果树、柿、葡萄、桑、杨、柳、榆等。

形态特征： 成虫体长7–8mm，卵圆形；体黑至黑褐色，具天鹅绒闪光。头黑，唇基具光泽；前缘上卷，具刻点及皱纹。触角黄褐色，9–10节，棒状部3节。前胸背板短阔。小盾片盾形，密布细刻点及短毛。鞘翅具9条刻点沟，外缘具稀疏刺毛。臀板三角形，密布刻点，胸腹板黑褐具刻点且被绒毛，腹部每腹板具毛1列。前足胫节外缘具2齿，后足胫节端两侧各具1端距，跗端具有齿爪1对。

生活习性： 1年发生1代，以成虫在20–40cm深的土中越冬。翌年4月上、中旬越冬成虫逐渐上移，4月中、下旬至5月初开始活动出土。以成虫取食寄主植物叶片为主。成虫具假死性，略有趋旋光性。

039 暗黑鳃金龟

Holotrichia parallela Motschulsky **鞘翅目 鳃金龟科 齿爪鳃金龟属**

寄主植物： 危害榆、柳、杨、核桃、桑、苹果、梨等以及多种农作物。

形态特征： 成虫体长17–22mm，长椭圆形；初羽化成虫为红棕色，以后逐渐变为红褐色或黑色，体被淡蓝灰色粉状闪光薄层，腹部闪光更显著。唇基前缘中央稍向内弯和上卷，刻点粗大。触角10节，红褐色。前胸背板侧缘中央呈锐角状外突，刻点大而深，前缘密生黄褐色毛。每鞘翅上有4条可辨识的隆起带，刻点粗大，散生于带间，肩瘤明显。小盾片半圆形，端部稍尖。腹部圆筒形，腹面微有光泽，尾节光泽性强。雄虫臀板后端浑圆，雌虫则尖削。前胫节外侧有3钝齿，内侧生1棘刺，后胫节细长；跗节5节，末节最长，端部生1对爪，爪中央垂直着生齿。

生活习性： 在江苏1年发生1代，多数以3龄幼虫在深层土中越冬，少数以成虫越冬。翌年5月初为化蛹始期，5月中旬为盛期，终期在5月底，6月初见成虫，7月中下旬至8月上旬为产卵期，7月中旬至10月为幼虫为害期，10月中旬进入越冬期。成虫食性杂，食量大，有群集取食习性，食声可闻，故常将某一地段或某一些单株树的树叶吃光；幼虫食性杂，取食不同植物；幼虫的发生量与越冬虫基数多少有关。

040 大黑鳃金龟

Holotrichia diomphalia Batesa **鞘翅目 鳃金龟科 齿爪鳃金龟属**

寄主植物： 危害桑、榆、杨、枫杨、李、山楂、苹果等。

形态特征： 成虫体长16–21mm。黑褐或黑色，有光泽。前胸背板宽度不到长度的1/2，有许多刻点，侧缘中部向外突出。鞘翅各具明显纵肋4条，会合处缝肋显著。前足胫节外缘齿3个，中、后足胫节末端具端距2个，爪为双爪式，中部有垂直分裂的爪齿1个；后足胫节中段有一完整具刺的横脊；臀节外露，前臀节腹板中间，雄性为一明显的三角形凹坑，雌性为一横向的枣红色梭形的隆起骨片。

生活习性： 2年发生1代，以幼虫或成虫越冬，不同地区有差异。

041 毛黄脊鳃金龟

Holotrichia trichophora Fairmaire **鞘翅目 鳃金龟科 齿爪鳃金龟属**

寄主植物： 危害乌桕、樟、泡桐、栎、栗、桑、杨、水杉、桂花等。

形态特征： 成虫体长13–16.5mm，体近长卵圆形，棕褐、淡褐色。头、前胸栗褐色，无光泽。头部两复眼间有高隆的横脊1条。前胸背板侧缘前段完整，后段小锯齿状，刻点稀，具黄色长毛。鞘翅布满毛刻点，基毛较长，缝肋清楚；肩部毛最长。胸下绒毛柔长，腹上刻点具毛。前、中足爪近于等长，后足爪很短小，各爪具刺毛2根。

生活习性： 1年发生1代，以成虫和少数蛹、幼虫越冬。翌年4、5月间越冬成虫活动繁殖，5月中旬出现新一代幼虫，6月幼虫开始为害，取食植物根部，11月上旬开始羽化成虫，中旬进入羽化盛期；羽化为成虫后，当年不出土，就在羽化处越冬。成虫活动力差，趋光性弱，不取食。

042 棕脊鳃金龟 *Holotrichia castanea* Waterhouse 鞘翅目 鳃金龟科 齿爪鳃金龟属

寄主植物：危害乌桕、悬铃木、泡桐、杨、水杉、桂花等。

形态特征：体长20–22mm，体长卵圆形，棕褐色；唇基、头、前胸背板、小盾片和足色较深，光泽中等。唇基横梯形，边缘略上翘，前缘中弧凹，前侧圆弧形，密布粗大刻点；头顶复眼间有矮钝横脊，其前部刻点较唇基略小，个别刻点被毛，后头色较浅，刻点更小；触角9节，第6节呈片形。前胸背板密布大刻点，点间纵皱，侧缘边框完整，色近黑，最阔点明显在中点之后，接近基部，前侧角略前伸，钝角形，后侧角弧形。小盾片三角形，密布刻点。鞘翅密布粗大刻点，基部可见少数纵皱。臀板钝三角形，布匀密小刻点，有少数短毛。胸部腹面密被长毛，腹部密被具短毛刻点。前胫外缘3齿，后胫外后棱有齿突5–6枚；后跗第1节明显长于第2节。

生活习性：未做系统观测。

043 弟兄鳃金龟 *Melolontha frater* Arrow 鞘翅目 鳃金龟科 鳃金龟属

寄主植物：危害杨、槐、松、柳、榆、柏等。

形态特征：成虫体长22.3mm，体型中等偏大，棕褐色，密被灰白色短针状毛。唇基近横长方形，边缘上卷，雄虫前缘直，雌虫前缘中央略凹入；复眼黑色；触角10节，棒状部雄虫7节且较长，雌虫6节较短。前胸背板前侧角略前伸，侧缘成弧形，具短锯齿；后缘中段后弯，中部稍前方具一纵椭圆形浅凹陷。小盾片略成半圆形。鞘翅的肩疣明显，端疣可见；纵肋4条，1条明显；在小盾片后近鞘翅缝肋的两侧，各有一个短横凹陷。臀板外露，三角形，末端略尖。胸部腹面密被黄褐色长毛。前足胫节外缘雌3齿（前、中齿大，第3齿小），雄2齿。

生活习性：1年发生1代，成虫在60–80cm深土中越冬。

044 华阿鳃金龟 *Apogonia chinensis* Moser 鞘翅目 鳃金龟科 阿鳃金龟属

寄主植物：危害高粱、玉米、谷子等禾本科作物。

形态特征：成虫体长7–9.5mm。体小型，呈椭圆形，具有棕色或棕黑色光泽。头较小，后头至唇基急剧下垂，几乎呈直角状；唇基呈新月形向前方倾斜，前缘上卷。前胸背板除中央纵线外，均具有小而密的刻点。小盾片呈正三角形，除顶端外，满布细小刻点。翅鞘呈椭圆形，中央明显突出，翅梢上的刻点比前胸背板上的刻点大2倍。腹部臀板呈半圆形，上面有粗大刻点。

生活习性：2年发生1代，以成虫、幼虫越冬。成虫越冬多在当年为害的高粱“黄病”地块；幼虫越冬多在当年豆茬地。该虫具有聚集性。

045 小黄鳃金龟 *Metabolus flavescens* Brenske 鞘翅目 鳃金龟科 黄鳃金龟属

寄主植物：危害核桃、苹果、梨、丁香、海棠等。

形态特征：成虫体长11-13.6mm；体浅褐略带黄色，头色泽最深，呈栗褐色，前胸背板呈栗黄色，鞘翅色泽浅而带黄。头大，唇基密布大形具毛刻点，前缘中凹，头面密布粗大刻点，额中有明显中沟；触角9节，棒状部短小，3节组成；下颚须7节，棒状，末节粗长。小盾片短阔三角形，散布具毛刻点。鞘翅刻点密，纵肋明显可见。胸下密被绒毛。前足胫节外缘3齿形，末跗节3爪圆弯。

生活习性：1年发生1代，以3龄幼虫在地下越冬。翌年3月上旬开始向上移动，4月中旬至5月中旬为害，5月下旬至6月上旬化蛹，6月下旬成虫盛期，7月初产卵，7月下旬至10月上旬幼虫为害期，10月中旬3龄幼虫下移越冬。

犀金龟科 Dynastidae

犀金龟科昆虫也称为独角仙。成虫上颚甚发达，从背面可见，雌雄异型显著，不少雄虫头部、前胸背板有简单或分叉的角突、突起或凹坑，雌虫则简单或仅具低矮突起。成虫植食，幼虫在地下危害作物、林木根部。

防治方法：①农业防治：在果树和林木生产时期加强果园、林场、苗圃管理，4-6月及时中耕除草，且不施没有腐熟的诱集肥料，以及破坏幼虫的适生环境。②黑光灯诱杀成虫：在6-9月成虫羽化期，可以长期挂诱虫灯诱杀成虫，减少当年的成虫为害和下一年的发生量。③化学防治：按照金龟的化学防治。

046 双叉犀金龟 *Allomyrina dichotoma* Linnaeus 鞘翅目 犀金龟科 叉犀金龟属

寄主植物：危害桑、榆、杉木、杨树、栎树、杏树、梨树等。

形态特征：成虫体大型，深棕褐色具光泽，足发达，雌雄异型。雄成虫体长39-56mm（含头角体长62mm）。头正面具大而明显的角突，端部双分叉；前胸背板有一端部分叉的小型角状突起。雌成虫体长37-46mm。头部、前胸背板无角状突起，头中央具椭圆形瘤状突起，其上有3个小瘤，中间较大，顶端尖，前胸背板中央具一椭圆形较浅的凹窝。

生活习性：该虫1年发生1代，以幼虫在湿润的腐殖质中生活越冬。成虫取食嫩枝、花以及树干、叶柄基部、树干伤口处汁液；幼虫栖息于朽木、肥料堆及垃圾中。

047 橡胶木犀金龟 *Trachys inconspicua* Saunders 鞘翅目 犀金龟科 木犀金龟属

寄主植物：危害梨树、甘蔗根部。

形态特征：成虫体长30–48mm。雌雄异型，雄虫显著大于雌虫，长椭圆形；体红棕色到黑褐色，鞘翅颜色常略浅，极光亮。头较小，唇基短小，前缘有2齿形突起。前足胫节上侧有侧刺3个，中足、后足胫节外侧有4个刺突。雄虫体长35–44mm。头及前胸背板各有1近三棱形强大单分叉角突，头额角突上翘并向后弯，端部分叉口较深，发育最差个体角突小而短，与头近垂直。前胸背板角突端部分叉下弯；前胸背板光亮光滑；小盾片近等边三角形。鞘翅臀板显著隆突，小盾片及鞘翅光滑。雌虫体长31–34mm。头面粗糙无角突，仅额前有丘突1对，隐约可见，前胸背板简单。前胸背板与鞘翅密布小刻点。

生活习性：1年发生1代，以幼虫在堆肥、有机肥丰富的深沟或肥穴等有机质丰富的场所越冬。食性杂，成虫以吸食树汁为主，食用果实较少；白天潜伏在荫蔽处、覆盖物下或疏松的土壤中，晚上取食、交尾和产卵。

048 中华晓扁犀金龟 *Eophileurus chinensis* Faldemann 鞘翅目 犀金龟科 晓扁犀金龟属

寄主植物：危害花生等农作物。

形态特征：成虫体长18–28.5mm，体中型，狭长椭圆形，背腹甚扁圆；体色多黑，相当光亮。头面略呈三角形，有稀疏的刻点，唇基前缘钝角形，顶端尖而弯翘，中央有一竖生圆锥形额角，上颚大而端尖，向上弯翘。触角10节，鳃片部短壮。前胸背板横阔，密布粗大刻点；发育良好的个体在盘区有略呈五角形凹坑，发育不好的个体凹陷细长，凹面刻点密而深显；侧缘弧形扩出。鞘翅长，侧缘近平行，每鞘翅有6对平行的深显刻点沟。臀板短阔强隆。足粗壮，前足胫节外缘3齿，中后足基跗节末端外侧延伸成指状突。前足跗内爪扩大特化、弯折，端部二裂。

生活习性：成虫出现于6月中下旬，夜行性且具趋光性；幼虫居住在腐殖土或极腐朽的朽木中，幼虫具强烈的肉食倾向，甚至连体型大许多的双叉犀金龟幼虫也攻击食用。

锹甲科 Lucanidae

大型甲虫，通称锹形虫。长椭圆形，较扁。黑色或褐色，表面有光泽，体壁坚实。雄虫的上颚大而突出如鹿角状；幼虫肥大，乳白色至黄白色，与金龟子幼虫相似，但各体节上无明显的皱褶。

防治方法：①人工捕杀：成虫体形大，行动缓慢，不善飞行，可进行人工捕杀，或利用成虫趋光性，用黑光灯诱杀成虫。②化学防治：使用呋喃丹进行培土混土，防治锹甲，成虫盛发期用敌敌畏或敌百虫进行喷施，间隔7d喷1次，连续用药2–3次。

049 细齿扁锹甲

Dorcus consentaneus Albers **鞘翅目 锹甲科 大锹属**

寄主植物：危害柳树、杨树、悬铃木等。

形态特征：雌雄异型，雄虫体长24.3–53.9mm；雌虫体长20–26.2mm。雄虫全身黑色。大型个体的头部、前胸有很强的刻点；小型个体的刻点变弱，光泽变强。大颌略细，在距根部1/5–1/4处有一对大内齿，内齿至前端之间有锯齿；随着变成小型个体，锯齿变得不明显，但最前的大内齿经常残留。大型个体的前端附近有一对小齿，但不太显眼，小型个体则消失。头背板中央的凹陷比斜纹浅，不太明显凹下去。雌虫全身黑色，有稍强的光泽，上翅有浅的条纹。前肢胫节粗壮向内侧弯曲。头部的分叉几乎没有。后胫节处的倒刺小。本种的眼缘突起完全包围复眼。

生活习性：活动时期为6–9月，夜间集聚在流汁阔叶树上。几乎不会飞，也不会聚集在灯光下。幼虫期为1–2年。

050 中华大扁锹

Dorcus titanus platymelus Saunders **鞘翅目 锹甲科 大锹属**

寄主植物：柳树、杨树等。

形态特征：雌雄异型，雄虫体长32–111.3mm（包括下颌骨）；雌虫体长36.5–54mm。虫体较宽扁，暗黑色。雄虫大颚发达且在内侧边缘具小齿，在底部有一对大齿，并在末端分叉。

生活习性：5–8月可见成虫；幼虫期持续约1年；整个生命周期可以持续1–2年。常见于流汁树上。雄虫较少趋光，雌虫有趋光性。

051 云南红背刀锹甲

Dorcus arrowi Boileau **鞘翅目 锹甲科 大锹属**

寄主植物：危害柳树、悬铃木等。

形态特征：雄虫体长40–66mm，雌虫体长32–33mm，雄虫头盾前缘中央凸起部分较为显著，前缘仅轻微凹陷，大颚齿以内的小齿较细长且分立，前胸背板典型的刀锹模式，平直而下方倾斜。雌虫眼缘棱角分明，头部有两个大而醒目的突起，和雄虫类似，暗红色的鞘翅有强烈的光泽度。

生活习性：7–8月可见成虫；成虫有趋光性。

象甲科 Curculionidae

象甲科昆虫食性复杂，植物的根、茎、叶、花、果实等都会受其侵害，大部分的象甲蛀食于植物的内部，不但危害严重，而且防治较难。鉴定本科主要特征：喙显著，由额向前延伸而成，喙两侧各有1触角沟，用以容纳触角的柄节；触角膝状，端部棒状；没有上唇，颚须和唇须退化而且僵直，不能活动，外咽片退化，外咽缝连合成单一的缝；跗节5节，第4节一般很小，隐藏于第3节和第5节之间，体壁骨化强，大多数被覆鳞片。幼虫白色，肉质，身体弯成“C”状，没有足和尾突。

防治方法：①人工防治：在成虫羽化期，清晨或傍晚，震击树干，利用成虫假死性，人工捕杀或毒杀。②化学防治：成虫出土前在树干周围利用辛硫磷300倍液进行地面封闭，喷药后浅翻土壤，或在成虫盛发期，采用50%辛硫磷1000倍液、40%水胺硫磷1000-1500倍液树冠喷雾，均有较好防效。

052 臭椿沟眶象 *Eucryptorrhynchus brandti* Harold　鞘翅目　象甲科　沟眶象属

寄主植物：危害臭椿、千头椿。

形态特征：成虫体长约11.5mm。体黑色，略有光泽。额部窄，中间无凹窝；头部布有小刻点。前胸背板和鞘翅上密布粗大刻点；前胸前窄后宽；前胸背板、鞘翅肩部及端部布有白色鳞片形成的大斑，稀疏掺杂红黄色鳞片。

生活习性：1年发生2代，以幼虫或成虫在树干内或土内越冬。翌年4月下旬至5月上中旬越冬幼虫化蛹，6-7月成虫羽化，7月为羽化盛期。幼虫4月中下旬开始为害。7月下旬至8月中下旬为当年孵化的幼虫为害盛期。虫态重叠，很不整齐，至10月都有成虫发生。成虫有假死性，羽化出孔后需补充营养取食嫩梢、叶片、叶柄等；幼虫主要蛀食根部和根际处，造成树木衰弱以至死亡。

053 沟眶象 *Eucryptorrhynchus chinensis* Olivier　鞘翅目　象甲科　沟眶象属

寄主植物：危害臭椿、千头椿等。

形态特征：成虫体长13.5-18mm。胸部背面，前翅基部及端部首1/3处密被白色鳞片，并杂有红黄色鳞片；前翅基部外侧特别向外突出，中部花纹似龟纹，鞘翅上刻点粗。

生活习性：1年发生1代，以幼虫和成虫在根部或树干周围2-20cm深的土层中越冬。以幼虫蛀食树皮和木质部，严重时造成树势衰弱以致死亡。为害症状是树干或枝上出现灰白色的流胶和排出虫粪木屑。以幼虫越冬的，次年5月化蛹，7月为羽化盛期；以成虫在土中越冬的，4月下旬开始活动。成虫具假死性。

054 大灰象 *Sympiezomias velatus* Chevrolat 鞘翅目 象甲科 灰象属

寄主植物：危害槐、杨、柳、桃、海棠、桑树等。

形态特征：成虫体长7-11mm。粗壮，椭圆形，淡褐色；腹面黑色或棕褐色，腹部末节棕黄色，触角与足通常较体色为淡；腹面被白色绒毛，中央稀疏，两侧厚密，尤以胸部为最；体背面被黄色绒毛，头部沿复眼前缘、内缘和后侧以及头顶等或多或少被白色粉毛。小盾片被黄毛。鞘翅上有1个近环状黑色斑纹和10条刻点列，刻点完全明显，行间较凸。

生活习性：江苏1年发生1代，以成虫越冬。4月中旬至5月上旬是成虫出土盛期。成虫不会飞翔，有隐蔽性、群集性和假死性；幼虫取食腐殖质、植物根。

055 柑橘灰象 *Sympiezomias citre* Chao 鞘翅目 象甲科 灰象属

寄主植物：危害柑橘、茶、猕猴桃等。

形态特征：成虫体长约10.5mm。体灰色或淡褐色，背面几乎不发光。前胸宽大于长，后缘宽于前缘，中沟深而宽，中纹褐色，顶区散布粗大颗粒。鞘翅背面密被白色和淡褐至褐色略发光的鳞片，中带明显，有时因褐色鳞片占优势而中带变模糊，行纹较粗，刻点清晰。

生活习性：1年发生1代，以成虫和幼虫在土中越冬。3月下旬至4月上旬越冬的成虫陆续出土，群集危害春梢的嫩叶。成虫寿命很长，于5月上旬前后产卵且多产于两叶之间近叶缘处，并分泌黏液将两叶粘合；幼虫孵化后入土活动取食。

056 毛束象 *Desmidophorus hebes* Fabricius 鞘翅目 象甲科 毛束象属

寄主植物：危害木槿、木芙蓉等。

形态特征：成虫体长约11mm。体壁黑色，被覆黑毛，具黑色毛束，鞘翅基部两侧的短带和端部的鳞片淡黄色。喙粗而短，刻点粗大，坑状，排列成不规则的行，基部和具小刻点的头部一样，其刻点具细长的倒伏黄色鳞片。前胸背板宽约为长的1.5倍，前端特别紧缩，略呈钟形，密布大刻点，两侧和腹面密被黄色鳞片，这种鳞片细长而两头尖，甚至呈毛状。小盾片细长，略呈心形，多被覆褐色鳞片，具沟，向后缩成钝尖。鞘翅宽约大于前胸背板的1/3，具钝的肩胝，向后略紧缩，前端细，两侧具短带；刻点大，方形，行间细，具很小很短的黑色毛束，其间散布大毛束。

生活习性：未做系统观测。

057 松瘤象　*Hyposipalus gigas* Linnaeus　鞘翅目　象甲科　瘤象属

寄主植物：危害马尾松、壳斗科等树木。

形态特征：成虫体长16-18mm。体黄褐色。触角第1节及第2节基部外侧黑色，第2、3节端部及第4节中部黑棕色；喙第2节短于第3节，第3节与第4节约等长。前胸背板侧缘黑色，中胸及后胸侧板上各具一黑色斑点。前翅革片外缘淡黄色，无黑色边缘。全身刻点深色。

生活习性：1年发生1代，以幼虫在木质部虫道内越冬。翌年3月下旬老熟幼虫在虫道末端作蛹室化蛹，4月下旬成虫羽化，5月为成虫羽化盛期。成虫具趋光性，喜群集在寄主植物伤口处取食汁液。幼虫孵化后不久便钻入木质部，蛀入孔圆形，蛀道随着虫体的增大而加宽。蛀屑颗粒状，堆积在树干外面。

058 乌桕长足象　*Alcidodes erro* Pascoe　鞘翅目　象甲科　长足象属

寄主植物：危害乌桕、漆树等。

形态特征：成虫体长7-9.5mm。身体圆锥形，锈赤色，前胸黑色，两侧被覆分裂成毛状的鳞片，还有白色粉末。喙黑色，粗壮，长等于前胸，散布粗刻点；额有深窝；触角红褐色。前胸宽大于长，密布颗粒。小盾片宽大于长，端部钝圆。鞘翅略宽于前胸，行纹散布成行方刻点，行间窄于行纹。身体腹面和足散布皱刻点，鳞片稀。前足腿节有齿，胫节内缘后端有隆脊，前端有沟；前足胫节中间有钝齿，中后足仅略突出。

生活习性：未做系统观测。

059 长足大竹象　*Cyrtotrachelus buqueti* Guerin-Meneville　鞘翅目　象甲科　竹象属

寄主植物：危害竹、水竹等。

形态特征：雄成虫体长25-40mm，雌成虫体长26-38mm。体色为橙黄色、黄褐色或黑褐色。头管自头部前方伸出，长10-12mm；触角膝状，着生于头管后方两侧沟槽中。前胸背板呈圆形隆起，前缘有约1mm宽的黑色边，后缘有一箭头状的黑斑。鞘翅上有9条纵沟。臀角具一尖刺。前足腿节、胫节比中足腿节、胫节长，前足胫节内侧密生一列棕色毛。

生活习性：该虫1年发生1代，以成虫在土中的蛹室内越冬。翌年6月中旬成虫出土，8月中、下旬为出土盛期。幼虫为害期在6月下旬至10月中旬。7月底始见成虫羽化，可延至11月上旬，11月以成虫越冬。由于该虫各个虫期时间很长，生活史参差不齐，所以在8月可见到新、老成虫和大、小幼虫同时为害。

060 中国癞象

Episomus chinensis Faust 鞘翅目 象甲科 癞象属

寄主植物：危害刺槐、紫藤、竹等。

形态特征：雄虫体长13–16mm，雌虫体长13–15mm。鞘翅高度隆凸，身体两侧、前胸中间、行间1和行纹1、2的基部1/3处、翅坡均白色；前胸两侧的纵纹及其延长至头部和鞘翅基部的条纹、中后足的大部分以及触角索节7的大部分和棒均暗褐色或红褐色；鞘翅其余部分为褐色至红褐色。头和喙有深而宽的中沟，喙长大于宽，中沟两侧各有一亚边沟，喙和额在眼前被深的横沟分开。触角棒卵形，端部略尖；眼很突出，头在眼以后缩窄；前胸长宽略相等，后缘二凹形。鞘翅高度隆，翅坡较倾斜，肩胝扁，往往向外突出为小瘤；行纹宽近于行间宽，刻点大而深；翅坡端部缩成水平的锐突。雄虫鞘翅锐突短得多，鞘翅的瘤较小，翅坡欠陡；雌虫锐突较长，鞘翅的瘤较发达，翅坡陡峭。

生活习性：成虫4–8月可见。

061 香樟齿喙象

Pagiophloeus tsushimanus Morimoto 鞘翅目 象甲科 齿喙象属

寄主植物：危害樟树。

形态特征：雄虫体长9.2–12.7mm，虫体暗红棕色至黑色，触角、跗节红棕色，体表稀被铁锈色和白色线状鳞片，腹面毛被比背面更长更密，体表刻点常覆盖浅黄色粉末状分泌物。头部刻点密，向端部渐稀，头顶中央略隆起，额平坦，两端等宽，中部略窄，中央具微小凹陷，喙粗壮，弯曲，与前胸背板等长，从基部向触角窝渐缩窄，之后扩宽，近端部两侧平行。雌虫腹板1–2节中央隆起。

生活习性：1年发生1–2代，以幼虫在樟树主干和侧枝的韧皮部与木质部之间越冬，5月末始见成虫，成虫羽化高峰期在6月中下旬至8月上旬，8月中旬后以幼虫为主，9月下旬发现零星成虫、蛹。

062 茶丽纹象

Myllocerinus aurolineatus Voss 鞘翅目 象甲科 丽纹象属

寄主植物：危害夏茶。

形态特征：体长4–5.5mm，体壁淡红褐色，被覆高度发金光的绿色鳞片，前胸背板有3条光滑的宽纹，鞘翅行间1、3、5、7在中间前后各具1条或长或短的纹，行间5、7的纹在前后端的1/3处有时互相连接，以至在连接处形成横带。体壁散布近乎直立的长毛，喙细长，两侧略平行，中隆线长达额沟，触角柄节几乎直，相当细长。

生活习性：1年发生1代，以幼虫在茶园土壤中越冬，翌年4月下旬开始化蛹，5月中旬前后成虫开始出土，5月底至6月上旬为出土盛期，主要啃食叶片呈缺刻。

卷象科 Attelabidae

卷象科成虫体长1.5-8mm，长形，体背不覆鳞片，体色鲜艳具光泽；幼虫蛴螬形。

防治方法：①农业防治：摘除树上叶卷，或捡拾落地叶卷，集中销毁，消灭叶卷中的卵和幼虫。②利用成虫假死性，可于清晨振落捕杀成虫。③药剂防治：成虫出蛰后至产卵前喷80%敌敌畏热雾剂毒杀成虫。

063 膝卷象　*Apoderus geniculatus* Jekel　**鞘翅目　卷象科**

寄主植物：危害板栗、芒果、西南木荷等。

形态特征：成虫体长6–8mm。体深红褐色，腿节端部为黑褐色。头基部逐渐缩窄，背面有浅横纹，中线明显，端部有浅凹；喙长宽约相等，近基部缢缩，端部略放宽；触角着生于喙背面近部中间的瘤突的两侧，瘤突上中沟明显，以喙基向额两侧伸出2条浅纵沟。前胸宽大于长，前缘缢缩比后缘窄得多，中央凹圆；后缘有细隆线，近基有横沟；前胸背面中沟明显，密布深浅环皱纹，近端部中间呈圆形隆起。小盾片横宽，端部中间有小尖突。鞘翅肩明显，两侧平行，端部放宽，行纹刻点大，刻点中间隆起，刻点行呈皱纹状。

生活习性：未做系统观测。

064 圆斑卷象　*Paroplapoderus semiamulatus* Jekel　**鞘翅目　卷象科　斑卷象属**

寄主植物：危害枫杨、栎类等植物。

形态特征：成虫体长7–8mm。体黄褐色。头圆形，基部缢缩呈颈状，头顶中央具1条细纵沟。复眼圆形，隆凸，2复眼间具1个黑斑；喙短，近方形，宽略大于长；上颚钳状；触角着生于喙近基部的瘤突两侧；柄节长于索节第1、2节之和；棒长卵形。前胸背板横宽，前端收窄，基部具1条浅横沟，中央有1条细纵沟，两侧各具1个圆形黑斑，背板侧方各具1个较小的黑斑。小盾片宽扁、半圆形。鞘翅两侧近于平行，盘区刻点粗大，行间隆起呈脊状；每鞘翅各有10个圆形黑斑。中、后足腿节近端部具黑斑。雄虫前足胫节细长，外端角有1个微向内弯曲的钩；雌虫胫节较短，端部外角和近内角各有1个钩，内端角突起，布有小齿。

生活习性：未做系统观测。

梨象科 Apionidae

本科特征：触角不呈膝状，转节较长，末三节明显为棒状；上唇不明显分离；上颚外缘无齿；腹部腹板第1-2节愈合；体壁被覆鳞片。

防治方法：①人工捕杀：在清晨或傍晚，利用成虫假死性，震动树干，进行成虫捕杀。②化学防治：药物防治可选用的药剂有10%吡虫啉3000倍液，或20%氰戊菊酯8000倍液，或1%甲维盐微乳油8000倍液，或90%敌百虫晶体800-1000倍液进行喷雾，以上几种农药中如配以高效氯氰菊酯混合喷雾，效果更加明显。

065 紫薇梨象 *Pseudorobitis gibbus* Redtenbacher **鞘翅目 梨象科**

寄主植物：危害紫薇。

形态特征：成虫体长2.4-3.6mm。体强烈凸圆。体壁黑色，触角棒和爪亮黑褐色至黑色，喙、胫节和跗节棕黑色；体表被覆略呈拱形的白色毛状鳞片，鳞片在鞘翅基部、端部以及腹部和足这些部位倒伏；头部、前胸背板和鞘翅的背面被覆褐色的细毛状鳞片，略倒伏，前胸背板的褐色鳞片中掺杂有白色毛状鳞片；头部、前胸背板、鞘翅奇数行间具特化的刚毛。喙无毛较细长弯曲且长度约占体长（不含喙长）的1/3。

生活习性：该虫1年发生1代，以幼虫、蛹或成虫在树冠附近的土壤表层的果实里越冬。翌年4月下旬开始化蛹，5月中下旬出现成虫。成虫咬食紫薇的嫩芽嫩茎，当长出花蕾后，就分散食害花蕾，以后雌雄成对分散在紫薇树上危害花蕾及幼果，啃食果面成近圆形的粗糙斑痕；幼虫危害紫薇种子，致使被害果表面皱缩、变黑，幼虫仍在果内继续取食。成虫趋光性极强。

叶甲科 Chrysomelidae

成虫体卵形、圆形、长形、椭圆形及近方形；幼虫不做茧化蛹，不负囊，在叶表取食或潜叶、蛀花、蛀果或蛀茎，亦有一部分生活于土中，食根或蛀根。

防治方法：①人工捕杀：利用成虫假死性，振落捕杀。②人工刮除寄主上的蛹和老熟幼虫。③化学防治：可用10%吡虫啉1000倍液，50%辛硫磷乳油2000倍液，20%速灭杀丁乳油2000倍液，25%快杀灵1000倍液，2.5%高效氯氟氰菊酯乳油进行喷雾防治。④保护天敌。

066 核桃扁叶甲

Gastrolina depressa Balya　鞘翅目　叶甲科　扁叶甲属

寄主植物： 危害核桃、枫杨等。

形态特征： 成虫体长6.5–8.3mm。体长方形，背面扁平；头、鞘翅蓝黑，前胸背板棕黄，触角、足、中后胸腹板黑色；腹部暗棕、外侧缘和端缘棕黄。头小，中央凹陷，刻点粗密，刻点之间光滑；触角向后稍过鞘翅肩胛。前胸背板宽约为中长的2.5倍；基部狭于鞘翅，侧缘基部直，中部之前略弧弯。小盾片光亮，基部有少数细刻点。鞘翅刻点粗密，每翅有3条纵肋，彼此等距。各足跗节于爪基腹面呈齿状突出。幼虫体黑色，胸部第一节为淡红色，以下各节为淡黑色，具褐斑和瘤。

生活习性： 1年发生1代，以成虫在地面覆盖物中或树干基部皮缝中越冬。幼虫群集叶背取食，只残留叶脉，5–6月成虫和幼虫同时为害。

067 黑足黑守瓜

Aulacophora nigripennis Motschulsky　鞘翅目　叶甲科　守瓜属

寄主植物： 危害苦瓜、丝瓜、黄瓜、南瓜等植物。

形态特征： 成虫体长5.5–7mm。体光亮；头、前胸及腹部橙黄或橙红色；上唇、鞘翅、中、后胸腹板、侧板以及各足均黑色；触角灰黑色，小盾片栗黑色。头顶光滑，似有不明显的微弱刻点；触角之间呈脊状隆起，触角约为体长的2/3，第3节稍短于第4节。前胸背板基部狭窄，两侧在中部之前圆阔。小盾片三角形，光滑无刻点。鞘翅肩角较突出，翅面具均匀的刻点。雄虫腹部末端中叶长方形，雌虫腹部末端呈弧形凹缺。

生活习性： 每年发生1–2代，以成虫在背风向阳的土、石缝隙中越冬。翌年4月上中旬成虫开始取食活动。成虫有群集为害的习性；幼虫孵化后取食卵壳，后危害寄主根部。成虫有假死性。

068 黄足黑守瓜

Aulacophora lewisii　鞘翅目　叶甲科　守瓜属

寄主植物： 危害瓜类蔬菜植物。

形态特征： 成虫体长5.5–7mm，宽3–4mm，全身仅鞘翅、复眼和上腭顶端黑色，其余部分均为橙黄色或橙红色。

生活习性： 每年发生1–2代，越冬成虫5–8月产卵，6–8月幼虫危害高峰期，8月成虫羽化后危害秋季瓜菜，10–11月逐渐进入越冬场所。

069 黄足黄守瓜

Aulacophora indica Gmelin 鞘翅目 叶甲科 守瓜属

寄主植物：危害瓜类蔬菜植物。

形态特征：成虫体长6–8mm，成虫体橙黄色或橙红色，腹面后胸和腹部黑色，尾节大部分橙黄色，头部光滑几无刻点，额宽，触角间隆起似脊，触角丝状。

生活习性：每年发生1代，越冬成虫4月下旬至5月上旬在瓜田危害，7月中、下旬产卵，10月进入越冬期。

070 黄色凹缘跳甲

Campsosternus auratus Drury 鞘翅目 叶甲科 凹缘跳甲属

寄主植物：危害漆树、黄连木等。

形态特征：成虫体长12–17mm。黄色至橙黄色，具光泽。头小，缩于前胸前缘的凹弧内；复眼黑色，稍突出；触角细短。基部2–3节黄色，其余各节黑褐色至黑色，具短毛。前胸背板横方，前缘深凹，周缘凹洼范围大。小盾片三角形。鞘翅基部隆起，两侧平行，刻点排列整齐。足的胫、跗节黑色，腿节同体色相近。

生活习性：1年发生1代，以成虫在土石缝、石块下或落叶层中越冬。翌年4月越冬成虫上树取食嫩叶，补充营养后开始交尾、产卵，卵一般产于叶片背面。产卵期长，可一直延续到7月。初孵幼虫群集于叶背啮食叶肉，1–2d后分散至叶缘，沿叶缘啃食叶片，造成缺刻。6月中下旬至9月为成虫羽化期，成虫羽化后沿叶缘啃食叶片。羽化较早的成虫半个月后就可交尾，但当年一般不产卵。11月成虫开始陆续下树越冬。

071 金绿沟胫跳甲

Hemipyxi plagioderoides Motscnulsky 鞘翅目 叶甲科 沟胫跳甲属

寄主植物：危害玄参、泡桐、沙参、唇形花科糙苏、筋骨草、马钱科醉鱼草等。

形态特征：成虫体长4–6mm。体阔卵形；头顶、前胸背板蓝色或蓝黑至黑色，鞘翅金绿色或蓝黑色或蓝紫色，头的前半部、触角基部3节及足棕黄色，触角端部8节和后足腿节端部、体腹面黑色。头顶刻点相当粗大深密，呈皱状；额瘤长形、斜放，彼此分开；触角间空距隆起浑圆，额唇基两侧凹陷，中央呈锐脊状；触角细长，约为体长的2/3，端部不粗，第3节约为第2节长的2倍，第3–6节彼此长度约等。前胸背板宽约为长的2.5倍，两侧边展宽，明显向上反卷，盘区刻点细密。鞘翅刻点较前胸的略粗，表面呈网纹状。雄虫腹部末节端缘呈锥状突出。

生活习性：未做系统观测。

072 柳蓝叶甲　*Plagiodera versicolora* Laicharting　鞘翅目　叶甲科　圆叶甲属

寄主植物：危害桑、杨、柳等。

形态特征：成虫体长3–5mm；全体深蓝色，有强金属光泽。头部横阔；复眼黑褐色；触角1–6节较小，褐色，7–11节较粗大，深褐色，有细毛。前胸背板光滑，横阔，前缘呈弧形凹入。鞘翅上有刻点，略成行列。体腹面及足色较深，也具有金属光泽。卵长约0.8mm，椭圆形，橙黄色。幼虫长约6mm，灰黄色，体扁平，头黑褐色。前胸背板两侧各有1大褐斑；中胸背侧缘各有1黑褐色乳突；亚背线上方有2个黑斑。腹部1–7节气门上线各1黑乳突，腹面各节有黑斑6个，均生毛1–2根。蛹长约4mm，椭圆形，腹背有4列黑斑。

生活习性：1年发生3–4代，以成虫群集在落叶、杂草及土壤缝隙中越冬。翌年春天开始活动，4月上旬越冬成虫开始上树取食叶片并产卵。卵大多产于叶背，少数产在叶面，呈松散的块状。每头雌虫可产卵200–500粒。卵期7d左右。初孵幼虫有吃卵壳和未受精卵的现象，群集为害，啃食叶肉，被害处灰白色透明，网状。幼虫4龄，蜕皮时先以腹末粘住叶片，再从头部开裂向后蜕皮。幼虫受到外界刺激时背两侧会翻出珠状腺体。经5–10d幼虫老熟，以腹末粘附于叶上化蛹，一般在叶片背面化蛹，偶见叶面，蛹期约3–5d。由于成虫寿命长造成该虫发生极不整齐，世代重叠严重。成虫有假死性和补充营养的习性。11月上旬成虫开始越冬。

073 女贞赤星跳甲　*Argopistes tsekooni* Chert　鞘翅目　叶甲科　瓢跳甲属

寄主植物：危害女贞。

形态特征：成虫体长2.5–2.9mm。体半球形，黑色有光泽。触角11节，念珠状。前胸背板及鞘翅密布细圆刻点。在两鞘翅中央各有一内斜的刀形红斑，长度约占鞘翅的1/3，十分醒目。跳跃足。

生活习性：1年发生3代，以成虫在寄主附近落叶下的土缝中越冬。越冬代成虫4月上旬出蛰活动，第三代成虫9月下旬入土越冬。成虫喜取食寄主嫩梢和上部叶片的叶肉，留下上表皮；幼虫孵出后，即在叶片的上下表皮之间取食叶肉，叶片上留下不规则的、由细变粗的隧道，幼虫在隧道中蜕2次皮后老熟，这时，隧道端部已扩大为口袋状，幼虫在口袋的端部叶正面，咬开一条小缝，爬出入土做茧化蛹。

074 榆黄毛萤叶甲

Pyrrhalta maculicollis Motschulsky **鞘翅目 叶甲科 毛萤叶甲属**

寄主植物： 危害榆树、榔榆、榉树等。

形态特征： 成虫体长约7mm。体近长方形；黄褐至褐色，密布浅黄色柔毛和刻点。头部额中有深纵纹1条，头顶刻点粗密，中央有细纵沟1条和桃形黑纹1个；头顶中央及后方具黑斑；触角细长，黑色，被浅色毛，其后方有三角形黑纹1个。触角间隆起呈脊状。前胸背板横宽，刻点粗密，有黑斑3个，中央斑狭长，侧斑椭圆形，中部两侧凹陷，两侧边缘弧形，中央有长形黑斑1个，两侧各有卵形黑斑1个。鞘翅宽于前胸背板，两侧缘平行，沿肩部有黑色纵纹1条。卵长圆锥形，长0.8–1mm，黄白色。老熟幼虫体长10–12mm，黄褐色；全身具黑色毛瘤，上有黄色绒毛。蛹椭圆形，长7–9mm，黄褐色。

生活习性： 1年发生2代，以成虫在杂草丛中、腐叶层下、树洞里、土表层、屋檐、墙缝和砖石堆下等处越冬。翌年4–5月越冬成虫开始活动补充营养。卵块产于叶背面，卵排列成2行，20余粒；卵期5–7d；初孵幼虫啮食叶肉，受害叶片呈网状，大龄幼虫啃食全叶，造成缺刻或孔洞。成虫和幼虫均能造成严重危害。成虫具有假死性，飞翔力较强，趋光性弱。

075 十星瓢萤叶甲

Oides decempunctata Billberg **鞘翅目 叶甲科 瓢萤叶甲属**

寄主植物： 危害葡萄。

形态特征： 成虫体长10–12mm，椭圆形，似瓢虫；黄褐色，触角末端3–4行黑褐色，每个鞘翅具5个近圆形黑斑，排列顺序为2–2–1；后胸腹板外侧，腹部每节两侧各具一黑斑，有时消失。上唇前缘凹缺，表面中部具一横排毛；额唇基隆突，三角形，额瘤明显，略近三角形；头顶具细而稀的刻点；触角较短。前胸背板宽略小于长的2.5倍。小盾片三角形，光亮无刻点。鞘翅刻点细密。雄虫腹部末节顶端三叶状，中叶横宽，雌虫末节顶端微凹。

生活习性： 该虫是葡萄的重要害虫之一，1年发生1代，以卵在枯枝落叶下越冬。卵产于落叶、枯枝、杂草上，粘结成卵块，幼虫和成虫均食叶，症状为缺刻和孔洞，严重时可将叶片全部吃光，仅留叶脉，影响葡萄产量和质量，幼虫老熟后钻入土中营造土室，化蛹于其中。成虫羽化后即飞至葡萄叶上开始为害。

076 榆紫叶甲 *Ambrostoma quadriimpressum* Motschulsky 鞘翅目 叶甲科 榆叶甲属

寄主植物：危害家榆、黄榆、春榆等榆树。

形态特征：成虫体长10.5–11.0mm。体近椭圆形，鞘翅中央后方较宽，背面呈孤形隆起；前胸背板及鞘翅上有紫红色与金绿色相间的光泽；腹面紫色，有金绿色光泽。头部及3对足深紫色，有蓝绿色光泽；触角细长，棕褐色。前胸背板矩形，宽度约为长度的两倍；两侧扁凹，具粗而深的刻点。鞘翅上密被刻点。

生活习性：1年发生1代，以成虫在土中或石块下越冬和越夏。一般4月初成虫上树取食交尾产卵，成虫上树后开始取食嫩芽和幼叶，4月下旬至5月初开始产卵，幼虫孵化后即取食，老熟幼虫在树下土中化蛹；新羽化成虫上树后大量取食，进入夏季高温时，群集于树干阴凉处夏眠。虫口密度大时，将叶片吃光后也群集在一起呈休眠状态，天气转凉时出蛰活动。成虫不能飞翔，具假死性，尤其新羽化成虫及刚越冬后的成虫假死性较强。

077 二纹柱萤叶甲 *Gallerucida bifasciata* Motschulsky 鞘翅目 叶甲科 柱萤叶甲属

寄主植物：危害荞麦、桃、蓼、大黄等。

形态特征：成虫体长7–8.5mm。体黑褐至黑色，触角有时红褐色；鞘翅黄色、黄褐或橘红色，具黑色斑纹，基部有2个斑点，中部之前具不规则的横带，未达翅缝和外缘，有时伸达翅缝，侧缘另具一小斑；中部之后一横排有3个长形斑；末端具一个近圆形斑。额唇基呈三角形隆凸，额瘤显著，较大近方形，其后缘中央凹陷；头顶微凸，具较密细刻点和皱纹；雄虫触角较长，伸达鞘翅中部之后；雌虫触角较短，伸至鞘翅中部。前胸背板宽为长的2倍，两侧缘稍圆、前缘明显凹洼，基缘略凸，前角向前伸突；表面微隆，中部两侧有浅凹，有时不明显，以粗大刻点为主，间有少量细小刻点。小盾片舌形，具细刻点。中足之间后胸腹板突较小。足较粗壮，爪附齿式。

生活习性：1年发生1代，以成虫越冬。翌年4月上旬开始活动。成虫具有假死性和趋温性。

肖叶甲科 Eumolpidae

肖叶甲科主要鉴别特征：体形为圆柱形、卵形、长方形或五边形，一般多具有鲜艳的金属色泽，表面光滑。

防治方法：同叶甲科防治方法。

078 蓝扁角叶甲

Platycorynus Peregrinus Herbst **鞘翅目 肖叶甲科 扁角叶甲属**

寄主植物：危害樱花等。

形态特征：成虫体长9–11.5mm。体粗壮；一般呈金属蓝色，有时蓝黑或蓝紫色。头部刻点大而深密，在头顶处略呈皱纹状；头顶与额隆起，中央有一条不明显的细沟纹，唇基凹下，两侧各有一条纵沟纹，此纹向上伸与额前方两侧的深凹窝相连；触角蓝黑色，端部数节色较深，向后伸达鞘翅肩部，第1节膨大、球形，第2节短小，3–5节较细，略等长，末端5节十分扁阔。前胸背板宽大于长，侧边明显，中部之前稍弧圆，前角突出。小盾片心形，无明显刻点。鞘翅基部宽于前胸，肩胛圆隆，基部不明显隆起，3刻点大而密。前胸腹板较宽，长大于宽，两侧中部各有一个小尖突，表面密布刻点和淡色长毛。雄虫前、中足跗节第1节较雌虫的宽阔。

生活习性：成虫发生于6–7月。成虫取食寄主叶片呈孔洞和缺刻。

079 绿缘扁角叶甲

Platycorynus parryi Baly **鞘翅目 肖叶甲科 扁角叶甲属**

寄主植物：危害柳、乌柏、柑橘、紫薇、泡桐、苦楝、苹果、梨、白蜡、榆、核桃和板栗等。

形态特征：成虫体长7–10mm。体色十分鲜艳，具强烈金属光泽；体背紫金色，前胸背板侧缘，鞘翅侧缘和中缝两侧绿色或蓝绿色，绿色部分多少有变化，有时较狭窄，有时很宽，扩展到盘区；体腹面常具金属蓝、绿、紫三色；触角基部4或5节棕黄或棕红，其中第1节背面常具金属色，端部6或7节黑色。头部刻点粗大，不密，唇基刻点密而深刻；头顶和额的中央有一条深纵沟纹；复眼之间有一条横凹沟，复眼的内侧和上方有一条向后展宽的深纵沟；触角长超过鞘翅肩部。前胸背板横宽，中部隆凸如球形，侧边弧形，前角稍突出；盘区刻点较头部的细密，两侧刻点较大。小盾片舌形，具细小刻点。鞘翅基部宽于前胸，肩胛和基部均明显圆隆，刻点细小，排列成不规则纵行。雄虫前中足跗节第1节比雌虫的宽阔。

生活习性：以成虫危害新枝皮和嫩叶，幼虫蛀食枝干，造成生长势衰退，凋谢乃至死亡。

080 茶扁角叶甲

Platycorynus igneicollis Hope **鞘翅目 肖叶甲科 扁角叶甲属**

寄主植物：危害茶。

形态特征：体较粗壮；头和前胸背板紫铜色，鞘翅深蓝，具金属光泽；胸部腹面翠蓝，前胸后侧片常为紫铜色；腹部和足褐色或黑褐，常部分具蓝色光泽；触角端部5或6节黑色，乌暗，基部5节褐色，这几节的端部淡棕黄色。头中央有一条深纵沟纹，头顶刻点较小较疏，额唇基密布大而深的刻点；复眼之间有一条弧形沟，复眼的内侧和上方有一条向后展宽的凹沟；触角的基部各有一个三角形小光瘤，触角长稍超过鞘翅肩部。前胸背板中部隆起如球形，侧边略微敞出，呈弧形，前角向前突出。小盾片心形，中部具细密刻点。鞘翅基部稍宽于前胸，肩胛圆隆，基部稍隆起，刻点在肩胛和基部下面较大，其他部分较细小，排列成不规则纵行。

生活习性：未做系统观测。

081 黑额光叶甲 *Smaragdina nigrifrons* Hope 鞘翅目 肖叶甲科 光叶甲属

寄主植物： 危害栗属、柳、榛属、紫薇等植物。

形态特征： 成虫体长6.5-7mm。体长方至长卵形；头漆黑，前胸红褐或黄褐色，光亮，有时具黑斑；小盾片、鞘翅黄褐或红褐色，鞘翅具有2条黑色宽横带，一条在基部，一条在中部以后；触角除基部4节黄褐色外，其余黑色或暗褐色；腹面颜色雌雄有明显不同，雄虫大部红褐色，有时腹末端暗褐色，雌虫除前胸腹板和中足基节之间黄褐色外，大部黑色或暗褐色；足除基、转节黄褐色外，黑色。

生活习性： 一年发生1-2代，主要以成虫啃食叶片为害，造成叶片穿孔或缺刻，发生严重时整片叶片被吃完，只剩主脉残留。主要为害期为5-7月。

082 中华萝藦叶甲 *Chrysochus chinensis* Baly 鞘翅目 肖叶甲科 萝藦叶甲属

寄主植物： 危害萝藦科、夹竹桃科、豆科等植物。

形态特征： 体粗壮，长卵形；金属蓝或蓝绿、蓝紫色。头中央有一条细纵纹，有时此纹不明显；触角黑色，末端5节乌暗无光泽，第1-4节常为深褐色，第1节背面具金属光泽；在触角的基部各有一个光滑而稍隆起的瘤。前胸背板长大于宽，基端两处较狭，盘区中部高隆，两侧低下，如球面，前角突出；侧边明显，中部之前弧圆形，中部之后较直。小盾片心形或三角形，蓝黑色，有时中部具一红斑，表面光滑或具微细刻点。鞘翅基部稍宽于前胸，肩胛和基部均隆起，二者之间有一条纵凹，基部之后有一条或深或浅的横凹。前胸前侧片前缘凸出，刻点和毛被密；前胸后侧片光亮，具稀疏的几个大刻点。中胸腹板亦宽，方形，雌虫的后缘中部稍向后凸出，雄虫的后缘中部有一个向后指的小尖刺。

生活习性： 1年发生1代，以老熟幼虫在土室内越冬。翌年春天越冬幼虫在土室内化蛹，成虫5月中下旬开始出现。该虫食性比较杂，幼虫在土中食根，成虫多出现于干燥向阳的地方。成虫假死性强。

083 棕红厚缘叶甲 *Aoria rufotestacea* Fairmaire 鞘翅目 肖叶甲科 厚缘叶甲属

寄主植物： 危害草本植物。

形态特征： 体长4.5-7mm，体宽2.5-3.6mm，体长方形，棕红或棕黄色，被淡黄色半竖毛。触角黑色，基部三节黑红或淡褐色，其中第1节部分黑色，足黑色或除腿节外大部分黑色，头和前胸颜色变异较大，具有两种色型，一种是头、胸与鞘翅同色，均为棕黄或棕红，另一种是头、胸黑色，鞘翅棕黄或棕红。

生活习性： 1年发生1代，成虫发生于5月下旬至7月，盛发期为6-7月，成虫食害寄主植物的叶片、叶柄、嫩梢或嫩枝的皮层，以老熟幼虫在土室内越冬，翌年春天在土室内化蛹，羽化出土。

拟步甲科 Tenebrionidae

拟步甲科成虫形态鉴别特征：前、中足跗节5节，后足跗节4节，爪简单，多数种类黑色，无翅或有退化的翅，鞘翅往往不能活动，体型一般长方形，略扁，差异很大，体壁光滑，除附肢、触角略有短毛外，身体各部几乎无毛，本科昆虫是杂食性，土栖种类主要是植食性，危害茎、芽或嫩叶，有时危害胚芽或幼芽。

防治方法：同叶甲科防治方法。

084 腹伪叶甲 *Lagria ventralis* Reitter 鞘翅目 拟步甲科 伪叶甲属

寄主植物：危害草本植物。

形态特征：成虫体长13.8–16mm。雄虫体宽厚，隆凸，有光泽，黑色或深褐色，后胸、腹部红褐色；背面有白色密毛，鞘翅的毛后曲，并夹直立的长毛。头窄于前胸背板，上唇、唇基前缘凹，额唇基沟短而直；额不平坦，刻点密集，大小不等，头顶不隆凸；触角向后仅达鞘翅肩部。前胸背板中区甚隆凸，刻点甚密；基部2/3收缩，有些个体端半部侧缘发达，清楚可见，前、后角圆形。鞘翅隆凸、宽阔，向后方明显膨大，刻点甚粗密，横纹粗大；肩部隆起；基部稍后有横压痕。足颇短，腿节粗壮，中、后足胫节内缘有锐齿。雌虫比雄虫更粗壮。眼间距为复眼横径的2倍；触角末节较短；触角内缘无斑。前胸背板中央常具密毛的疤痕。

生活习性：未做系统观测。

085 黑胸伪叶甲 *Lagria nigricollis* Hope 鞘翅目 拟步甲科 伪叶甲属

寄主植物：危害榆树、月季、苎麻、油茶、桑、玉米、小麦、黄杨等。

形态特征：成虫体长6.5–9mm。体隆凸；具较强的光泽，亮黑色，鞘翅褐黄色，密被长而竖立的黄色绒毛，头及前胸背板的绒毛更长而竖立。鞘翅缘折窄于后胸侧片的3倍宽。雄虫后足胫节无细齿，触角丝状，端节与其前五节之和等长。

生活习性：成虫出现于3–8月。

铁甲科 Hispidae

成虫体中型至大型，多为大型种类，长椭圆形或卵圆形，扁平，体色多为棕褐色、黑褐至黑色，或有棕红色、黄褐色等，有些种类有金属光泽，不被毛，成虫多食叶，幼虫多腐食，栖息于树干部或根部。

防治方法：①人工捕杀：成虫活动初期尚未产卵前，于上午进行人工捕杀。②产卵盛期及幼虫初孵化时每亩喷洒90%晶体敌百虫800倍液或50%敌敌畏乳油1500倍液，50%杀螟松乳油1000倍液。

086 叉趾铁甲　*Dactylispa* sp.　鞘翅目　铁甲科　趾铁甲属

寄主植物：多危害单子叶植物。

形态特征：成虫体长通常在4-6mm，体色黄褐色至黑色，或棕黄色与黑色相杂，体形一般长方形，触角无刺及纵纹，其间具纵脊，前胸横宽，狭于鞘翅，前缘及侧缘具多个刺，鞘翅具刻点。

生活习性：1年发生1代，成虫5月下旬至6月上旬产卵于寄主叶片上，幼虫潜入叶片内部，在叶片上下表皮间取食叶肉部分，6月下旬至7月初化蛹羽化。

露尾甲科 Nitidulidae

小型至中型甲虫，倒卵圆形至长形，背面稍扁平，密生柔毛。多淡褐色至近黑色，成虫和幼虫生活于谷物、干果、菌类、鲜果及腐败的果实、花卉及树皮下，多为腐食性，少数种类为捕食性。

防治方法：①人工捕杀：根据该虫有假死性，可在清晨或阴天捕捉成虫，被害严重的，摘除集中烧毁。②化学防治：在虫害发生高峰期8-9月间喷施1%灭虫灵3000-5000倍液，或2.5%溴氰菊酯乳剂4000倍液，对花蕊直接喷雾。

087 四斑露尾甲　*Librodor japonicus*　鞘翅目　露尾甲科　合唇露尾甲属

寄主植物：危害柳树、百合、山茶、茉莉、月季等花木。

形态特征：成虫体长8-14mm。体长椭圆形，较扁平，黑色具有光泽，每鞘翅各具有2个黄色至红色的锯齿状斑纹。头部成三角形，上颚发达，布刻点，末端分叉，雄虫大形，基部有大的凹陷；复眼黑色，稍外突出；触角棒状，触角基部向前突出，触角分为11节，端部3节膨大，形成端锤。前胸背板呈矩形，近中部最宽，外缘上翻，中部刻点小而稀疏，两侧大而密，有不明显的纵条纹，横长，散布黑色刻点。前翅鞘翅长卵形，中部1/2处最宽，镶均匀的刻点和刻线，刻点列较明显；鞘翅近基部与中部向后各有一个横的、上下有齿状赤色纹，每鞘翅各具有2个黄色至红色的锯齿状斑纹。足股节胫节内侧具稀疏细毛，跗节4节，赤褐色，具密毛，爪呈黄褐色。

生活习性：成虫和幼虫一般为腐食性，少数为捕食。影响花卉的开花，降低花卉的观赏价值；还会降低植物的生活力，降低产量，甚至整株死亡，造成很大的经济损失。

瓢虫科 Coccinellidae

瓢虫科昆虫成虫卵圆形或半球形，较少长圆形，背面拱起腹部扁平；幼虫体形长圆形或纺锤形，在后胸或近最宽处向后渐窄，植食性瓢虫幼虫着生分枝的长刺，肉食性的幼虫刺不分枝，幼虫有较长的胸足。

防治方法：①人工捕杀：5月中下旬越冬成虫开始活动的时期，可在成虫发生期利用其假死性进行药水盆捕杀，此方法中午进行效果较好。②清楚卵块：植食性瓢虫的卵一般在植物叶背集中，呈块状且颜色鲜艳，及时进行人工摘除可以减轻后期防治压力。③化学防治：在幼虫孵化期或低龄幼虫期抓住时机适时用药，药剂选用21%灭杀毙1：3000倍液喷洒，或20%氰戊菊酯1：3000倍液喷洒或2.5%溴氰菊酯1：3000倍液喷洒。

088 瓜茄瓢虫 *Epilachna admirabilis* Crotch 鞘翅目 瓢虫科 食植瓢虫属

寄主植物：危害茄、龙葵、酸浆、苦瓜、南瓜等。

形态特征：体长6.5–8.4mm。体短卵形，体背强烈拱起。头部无斑，或少见有黑斑。前胸背板无斑，或有一个中央斑，或另有2个基斑。每一鞘翅上有6个斑，其中1斑和5斑位于鞘缝；6个斑多变化，或斑纹扩大相连，组成3条横带，或3条横带在鞘缝处相连，或斑纹缩小、减少，甚至无斑纹。

生活习性：未做系统观测。

089 茄二十八星瓢虫 *Epilachna vigintioctopunctata* Fabricius 鞘翅目 瓢虫科 食植瓢虫属

寄主植物：危害茄子、西红柿、青椒、马铃薯等。

形态特征：成虫体长约6mm。体半球形，黄褐色，体表密生黄色细毛。前胸背板上有6个黑点，中间的2个常连成1个横斑；每个鞘翅上有14个黑斑，其中第2列4个黑斑呈一直线。

生活习性：江苏1年发生3–5代，为害程度最重的是第1代，其次是第2代，第3代最轻。越冬群集现象不明显。成虫昼夜取食，有相互残杀和食卵、食蛹习性。成虫和幼虫畏光，常在叶背和其他隐蔽处活动。

芫菁科 Meloidae

本科种类体筒形或粗短；体壁柔软，革质。体色多数黑色或黑褐色，也有一些种类色泽鲜艳；有些种类幼虫有捕食性，在土中取食蝗虫卵或其他虫卵，常作为捕食性天敌利用。

防治方法：①人工捕杀：芫菁食量大，在白天可利用其成群集中为害的习性，在取食高峰期进行人工捕捉，或用网捕。②化学防治：用4.5%高效氯氰菊酯乳油1000-1500倍液，2.5%氯氰菊酯乳油，40%氰戊菊酯乳油进行防治。

090 红头豆芫菁　*Epicauta ruficeps* Illiger　**鞘翅目　芫菁科　豆芫菁属**

寄主植物： 危害泡桐，但为害较轻，一般不进行防治。

形态特征： 成虫体长13–21mm。体黑色，头部红色。雄虫触角细长，达鞘翅一半，端部2节灰褐色，无长毛，端部第3、4节仅在触角下方有几根细毛，其他各节两侧及下方都具有较多的长毛。

生活习性： 该虫为蝗虫的重要天敌，对竹蝗有明显的控制作用。1年发生1代，以五龄幼虫（假蛹）在土下40–60mm深处越冬，5月底6月初泡桐树上开始出现成虫。

◎ 半翅目 Hemiptera

半翅目是胸喙亚目、颈喙亚目、异翅亚目、同翅亚目昆虫的总称。半翅目昆虫前翅在静止时覆盖在身体背面，后翅藏于其下，由于一些类群前翅基部骨化加厚，成为“半鞘翅”状态，故而得名“半翅目”，属半变态昆虫。口器为刺吸式口器，以植物或其他动物的体内汁液为食。以植物体内汁液为食的多半是害虫，而以其他昆虫体内汁液为食的，绝大部分是害虫的“天敌”。半翅目中还包括传统的“同翅目”，国际昆虫界将原同翅目的木虱、粉虱、蚧虫、蚜虫、蝉、沫蝉、叶蝉、角蝉及蜡蝉类昆虫与蝽类昆虫一起作为半翅目的成员对待。

本次调查中，共监测到半翅目29科76种，占比16.26%，是本次普查占第三位的虫害。其中同翅亚目18科40种，包括叶蝉、蚜虫、蚧虫等，异翅亚目11科36种，主要是各种蝽类，主要种类如图5所示。

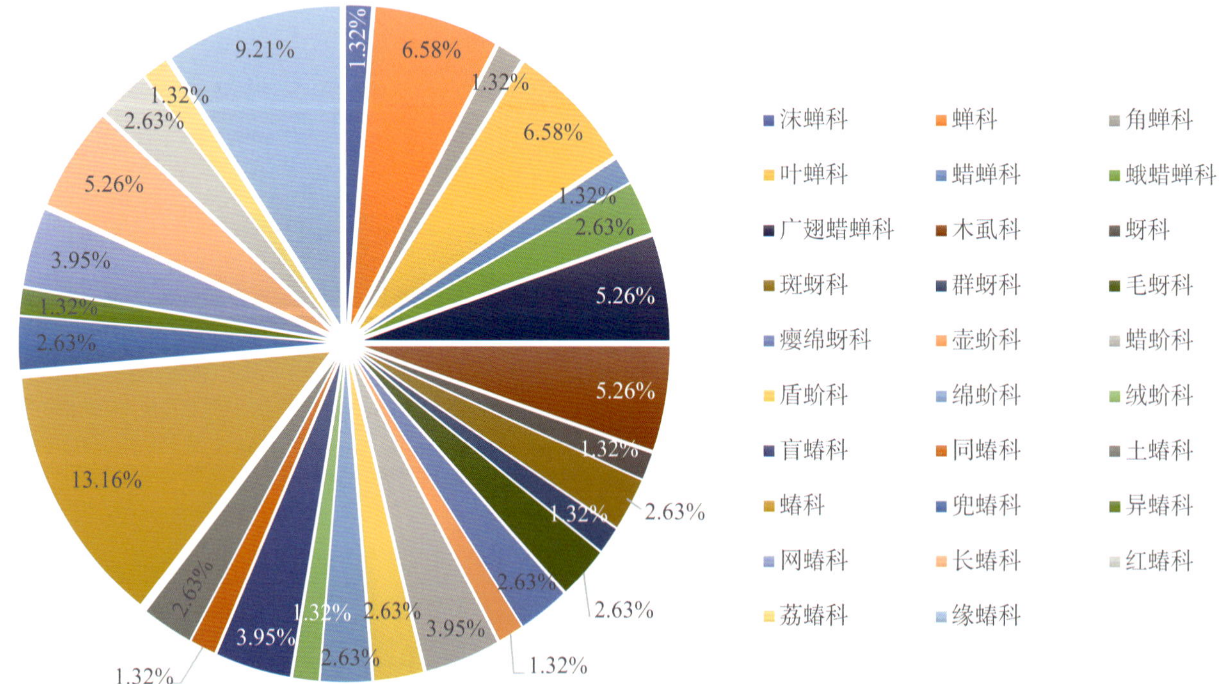

图5　监测半翅目害虫各科种数占比

蝉科 Cicadidae

蝉科，体粗壮中大型，有些种类体长超过50mm，不完全变态；卵产在植物组织内；孵化后若虫钻入土中生活，危害植物根部。若虫蜕皮可入中药，称蝉蜕。

防治方法：①胶带防治：若虫发生始期，在果园及周围所有树干基部离地5-10cm处贴上一条宽5cm左右的塑料胶带，避免若虫上树，并于夜间或凌晨前在树干下捕捉若虫或刚羽化的成虫，食之或出售，多者一晚上可捕捉600-800个。②灯火诱杀：利用成虫较强的趋光性，夜晚在树旁点火或用强光灯照明，此后振动树枝（大树可爬到树杈上振动），成虫就飞向火或强光处，多者一晚上也可捉到600-800个。③面筋粘捉：把小麦面粉用水调成面团，此后反复在清水中揉洗，直到没有淀粉（白汁）即成面筋，放在小塑料袋内，再找一根3-5m的竹竿或长棍，顶端粘上少许事先准备好的面筋，晾干外表水分，用手指试一下，若面筋粘手，便可把竹竿撑起，慢慢用竿头的面筋从蝉的后方贴粘成虫前翅，粘着后摘下集中放在一起，通常一天能粘1000个左右。④树下撒药：6月上旬若虫出土前，在果园或周围林地（尤其是柳树、榆树、梧桐）下，撒1000倍50%的辛硫磷，效果也很理想，还可兼治其他害虫。⑤喷施农药：成虫发生期结合防治其他病虫，喷1000倍的桃小灵或菊酯类农药，可杀死部分成虫。⑥异物驱赶：成虫发生期，将不同色彩的细长塑料带固定在树梢上随风飘扬，使成虫受惊吓躲开果园，减轻损害。

001 黑蚱蝉 *Cryptotympana atrata* Fabricius 半翅目 蝉科 蚱蝉属

寄主植物：危害樱花、杨、柳、槐、桑、桃等140多种植物。

形态特征：成虫体长39-48mm，翅展116-125mm，黑色具光泽，被金色短毛；头部横宽，中央向下凹陷，颜面顶端及侧缘淡黄褐色；复眼突起，淡黄褐色；单眼3个，位于复眼中央，排列呈三角形；中胸背板宽大，中央具“X”形隆起；腹部黑色；前后翅透明，前翅基部1/3部分烟黑色，生有短的黄灰色绒毛，基室暗黑色，脉纹红褐色，外缘脉、端半部脉纹均为黑褐色，后翅基部1/3处烟黑色。足黑色，有不规则黄褐色斑，前足腿节膨大，下方有齿；雄虫腹部第1、2节有鸣器，腹瓣后端圆形，端部不达腹部之半；雌虫无鸣器，腹部9、10节黄褐色，中间开裂，内缘灰黑色，产卵器长矛形，甚显著。

生活习性：多年发生1代，以卵在枝梢内或若虫在树根附近的土中越冬。主要以若虫在地下刺吸根的汁液及雌虫产卵导致枝条枯死这两种方式为害。成虫具有群居性、群迁性、趋光性，雄成虫具有发音器可以鸣叫发声。

002 蟪蛄 *Platypleura kaempferi* Fabricius **半翅目　蝉科　蟪蛄属**

寄主植物：梨、桃、杏、杨、柳、松、苹果、山楂、紫薇、紫叶李、悬铃木、大叶黄杨等。

形态特征：成虫体长18–25mm，翅展60–73mm，黄绿色至黄褐色，具黑色斑纹，被银白色短毛；触角刚毛状；复眼大，头部3个单眼红色，呈三角形排列；前胸宽于头部，近前缘两侧突出，中胸背板具“W”纹；前翅有不同浓淡暗褐色云状斑纹，斑纹不透明，纵脉端有锚状纹，后翅黑色，外缘无色透明，黑色部分翅脉呈黄褐色；腹部黑色，每节后缘暗绿或暗褐色；雄虫腹部有发音器，雌虫腹末产卵器明显。

生活习性：多年发生1代，以卵在枝梢内或若虫在土中越冬。主要以若虫在地下刺吸根的汁液及雌虫产卵导致枝条枯死这两种方式为害。成虫寿命短，交配产卵后便死亡。

003 草蝉（绿草蝉） *Mogannia hebes* Walker **半翅目　蝉科　草蝉属**

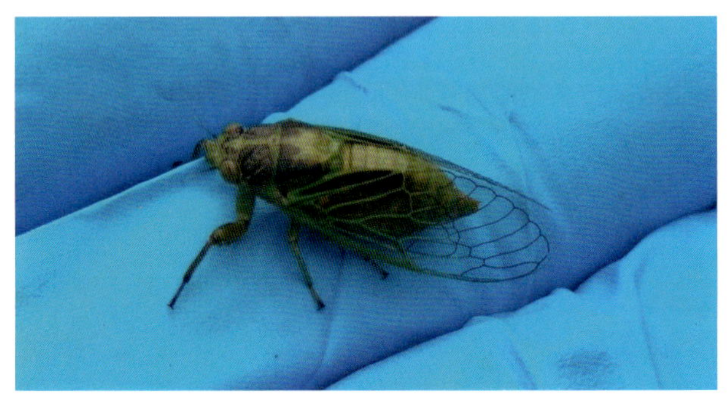

寄主植物：危害禾本科、柿、桑、茶、柑橘等植物。

形态特征：成虫体长14–17mm，翅展34–36mm，绿色至绿褐色，被金黄色短毛；头圆锥形向前突出，头的宽度比中胸背板的基部狭；复眼暗褐色，单眼赭色，复眼后缘与单眼间有1个小黑斑；前胸背板前方狭，后角略突出，内片上两侧各有2条黑色纵带，连成两个“U”字形，中胸前缘有4个楔形纹；前翅透明，基部一半呈琥珀色，脉绿色，后翅完全透明；腹部略呈五角形，背面中部隆起成屋脊状，各节有成对的黑斑；足绿色。

生活习性：若虫在土里生长，约要一年时间爬到地面羽化，成虫寿命2–4周，吸食树汁、草茎汁液与露水。成虫出现时间为3–9月，在野外雌虫常将卵产于禾本科植物上。成虫与若虫喜欢吸食禾本科植物汁液。

004 蒙古寒蝉 *Meimuna mongolica* Distant **半翅目　蝉科　寒蝉属**

寄主植物：柳、槐、梧桐、榆树、桂花等。

形态特征：成虫体长28–35mm，翅展82–90mm，头、胸部暗绿色，具黑色斑纹；前胸背板中央两纵带、中胸背板中央矛状斑及两侧的短而阔的带状斑、X隆起前的一对小圆点均为黑色；翅透明，前翅第2、3端室基横脉处有暗褐色斑点，基半部翅脉红褐色，端半部翅脉黑褐色；腹部黑色，背面各节后缘暗绿色，腹面具白色粉状物；雄性尾节暗褐色，被白色蜡粉，雌性具有明显的产卵器；足绿色，稀被白色长毛和白色蜡粉，胫节赭绿色，端部稍带暗褐色。

生活习性：发生世代不详，以若虫在土中越冬。主要以若虫在地下刺吸根的汁液及雌虫产卵导致枝条枯死这两种方式为害。

005 竹蝉（震旦马蝉） *Platylomia pieli* Kato 半翅目 蝉科 大马蝉属

寄主植物：毛竹、枫杨、檫树、香椿、金钱松、板栗等。

形态特征：成虫体长37-46mm，翅展112-132mm，褐绿色、棕色、黑色相间，体被白粉及金黄色细短毛，以腹部为多；复眼突出，棕黑色；前胸背板有一由深沟组成的倒等边三角形，中胸背板正中具1不规则黑斑，后缘有一突出的"X"形纹；翅透明；雌虫尾端呈锐角状，有产卵器。

生活习性：成虫主要刺吸枫杨、檫树、香椿、金钱松、板栗等树内的汁液，以补充营养。多年发生1代，以卵在毛竹枯枝内或若虫在土下竹鞭附近越冬。若虫刺吸毛竹竹鞭、鞭芽为害，发生严重时竹鞭溃疡、侧芽萎缩。

叶蝉科 Cicadellidae

叶蝉科外形似蝉，体小型，狭长，体长3-15mm；卵多产在叶脉或一定粗细的枝条上，该科昆虫均以植物为食，成虫、若虫均刺吸植物汁液，叶片被害后出现淡白点，而后点连成片，直至全叶苍白枯死。也有的造成枯焦斑点和斑块，使叶片提前脱落。

防治方法：①农业防治：改进寄主栽培技术，选育高产抗虫品种。②人工物理防治：可以灯光诱杀，扑灯的成虫80%以上是雌的，而且多为怀卵的。灯光诱杀可在6月下旬至8月成虫盛发期进行。也可人工捕杀，用捕虫网或拖网捕杀。③化学防治：在迁飞高峰期防治1-2次；晚稻秧田则在秧苗现青后每隔5-7d用药1次，常用药剂有马拉硫磷、锐劲特、50%二嗪磷乳油。

006 大青叶蝉 *Cicadella viridis* Linnaeus 半翅目 叶蝉科 大叶蝉属

寄主植物：多种树木、果树、蔬菜、禾本科农作物、豆类、棉及花卉等，达160种植物。

形态特征：成虫体长8-10mm，草绿色；头顶1对黑斑，复眼三角形绿色；头冠部淡黄绿色，前部左右各有1组淡褐色弯曲横纹，在近后缘处有1对不规则的多边形黑斑；前胸背板淡黄绿色，后半部深青绿，小盾板亦淡黄绿色；前翅绿色带有青兰色泽，前缘淡白，端部透明，翅脉青黄色，具有狭窄的淡黑色边缘，后翅具半透明的烟黑色；腹部背面蓝黑色，胸部与腹部腹面均为橙黄色，胸足亦为橙黄色；跗爪及后足胫节内侧的细小条纹黑色，后足胫节刺列的每一刺基部黑色。

生活习性：1年3-5代，均以卵在树木嫩枝和干部的皮层中越冬。成虫趋光性强，遇惊快速飞逃。卵多产于寄主植物叶片的主脉及茎干组织中，卵痕半圆形，纵列。

007 黑尾大叶蝉 *Othrogonia ferruginea* Fabricius 半翅目 叶蝉科 大叶蝉属

寄主植物： 甘蔗、桑、茶、葡萄、柑橘、梨、枇杷、桃、苹果等。

形态特征： 成虫体长约13mm，橙黄色；在头冠部的中央近后缘处，有一明显的圆形黑斑，顶端另有黑斑一枚，并向下方颜面略作长方形延伸，在颜面的前、后唇基相交处横跨一黑色斑纹；前胸背板有黑斑三枚，成“品”字形排列；在小盾板的中央亦有一黑斑；前翅为橙黄色而稍带褐色色泽，在翅基部有一黑斑，翅端部全为黑色；后翅黑色。胸部腹面与腹部背面均为黑色，在胸部腹板的侧缘及腹部环节的边缘具淡黄白色边；足色淡黄白，基节、股节的端部、胫节的基部及端部以及末端的跗节黑色。

生活习性： 1年1代，以成虫越冬。若虫善于跳跃，好栖息于叶背取食，静止时常由肛门排出白色蜜露。

008 黑颜单突叶蝉 *Lodiana brevis* Walker 半翅目 叶蝉科 单突叶蝉属

寄主植物： 危害甘蔗、葡萄、柑橘、樟、白蜡、橙等。

形态特征： 成虫体长6.5–9.6mm，全体黑色，具有显著黄色带纹；头冠部淡黄褐色，其中冠缝明显，整个颜面黑色，复眼黑褐色，单眼常深褐色；前胸背板及小盾板均为黑色，散布淡色小点及稀疏的白色小毛；前翅黑色，在近翅基部有1宽的黄色横带，翅端1/3处另有1黄色横带，二带均显著，但后者较狭，且由前缘向后渐次狭窄；后翅黑色，且在前翅着生黄色横带的相同部位，色浅而带黄色。胸部腹面及足皆为黑色，仅后足胫节端半呈黄褐色。

生活习性： 吸食小型灌木汁液。

009 小绿叶蝉 *Empoasca flavescens* Fabricius 半翅目 叶蝉科 小绿叶蝉属

寄主植物： 多种果树花木。

形态特征： 成虫体长3–4mm，黄绿色至绿色。头三角形，头顶中央具1白纹，两侧各有1黑点。复眼大，黑色。中胸背板中央具白色横纹和凹纹。前翅绿色半透明，后翅透明。卵新月形，长约0.8mm，初产时乳白色，近孵化时淡绿色。末龄若虫长约3mm，特征与成虫相似，但无翅。

生活习性： 1年发生5代以上，以成虫在树皮缝、杂草丛中越冬。翌年3月中旬越冬代开始活动，4月上旬于叶背面主脉中产卵。高温、多雨不利于该虫的发生，6月中旬至10月中旬为发生高峰期。若虫孵化后喜群集在叶片背面刺吸为害，被害叶片正面出现失绿小点，善弹跳，受惊后纷纷跳弹迁移。11月后逐渐潜藏越冬。

010 宽槽胫叶蝉 *Drabescus ogumae* Matsumura **半翅目 叶蝉科 槽胫叶蝉属**

寄主植物：除危害桑树外，还可危害国槐、白榆、杨树等树种。

形态特征：成虫体长7-10mm，体黄褐色、红褐色至暗褐色；头部褐色，前缘黑褐色，颜面基缘、额唇基区及前唇基为黑色，其余部分褐色；复眼黑褐色；前胸背板中间部分黄褐乃至鲜褐色，两侧黑褐色；小盾板为黄褐色，中央的横刻痕呈“︵”形，并有1纵纹，均为淡褐色；前翅半透明，黄褐至褐黑色，外缘有不规则的2个白色斑纹，后缘1个白斑，翅端部色泽深暗，翅脉为黑褐色，其上散布白色小点，后翅白色半透明。

生活习性：成虫、若虫刺吸寄主枝梢叶片，可引起枝梢干枯、叶片失绿。1年2代，以卵在枝条内越冬。成虫警觉性较强，受惊动则快速弹跳到50cm左右以外的枝叶上。

角蝉科 Membracidae

角蝉科昆虫通称角蝉。角蝉多具拟态，似植物的刺或突起。世界范围已知约3000种，中国有近300种。小型至中型。体长2-20mm，形态奇异，多数褐色或黑色，也有黄色或绿色的种类。

防治方法：①剪除带卵叶片并烧毁。②喷药防治：5月中下旬和6月中下旬喷10%氯氰菊酯乳油3000倍液，或20%灭扫利乳油4000倍液。

011 白胸三刺角蝉 *Tricentrus albipennis* Kato **半翅目 角蝉科 三刺角蝉属**

寄主植物：危害枣、槐、桑、柿、柑橘等。

形态特征：成虫体中型，黑色。头部黑色，垂直，有粗刻点，密布金黄色短伏毛，头顶上缘弧形，下缘斜，边缘微上翘；复眼黄褐，有黑斑；前胸背黑色，密被粗刻点和金黄色长细毛，斜面宽大于高，近垂直，上肩角发达，其长大于两基间距离，伸向侧上方，端半部向后弯曲，顶端尖；后突起屋脊型，平直，顶端尖，恰伸过前翅臀角；前翅淡黄褐色，透明，基部黑色，有刻点和毛，翅脉褐色，翅基部有1白毛斑透翅可见；足黄褐色，后足转节内侧有弱齿。胸两侧及头下方有白毛斑；腹部腹面黑色，被白毛。

生活习性：以卵在枝条上越冬，4-7月危害。

沫蝉科 Cercopidae

体小至中型，略呈卵形，背面相当隆起，体长一般不超过13mm。单眼2枚，后足基节短而呈锥状，胫节有1-2个粗刺，末端有1-2圈小刺。

防治方法：①秋末至春初剪除着卵枯梢烧毁。②在若虫群集危害时期用50%杀螟松乳油200-500倍液喷雾或用40%氧化乐果乳油10倍液在树干基部刮皮涂环，均有较好的防治效果。

012 白带尖胸沫蝉 *Aphrophora horizontalis* Kato　半翅目　沫蝉科　尖胸沫蝉属

寄主植物：危害桑、桃、梨、樱桃、枣、苹果、葡萄、柞树等。

形态特征：成虫体长9-11mm，体灰褐色；颜面较平，有明显的中脊，横沟暗褐色，冠短阔，有明显的中脊；复眼黑色，单眼红色；前胸背板长宽略相等，有中脊，前缘尖出，前侧缘短于后侧缘，后缘弧形凹入；小盾片与前胸背板同色，顶端尖；前翅褐色，基部1/3处有明显的白色斜带，白带两侧黑褐色，端部1/3处灰白色，后翅灰褐色，透明；足黄褐色，爪黑色；腹部腹面黑褐色。

生活习性：1年1代，以卵在枝条上或枝条内越冬。成虫受惊扰时，即行弹跳或作短距离飞翔。卵产在枝条新梢内。

蜡蝉科 Fulgoridae

体小型至大型，部分幼虫长有蜡质绒毛。体中至大型，体色多艳丽。所有种类均为大翅型，前后翅膜质，发达，有多数增加的脉纹及横脉。前翅爪片明显。后翅的臀区与轭区强度网状。这是本科和其他相似种类区分的最好特征。

防治方法：①园艺防治：结合冬季修剪，刷除卵块。②人工防治：冬季刮除树干上的卵块。③种植防治：斑衣蜡蝉以臭椿为原寄主，在为害严重的纯林内，应改种其他树种或营造混交林。④天敌防治：保护利用若虫的寄生蜂等天敌。⑤药剂防治：若虫、成虫发生期，可选喷40%氧化乐果乳油1000倍液，或50%辛硫磷乳油2000倍液。可使用“树虫一次净”，一次使用可杀灭树上害虫而且安全性高，毒性低，不添加有机磷成分，对园林植物安全，不烧叶。

013 斑衣蜡蝉 *Lycorma delicatula* White **半翅目 蜡蝉科 斑衣蜡蝉属**

寄主植物：可危害多种果树及经济林，最喜臭椿。

形态特征：成虫体长14–22mm，翅展40–52mm，体隆起，头部小，头顶前方与额相连接处呈锐角；前翅长卵形，基部2/3淡褐色，上布10–20个黑色斑点，端部1/3黑色，脉纹白色，后翅膜质，扇状，基部半红色，有黑色斑6–7个，翅中有倒三角形的白色区，翅端及脉纹为黑色。若虫头前端突出，体形似成虫，体有许多小白斑，体背呈红色，翅芽明显，具有黑白相间的斑点。

生活习性：成虫、若虫均以口器刺入植物组织内，使伤口常流出树汁，其体末端能排出引诱蜜蜂等昆虫的蜜液，诱发煤污病。1年1代，以卵在寄主向阳面的树干上越冬。卵多产于树干的向阳面，卵成块状，表面覆盖一层灰色蜡质。成虫、若虫均喜欢群集于树干或枝叶上，遇惊即跳飞，其弹跳力极强。

蛾蜡蝉科 Flatidae

蛾蜡蝉科，属同翅目头喙亚目蜡蝉总科，全世界已知近上千种，在我国有记载的约40种，其中分布较为广泛、为害较为严重的有碧蛾蜡蝉、紫络蛾蜡蝉、线彩蛾蜡蝉等，是我国南方经济作物的常见害虫。其为害方式主要是以刺吸式口器吮吸植物的汁液夺取植物的营养，使植物营养不良，或至枯萎，或在吮吸的部分出现黄色或黄褐色斑块，有的则因涎液的刺激，使植物细胞异常增殖，造成畸形臃肿的虫瘿，有的还能传播病毒。

体形似蛾，中至大型；头比前胸窄；单眼两个；翅比体长，静止时呈屋脊状，有的则平置于腹背上；前翅宽大，近三角形；前翅前缘区多横脉，臀区脉纹上有颗粒；后翅宽大，横脉少，翅脉不呈网状；成虫和若虫均喜群居。卵多产在植物组织内，也有些种类产在植物表面。若虫多数群聚在植物的嫩枝上，外形一般和成虫相似而小，随龄期而逐渐增大。体扁平，通常体被蜡粉，腹末附白色长的绵状蜡质，常污染植物。成虫善跳能飞，遇惊即逃，但飞行能力较弱，只作短距离飞行。

防治方法：①剪除枯枝可消灭越冬虫卵，减少第二年的虫源。②当5月初孵若虫丛集为害时，捕杀若虫。③5-6月用敌敌畏、敌百虫、杀螟松等杀虫剂1000倍液喷杀若虫，有一定效果。

014 碧蛾蜡蝉　*Geisha distinctissima* Walker　半翅目　蛾蜡蝉科　碧蛾蜡蝉属

寄主植物：茶。

形态特征：成虫体长7mm左右，翅展21mm左右，全体黄绿色；复眼黑褐色，单眼黄色；前胸、中胸背板各有2条淡褐色纵带，腹部淡黄褐色，表面覆有白粉；前翅周缘围有1圈红褐色带，翅上有红色细条纹经过外缘伸达后缘末端，脉纹黄色，后翅灰白色，脉纹淡黄褐色，翅脉粗，呈网状，顶角稍突起。

生活习性：各地年发生代数不同，但均以卵在嫩梢皮层下或者叶背组织内越冬。卵多产于寄主中下部嫩梢皮层或者叶背组织内，产卵的部位常常呈褐色，并且覆盖有绵状蜡丝。若虫孵化后，常群集在树冠下部危害老叶片，3龄以后开始分散，爬至植株中上部危害枝条和叶片，导致煤污病，从而使得植株严重衰弱，枝条和叶片渐渐枯死和脱落。

015 褐缘蛾蜡蝉　*Salurnis marginella* Guerin　半翅目　蛾蜡蝉科　缘蛾蜡蝉属

寄主植物：危害茶、油茶、柑橘、刺梨、迎春花等多种木本植物。

形态特征：成虫体长约8mm，翅展18mm左右，呈鲜艳的黄绿色，有时微被白色蜡粉。头部黄赭色，顶极短，略呈圆锥状突出，中央具1褐色纵带；前胸背板具3条橙色纵纹；前翅周缘具褐色边纹，翅脉粗，深黄绿色，呈网状，顶角突起，在爪片端部有1马蹄形褐斑，斑的中央灰褐色；后翅白色，边缘完整。

生活习性：喜群集在嫩梢或上部枝条上刺吸为害，并分泌大量白色绵状蜡质。1年1代，以卵在寄主枝条皮层下越冬。卵多产于枝条皮层下，并覆盖有少量白色蜡质。成虫、若虫均有遇惊跳跃的习性。潮湿、荫蔽有利于该虫的发生。

广翅蜡蝉科 Ricaniidae

广翅蜡蝉科是蜡蝉总科中较小的科，该科昆虫均为植食性，大多数种类为重要的农林害虫。它们通过刺吸式口器刺吸植物汁液、在作物组织中产卵或传播植物病毒病，危害的对象包括柑橘、葡萄、苹果、柿、油茶等重要经济作物。

防治方法：①结合管理，特别注意冬春修剪，剪除有卵块的枝集中处理，减少虫源。②为害期结合防治其他害虫兼治此虫。常用菊酯类、有机磷及其复配药剂等喷洒茶树上，均有较好效果。由于该虫虫体特别是若虫被有蜡粉，所用药液中如能混用含油量0.3%-0.4%的柴油乳剂或黏土柴油乳剂，可显著提高防效。

016 八点广翅蜡蝉

Ricania speculum Walker **半翅目 广翅蜡蝉科 广翅蜡蝉属**

寄主植物：主要危害作物、桃、杏、李、梅、樱桃等植物。

形态特征：雌成虫体长7–8.5mm，翅展17–26mm，体色茶褐色，头胸部黑褐色至烟褐色，足和腹部褐色。前翅深褐色，前缘近端部2/5处有一个近半圆形透明斑，翅外缘有2个较大的透明斑，翅面上稀疏散布白色蜡粉，中室端部有1个小透明斑；足除腿节为暗褐色外，其余为黄褐色，后足胫节外侧有刺2枚。雄虫较雌虫体小。

生活习性：1年1代，以卵在寄主的当年生枝梢、叶主脉、叶柄内越冬。卵均产于寄主的当年枝梢上，外被绵状白色蜡丝。5月下旬至6月下旬是若虫发生的高峰期。

017 透翅疏广蜡蝉

Euricania clara Kato **半翅目 广翅蜡蝉科 疏广蜡蝉属**

寄主植物：危害刺槐、接骨木、连翘、桑、蔷薇、枸杞等苗木和灌木的枝条。

形态特征：成虫体长6mm，翅展20mm左右，黑褐色。头部头冠黑褐色；复眼深褐色，单眼红棕色；前翅透明，前缘、外缘和内缘黑褐色，前缘具2枚黄色斑，前斑下有1白色圆点，翅脉明显，深暗，后翅透明，翅脉和后缘暗褐色；胸部腹板黑褐色；足黄白色，爪和刺黑褐色。若虫体扁平，腹末有白色直蜡丝如孔雀开屏似的。

生活习性：1年1代，以卵成行产在枝条上越冬。

018 柿广翅蜡蝉　*Ricania sublimbata* Jacobi　半翅目　广翅蜡蝉科　广翅蜡蝉属

寄主植物： 危害柿、山楂、梨、桃、杏、枣、葡萄、柑橘、柳、刺槐、女贞、法桐等多种果树、林木、花卉、农作物及杂草。

形态特征： 成虫体长6–10mm，翅展23–36mm。复眼灰褐色，头胸部背面黑褐色，腹部黄褐色至深褐色；前翅深褐色，前缘约1/3处具一半圆形至三角形淡黄褐色斑，后翅暗黑褐色，半透明；头、胸部及前翅表面被淡绿色蜡粉。末龄若虫体长5–6mm，淡黄绿色，前、中胸背板中纵脊两侧各具黑点，体被稀疏蜡粉，腹末具10束淡黄色棉絮状蜡丝丛。

生活习性： 以成虫、若虫刺吸危害寄主嫩枝、幼叶、花蕾。雌成虫除刺吸危害外，在产卵时用产卵器将寄主组织划破，伤口处常流胶，由于树体内水分由此大量流失，导致枝梢枯萎。同时在成虫、若虫为害时可分泌大量的蜜露，诱发煤烟病的发生。1年2代，以卵在寄主枝条组织内越冬。卵多产于一年生半木质化枝条的木质部浅表组织中，其上再覆盖白色絮状蜡质。

019 缘纹广翅蜡蝉　*Ricania marginalis* Walker　半翅目　广翅蜡蝉科　广翅蜡蝉属

寄主植物： 严重危害茶树、香樟、柑橘等植物。

形态特征： 成虫体长约7mm，翅展21mm左右，体褐色至深褐色。前翅深褐色，后缘颜色稍浅，前缘有一个三角形透明斑，后缘则有一大一小两个不规则透明斑，翅缘散布细小的透明斑点，翅面散布白色蜡粉，后翅黑褐色半透明。

生活习性： 1年1–2代，多以卵在嫩梢内越冬，少数以成虫在茶丛中越冬。春季越冬卵孵出若虫刺吸危害夏秋季嫩梢，并刺裂枝梢皮层产卵导致芽梢枯竭。

盾蚧科 Diaspididae

本科种类繁多，寄生于各种乔木、灌木和草本植物，是林业、果树、经济作物和观赏植物的重要害虫类群。虫体常被蜡质介壳覆盖，有些种类雌虫介壳呈片状，若虫蜕皮在蜡片的中央或边缘；雄虫介壳长筒形，背面常有纵沟，若虫蜕皮位于介壳前端。

防治方法：①早春发芽前可喷洒5波美度的石硫合剂杀灭越冬虫体。②危害严重的树木，可以根施3%呋喃丹颗粒，每平方米施3%呋喃丹8-10g，施入之后进行掩埋浇水。③若虫孵化盛期，在未形成蜡质或刚开始形成蜡质层时，向枝叶喷施40%速扑杀乳油1500-2000倍液，蚧虫清600-800倍液。每隔7-10d喷洒一次，连续喷洒2-3次，可取得良好的效果。喷药的关键在于抓住时机，一旦介壳形成，喷药难以见效，重点抓好第一代若虫的防治工作。④尽量保护和利用天敌，如红点唇瓢虫、黑缘红瓢虫等。在天敌昆虫出现盛期，应避免使用有伤天敌的药剂。

020 考氏白盾蚧 *Pseudaulacaspis cockerelli* Cooley **半翅目 盾蚧科 白盾蚧属**

寄主植物：含笑、白兰花、山茶等多种园林植物。

形态特征：雌虫介壳长2.0–2.5mm，阔圆形或近梨形，雪白色，有的具轮纹。壳点2个，黄褐色，突出于介壳前端；雄虫介壳长1–1.5mm，宽约0.5mm，长条形，白色，丝蜡质；雄成虫体橘黄色，长约0.8mm，复眼棕黑色，前翅灰白色。

生活习性：叶受害后，出现黄斑，严重时叶片布满白色介壳，致使叶大量脱落，枝干受害后，易枯萎。1年2–6代，以若虫或受精雌成虫在枝叶上越冬。

021 樟白轮盾蚧 *Aulacaspis yabunikkei* Kuwana **半翅目 盾蚧科 白轮盾蚧属**

寄主植物：主要危害樟、楠、天竺桂等植物的叶片、枝条和芽。

形态特征：雌成虫介壳1.5–2mm，圆形或近圆形，白色，扁平或稍隆起；壳点2个，位于边缘内或边缘上，灰黄色，中脊黑色。雌虫体长形，约1.2mm，淡黄色。雄成虫介壳长条形，长约1mm，白色，溶蜡状，背中有纵脊3条，壳点淡黄色，位于前端。

生活习性：1年4–5代，主要以受精雌成虫在枝干叶片上越冬，少量以其他虫态越冬，世代重叠。以成虫、若虫常群集于2年生以上枝干或叶片刺吸营养。

壶蚧科 Cerococcidae

壶蚧科的种类分布广泛，寄主植物多为乔木或灌木树种，因此它们是重要经济作物和林业害虫。雌成虫虫体通常为倒梨形，虫体大部分为宽圆或宽椭圆形，尾端紧缩酷似梨顶，臀瓣十分发达。

该科虫体外被蜡质分泌物，此蜡质分泌物多为坚硬的壳状物，其形状奇特，或呈盔形，或星半球形，或呈蜡蚧形，或呈茶壶形，其壶嘴有的向上有的向下随种类而异。有的种类蜡壳具很多突起，突起的形态也随种类而异。还有一些种类虫体外被白色棉絮状蜡质分泌物。

防治方法：①发生轻时用牙签剔除虫体。②温室内注意通风透光。③保护小蜂、瓢虫等天敌。④严重发生时，喷施40%速扑杀乳油1500倍或花宝100倍液。

022 日本壶链蚧　*Asterococcus muratae* Kuwana　半翅目　壶蚧科　链蚧属

寄主植物：珊瑚树、白玉兰、广玉兰等。

形态特征：雌成虫蜡壳外形似紫藤茶壶，红褐色，有螺旋状横环纹8–9圈和放射状白色纵蜡带4–6条，纵蜡带从壶顶直到壶底，后方有一短小的壶嘴状突起；壶顶有红褐色或蜕皮壳1个；雌成蚧，褐色，半球形，体背突起，体前端膨大，腹末缢缩，长3.8mm；雄成蚧，身体长条形，长1.2–1.3mm。

生活习性：以成虫、若虫在寄主植物枝干上刺吸汁液为害，并分泌蜜露，诱发煤污病。1年1代，以受精雌成蚧在被害寄主枝条上越冬。

蜡蚧科 Coccidae

本科昆虫危害多种果树及经济树木、花卉等。蜡蚧雌成虫体形变化很多，大小不一，有的呈球形、半球形、扁草帽形；有的虫体外被覆很厚的蜡质层。体外有蜡质覆盖物的，其外貌多呈粉状、玻璃状，或白色、棕褐色壳状；也有的虫体背面体壁不同程度硬化和向上隆起，腹面膜质。雄成虫有翅。

防治方法：①防治时间。若虫孵化期是防治的最佳时间，第一次防治可在5月30日左右，以后隔10d左右一次，防治3-4次。②防治方法。对灌木和小乔木选择喷雾防治，对高大树木则采用打孔注药。③防治药剂。喷雾可选用10%吡虫啉可湿性粉剂1000-1500倍液、40%杀扑磷乳剂1500倍液等。打孔注药可用30%乙酰甲胺磷3倍液。④注意事项。喷雾时一定要做到均匀、喷湿、喷透。打孔时每孔做到药液以渗透不下滴为宜。

023 红蜡蚧　*Ceroplastes rubens* Maskell　半翅目　蜡蚧科　蜡蚧属

寄主植物：月桂、栀子花、桂花、蔷薇、枸骨、香樟、柑橘、山茶、杜英、黄杨等。

形态特征：雌虫介壳长1.5–5m，宽1.5–4nm，高1.5–3.5m，虫体椭圆形，体外蜡壳钹状，似红小豆，初为深玫瑰红色，后为暗红、紫红至红褐色，背部向上高度隆起；背观几呈六角形，壳顶中央有干蜡帽脱落后留下的一白色下凹脐状点；有4条白色蜡带从腹面卷向背面，前2条白带向前至头部。雄成虫体长1mm，翅展2.4mm，暗红色。

生活习性：以成虫、若虫密集寄生在植物枝条上和叶片上，吮吸汁液为害。1年1代，以受精雌虫在寄主1–2年生枝条上越冬。

024 日本龟蜡蚧 *Ceroplastes japonicus* Green **半翅目 蜡蚧科 蜡蚧属**

寄主植物：危害达100多种植物，主要危害枣、柿、苹果、梨、杨、悬铃木、夹竹桃、冬青、大叶黄杨等。

形态特征：雌成虫壳长3–4.5mm，宽2–4mm，高约1mm，体外蜡壳白或灰色，圆或椭圆形，壳背向上盔形隆起，表面有凹线将背面分割成龟甲状板块，形成中心板块和8个边缘板块，每板块的近边缘处有白色小角状蜡丝突，后期分块变得模糊。雌虫体卵圆形，长1–4mm，黄红、血红至红褐色，背部稍突起，腹面平坦，尾端具尖突起。雄成虫体长约1.3mm，翅展约3.5mm，棕褐色，前胸前部窄细如颈。

生活习性：可诱发煤烟病。1年1代，以受精雌成虫在枝条上越冬。

025 白蜡蚧 *Ericerus pela* Chavannes **半翅目 蜡蚧科 白蜡蚧属**

寄主植物：危害长叶女贞、女贞、山茶和柚子等。

形态特征：雌成虫虫体受精前背部隆起，形似蚌壳。受精后虫体显著膨胀成半球状，长约10mm，高7–8mm，背面黄褐至红褐色，上面散生大小不等的淡黑色斑点，覆盖一层极薄的白色蜡层。雄成虫体长约2m，黄褐色，翅展约5mm，近于透明具虹彩闪光，头淡褐至褐色，腹部灰褐色，末端有白蜡长丝2根。

生活习性：以成虫、若虫在寄主枝条上刺吸为害，造成树势衰弱，生长缓慢，甚至枝条枯死。1年1代，已受精雌成虫在寄主枝条上越冬，有不越冬现象。为害时分泌白色疏松泡沫状蜡花层环包寄主枝条呈棒状，蜡花层约厚达7mm。有隔株转株为害的习性。

绒蚧科 Eriococcidae

该科蚧虫分布广泛，雌成虫虫体椭圆形或长形，通常腹部末端变狭。虫体的背面向上隆起。整个虫体常被白色毡状或棉絮状卵囊所覆盖。

防治方法：①结合整形修剪，加强对病枝和寄有紫薇绒蚧枝条的剪除和清除工作，并应及时将其烧毁，以降低虫口数量。②药剂防治。绒蚧的初孵若虫期是采用药剂防治的最佳时期。可用40%杀扑磷1000-1500倍液+10%吡虫啉1500-2000倍液，或48%毒死蜱乳油1200倍液，或40%氧化乐果乳油1000倍液，或50%杀螟松乳油800倍液进行喷雾。为害严重时，可连续喷药，每隔7-10d喷一次进行防治。

026 紫薇绒蚧 *Eriococcus lagerstroemiae* Kuwana 半翅目 绒蚧科 绒蚧属

寄主植物：主要危害紫薇、石榴等花木。

形态特征：雌成虫体长约3mm，椭圆或长卵圆形，暗紫或紫红色，体被白色蜡粉，体表有少量白蜡丝，外观略呈灰色，背刺圆锥状，端钝，分大、中、小多种，在体背每节排成横带。雄成虫体长形，长约1mm，紫红色，翅展约2mm，翅脉2根，呈“人”字形，腹末有长毛1对。

生活习性：以若虫和雌成虫寄生于植株枝条基部和芽腋等处，吸食汁液。排泄物能诱发煤污病。1年2–4代，以幼龄若虫或受精雌成虫在枝干缝隙及空蜡囊内越冬。

绵蚧科 Margarodidae

绵蚧科为蚧次目中数量较小的一个科，本科害虫可寄生于植物各部位，许多种类是农作物、果树、观赏植物、木材、花卉和牧草的重要害虫。

防治方法：①冬季植株修剪以及清园，消灭在枯枝落叶杂草与表土中越冬的虫源。②提前预防，开春后喷施40%啶虫毒（国光必治）乳油2000-3000倍液进行预防，杀死虫卵，减少孵化虫量。③介壳虫化学防治小窍门：抓住最佳用药时间，在若虫孵化盛期用药，此时蜡质层未形成或刚形成，对药物比较敏感，用量少、效果好；选择对症药剂，刺吸式口器，应选内吸性药剂，建议连用2次，间隔7-10d；选择适宜的用药方式，如低矮容易喷施的，可以用喷雾方式防治。④生物防治。保护和利用天敌昆虫，如红点唇瓢虫，其成虫、幼虫均可捕食绵蚧的卵、若虫、蛹和成虫，6月后捕食率可高达78%。此外，还有寄生蝇和捕食螨等。

027 吹绵蚧（澳洲吹绵蚧、绵团蚧） *Icerya purchasi* Maskell 半翅目 绵蚧科 吹绵蚧属

寄主植物：危害柑橘、海桐、山麻杆、蔷薇等的枝干。

形态特征：雌成虫椭圆形，无翅，体长5–7mm，宽3.7–4.2mm，红褐色，背面隆起，有很多黑色细毛，体背覆盖一层白色颗粒状蜡粉，腹部周缘有小瘤状突起10余个。腹部附白色蜡质卵囊，囊上有脊状隆起线14–16条。雄成虫体瘦小，长3mm，橘红色，前翅狭长，黑色，后翅退化成钩状。

生活习性：危害严重时枝梢枯萎、脱落，甚至衰弱、死亡，同时分泌“蜜露”诱发煤污病，降低观赏价值。1年2–3代，以成虫、若虫在枝干、叶背越冬。雄虫在枝干裂缝或树干附近松土、杂草中做白色薄茧越冬。温暖、潮湿的环境有利于吹绵蚧的发生。

028 草履蚧 *Drosicha corpulenta* Kuwana 半翅目 绵蚧科 履硕蚧属

寄主植物：森林、果园、城乡绿化树木均可受害。

形态特征：雌成虫体长7.8–10mm，宽4.0–5.5mm，扁平，椭圆形，背面有皱褶，肥大，隆起似草鞋，故名。体褐或红褐色，周缘和腹面淡黄色，腹部具横皱凹陷，体被稀疏微毛和薄层白色状蜡质分泌物，触角、足为黑色，全体被白色蜡粉和微毛。雄成虫体长5.0–6.5mm，紫红色，翅展约10mm，前翅淡黑色，具多条伪横脉，停落时呈“八”字形，触角10节，黑色、丝状，除1–2节外，各节均环生3圈细长毛，腹末具枝刺17根，腹部末端有4个较长的突起。

生活习性：以若虫和雌成虫将口器刺入苗木组织内大量吸食嫩芽和枝条的汁液，诱发煤污病，使苗木长势减弱，严重时枯死。1年1代，以卵居卵囊内，在树木附近的建筑物缝隙、碎土块下、砖石堆里、树皮缝、树洞等处越冬，极少数以1龄若虫越冬。寄主萌动、树液流动后开始出囊上树为害。主要天敌有黑缘红瓢虫、红环瓢虫等。

木虱科 Psyllidae

本科昆虫通称木虱，多危害木本植物，重要的有危害梨树的梨木虱和危害桑树的桑木虱等。成虫、若虫刺吸植物汁液，有些传播植物病毒病。

防治方法：①在为害期喷清水冲掉絮状物，可毁灭较多若虫和成虫。②以10%吡虫啉可湿性粉剂2000倍液或特效药剂树虫清1500-2000倍液喷雾防治。③冬剪，去除多余侧枝。可用石灰16.5kg，牛皮胶250g，食盐1-1.5kg，配成白涂剂或使用淇林柯白，涂抹树干，毁灭过冬卵。④留意爱护寄生蜂、瓢虫、草蛉等天敌昆虫。

029 浙江朴盾木虱 *Celtisaspis zhejiangana* Yang et Li 半翅目 木虱科 朴盾木虱属

寄主植物：危害朴树。

形态特征：末龄若虫体长2.4–2.9mm，黄白色，复眼红棕色，翅芽卵圆形，较小。若虫在朴树叶下为害，造成叶片成瘿做壳，并分泌出蜡丝。虫瘿长角状，随龄期增加，蜡壳和长角状虫瘿也不断增加，末龄幼虫时虫瘿长3.67–7.69mm。

生活习性：朴树的专性寄生害虫，一片受害朴叶常生有1个到数个虫瘿，最多达30多个。1年2代，以卵在1–3年生的朴树枝条上越冬，以若虫潜伏瘿内危害。

030 青桐木虱（梧桐木虱） *Thysanogyna limbata* Enderlein 半翅目 木虱科 裂木虱属

寄主植物： 梧桐、楸树、梓树。

形态特征： 成虫体长5.6–6.9mm，黄绿色，粗大，被毛，具黑或黑褐色斑纹。头部横宽，顶深裂，黄色；复眼褐色，半球形突出；胸部黄色，具黑或黑褐色斑，中胸盾片具黑褐色纵纹6条，小盾片黄色；翅无色透明，翅脉茶黄色，翅痣厚不透明；足黄色，爪黑色；腹背淡黄色，各节前缘褐色带状。老熟若虫体长圆形，长3.0–5.0mm，色深，翅芽明显可见。

生活习性： 以若虫及成虫在叶背或幼枝嫩干上吸食树液。发生期分泌白色蜡丝，布满树体、叶面，随风飘扬，形如飞雾。分泌物中含有糖分，常招致霉菌寄生。1年2代，以卵在树皮缝或枝条基部阴面越冬。

031 樟个木虱 *Trioza camphorae* Sasaki 半翅目 木虱科 个木虱属

寄主植物： 主要刺吸樟、香樟。

形态特征： 成虫体长1.6–2.0mm，翅展4.5–6.0mm，体橙黄色，腹节1–7节，背面有1条黑色横带，雄虫不明显；触角丝状，末端数节颜色较暗；雌虫腹部末端1节的背板向后分开，侧面观呈叉状，雄虫腹末呈圆锥状；足的胫节端部有黑刺3枚，跗节2节。末龄若虫体长1.6–1.8mm，椭圆形，周围有白色蜡质絮状物。

生活习性： 以若虫刺吸叶片汁液，受害后叶片出现黄绿色椭圆形小突起，逐渐形成紫红色虫瘿，影响植株的正常光合作用，导致提早落叶。1年1代，少数2代，以若虫在被害叶背处越冬。

032 桑异脉木虱 *Anomoneura mori* Schwarz 半翅目 木虱科 异脉木虱属

寄主植物： 桑树。

形态特征： 成虫体初期绿色，渐变褐色，体长4.2–4.7mm，5龄若虫体长约2.5mm，成虫体形似蝉，复眼半球形，赤褐色，胸背隆起，具深黄纹数对。触角针状10节，顶端具刚毛2根，呈分叉状。中胸盾片有3对赭色黄纹。前翅长圆形，半透明有咖啡色斑纹，后翅透明。

生活习性： 1年发生1代，以成虫在桑树树皮内越冬，翌年桑芽萌发时，越冬成虫出蛰交尾，卵产在尚未展开的幼叶的背面，4月上旬初孵若虫取食为害，5月上中旬成虫羽化。成虫飞翔能力强，具群集性、迁移性，多在桑树嫩梢和叶背吸食叶片汁液。

蚜科 Aphididae

该科昆虫由于迁飞扩散寻找寄主植物时要反复转移取食，所以可传播多种植物病毒病，造成更大危害。

防治方法：①黄板诱杀：在地边或大棚里设置黄色板，方法是用0.33m^{2}的塑料薄膜，涂成金黄色，再涂1层凡士林或机油，放置在高出地面0.5m处，可以大量诱杀有翅蚜。②天敌防治：蚜虫天敌很多，如瓢虫、草蛉、食蚜蝇、小花蝽、蚜茧蜂、蚜小蜂等都是它的天敌。③银灰色塑料条：蚜虫对银灰色有较强的趋避性，因此可在园内挂上银灰色塑料条或铺银灰色地膜驱除蚜虫。此法对蚜虫迁飞传染病毒有较好的效果。④性信息素：把蚜虫信息素（400ml）滴入棕色塑料瓶中，把瓶子悬挂在园中，在它的下方放置水盆，使诱来的蚜虫落水而死。⑤草木灰液：用草木灰10kg，放入50kg的清水中浸泡，24h后滤出，在滤液中加入80%晶体敌百虫25g（也可不加），混匀后喷洒，可防治蚜虫、菜青虫等害虫。每隔7-8d喷洒1次，连喷3次。

033 桃粉大尾蚜（桃粉蚜） *Hyaloptera amygdali* Blanchard **半翅目 蚜科 大尾蚜属**

寄主植物：除桃外，还有李、杏、梨、樱桃、梅等果树及观赏树木。

形态特征：无翅蚜体长约2.3mm，长椭圆形，绿色，体表覆白色粉；中额瘤及额瘤稍隆；触角6节，光滑；腹管圆筒形，端部1/2灰黑色。有翅蚜体长约2.2mm，长卵形，头、胸部黑色，胸背有黑瘤，腹部绿色，体被一薄层白粉；触角6节，为体长2/3。

生活习性：雌蚜和若蚜群集于枝梢和嫩叶背面吸汁为害，被害叶向背对合纵卷，叶上常有白色蜡状的分泌物（为蜜露），常引起煤污病发生。1年10余代，以卵在枝条芽缝等处越冬。

群蚜科 Thelaxidae

群蚜科主要有雕蚜属和刻蚜属。在山毛榉、兰科和胡桃科植物叶背面危害。

防治方法：①冬初向寄主植物喷洒3-5波美度石硫合剂，杀灭越冬态蚜体。②早春在形成虫瘿前向嫩叶、嫩枝喷洒10%吡虫啉可湿性粉剂2000倍液或烟参碱乳油。③人工剪除并埋施严重病虫枝叶。

034 枫杨刻蚜 *Kurisakia onigurumi* Shinji 半翅目 群蚜科 刻蚜属

寄主植物： 枫杨。

形态特征： 无翅蚜体长2.1mm，长卵型，浅绿色，胸部有2条淡色纵带向外分射深绿横带；触角5节；足有刺突排列横瓦纹；腹管截断形，围绕腹管有长毛6–7根。有翅蚜体长2.3mm，长椭圆形，头、胸部黑色，腹部绿色，有黑斑；触角、腹管黑色；前翅中脉二叉，翅脉镶窄灰黑色边，亚前缘脉有短毛。

生活习性： 1年发生3代，越冬卵于每年3月孵化，5月下旬时种群数量急剧减少，呈现越夏蚜形态，9月后恢复生长。主要寄生在枫杨叶背和嫩梢，严重时能使树势衰弱。越夏蚜主要分布于叶脉和叶边缘处。

斑蚜科 Drepanosiphidae

斑蚜科是蚜总科中一个中等大小相对较为古老的类群，广泛分布于世界各地。寄主植物主要为阔叶乔木、灌木、草本单子叶植物等。

防治方法：①园艺防治冬季结合修剪，清除病虫枝、瘦弱枝以及过密枝，可以起到消灭部分越冬卵的作用。家庭盆栽的还要尽可能做到枝干光洁，注意清除枝丫处翘裂的皮层，并集中烧毁，以减少越冬蚜卵。②药剂防治可以喷洒10%蚜虱净可湿性粉剂1500倍掖，或50%杀螟松乳油1000倍液、40%氧化乐果乳油1000倍液以及80%敌敌畏乳油1000倍液等，同时可以起到兼治紫薇绒蚧等害虫的功效。

035 紫薇长斑蚜 *Tinocallis kahawaluokalani* Kirkaldy 半翅目 斑蚜科 长斑蚜属

寄主植物： 主要危害紫薇的叶片。

形态特征： 无翅蚜体长约1.6mm，椭圆形，黄、黄绿或黄褐色。头、胸部黑斑较多，腹背部有灰绿和黑色斑；触角6节，细长，黄绿色；头部背中有纵纹1条；后足胫节膨大；第1和第3–8腹节背板各具中瘤1对；腹管短筒形；有翅蚜体长约2.1mm，长卵形，黄或黄绿色，具黑色斑纹；触角6节，为体长的2/3；翅脉镶黑边，前翅前缘及顶端各有较大的灰绿色斑。

生活习性： 有群集性，常常在嫩叶的背面布满害虫，叶片卷缩，凹凸不平，被害植株新梢扭曲，花芽发育受到抑制，影响开花，还会诱发煤污病，传播病毒病。1年10余代，以卵在其他寄主植物芽腋或树皮裂缝中越冬。

036 朴绵叶蚜 *Shivaphis celti* Das 半翅目 斑蚜科 绵叶蚜属

寄主植物：山楂和朴树、小叶朴等朴属植物，其中以朴树为主。

形态特征：无翅蚜体长约2.3mm，长卵形，灰绿色，秋季带粉红色，体表有蜡粉和蜡丝，体背毛短尖；触角6节；腹管极短，环状隆起；有翅蚜体长约2.2mm，长卵形，黄至淡绿色；头、胸褐色，腹部有斑纹，全体被蜡粉蜡丝；翅脉正常，褐色有宽晕；腹管环状。

生活习性：群居在叶片背面刺吸为害，有时也在叶正面和幼枝为害。造成叶片严重畸形、肿胀、扭曲，影响朴树的生长发育。1年发生多代，以卵在朴属枝上的茸毛和粗糙处越冬。

毛蚜科 Chaitophorinae

毛蚜科昆虫主要防治方法：①保护和利用天敌：春季发生量少时喷清水冲蚜，既消灭蚜虫，又能保护后期的天敌，如蚜茧蜂、异色瓢虫、中华草蛉、丽草蛉、食蚜蝇和食虫虻等天敌。据调查不打药的杨树上，90%以上有蚜茧蜂寄生。②物理防治：有翅迁飞期，利用黄胶板或黄绿色高压黑光灯诱杀成虫，可减少后期为害。③药剂防治：严重发生时，喷施40%速果乳油2000倍液，或25%灭蚜威（乙硫苯威）乳油1000倍液防治。

037 栾多态毛蚜 *Periphyllus koelreuteriae* Takahashi 半翅目 毛蚜科 多态毛蚜属

寄主植物：主要危害栾树、黄山栾树的嫩梢、嫩芽、嫩叶，使叶片蜷缩变形，干枯死亡。

形态特征：无翅体长为3mm左右，长卵圆形，黄褐色、黄绿色或墨绿色。头前部有黑斑；胸背有深褐色“品”字形大斑，两侧有月牙形褐色斑；触角、足、腹管和尾片黑色；腹管间有长毛27–32根。有翅蚜体长为3mm，翅展6mm左右，头和胸部黑色，腹部黄色，体背有明显的黑色横带。

生活习性：1年数代，以卵在芽缝、树皮伤疤、树皮裂缝处越冬。栾树刚发芽时，越冬卵孵化为若蚜。4月中下旬出现大量有翅蚜，进行迁飞扩散，虫口大增。

038 柳黑毛蚜

Chaitophorus saliniger Shinji　**半翅目　毛蚜科　毛蚜属**

寄主植物：危害柳树叶片。

形态特征：无翅蚜体长约1.4mm，黑色。头及各胸节间分离；后足胫节基部稍膨大，有伪感觉圈，表皮有微刺组成互状纹，毛尖锐；触角6节，为体长的1/2；第1-7腹节背片有愈合的背大斑1个，各缘斑黑色；腹管截断形，有网纹。有翅蚜体长1.5mm，黑色，附肢淡色；翅脉正常；腹管短筒形。

生活习性：以口针刺入叶片在柳叶正反面沿中脉为害，严重时常盖满叶片，盛发时虫体在枝干，直接影响柳林的生长。1年20余代，以卵在枝上越冬。

瘿绵蚜科 Pemphigidae

该科含39属266种，中国已知48种，主要分布于东北、华北、西南、华东，遍及全国各地。

防治方法：①树干涂白：秋末冬前，树干涂白或用黄泥浆封闭集结在树皮缝等处的蚜群及其所产的越冬卵；②危害严重时，用40%乐果乳油1kg加氯化铵化肥25-30kg，兑水500kg，浇淋根部，干旱时要注意防止药害。③有条件地区也可用50%辛硫磷乳油1500倍液灌根。

039 秋四脉绵蚜

Tetraneura akinire Sasaki　**半翅目　瘿绵蚜科　四脉绵蚜属**

寄主植物：危害榆树、榔榆、榉树、高粱、芦苇等榆科、禾本科植物。

形态特征：无翅蚜体长2.0-2.5mm，椭圆形，体杏黄色、灰绿色或紫色，被薄蜡粉，体被呈放射状的蜡质绵毛，触角4节，跗节仅一节。有翅蚜体长卵形，长约2.0mm、宽0.9mm，头、胸部黑色，腹部灰绿色至灰褐色，触角4节，前翅中脉不分叉，共4条，后翅中脉1条，没有腹管。危害榆树时形成红色袋状竖立在叶面上的虫瘿，在叶正面中脉两侧成袋状虫瘿，基部常具柄，端部常略尖，虫瘿高15-40mm，形状不规则，初为黄绿色，后变成玫红色。

生活习性：危害高粱、玉米等根部，造成黄化。1年10余代，以卵在榆树等木本寄主的树皮缝中越冬，翌年3-4月寄主发芽时卵孵化危害。雌性蚜在向阳处的枝条缝隙中产卵越冬。

040 杨柄叶瘿绵蚜 *Pemphigus matsumurai* Monzen 半翅目 瘿绵蚜科

寄主植物：杨树。

形态特征：有翅蚜体椭圆形，头、胸黑色，腹部淡色。体表光滑，蜡片淡色，头顶弧形；触角粗短；翅脉镶淡褐色边，前翅4斜脉不分岔，2肘脉基部愈合，后翅2肘脉基部分离；腹管无；尾片半圆形。在叶片正面的叶柄基部形成长球状虫瘿，直径15-20mm，与叶片同色或稍带红色，每叶1瘿，部分2瘿，虫瘿成熟后裂开，顶部表皮具次生开口，有翅蚜飞出。

生活习性：在叶片正面的叶柄基部形成长球状虫瘿，直径15-20mm，瘿表粗糙不光滑，与叶片同色或稍带红色，每叶以1瘿为多，部分2瘿。4月瘿内多为干母，5月中旬发育为若蚜和有翅蚜，每瘿内有翅蚜近百头，6月虫瘿成熟后裂开，顶部表皮具次生开口，有翅蚜飞出。

蝽科 Pentatomidae

蝽科是半翅目-异翅亚目中最常见的大科之一，蝽科全部为陆生昆虫，大多数为植食性种类，是重要的农林害虫，而益蝽亚科为捕食性种类，是重要的天敌昆虫和生物防治的利用对象，因此，该科昆虫具有十分重要的经济意义。

防治方法：①早春及时清除杂草，集中深埋或烧毁，防止越冬卵的孵化，同时还可截断越冬代若虫的食物来源。②结合冬季清园，开春刮树皮，可减少越冬虫卵，或于3月中、下旬结合刮树皮，喷3-5波美度的石硫合剂，可杀死部分越冬卵。③药剂防治方法：抓住最佳时期进行全面喷药，可达到良好的防治效果。

041 薄蝽　*Brachymna tenuis* Stal　半翅目　蝽科　薄蝽属

寄主植物：危害毛竹、红壳竹、刚竹、淡竹、黄枯竹等。

形态特征：成虫体长14–16mm，宽6.5mm，长椭圆形，黄褐至淡灰褐色；头呈长三角形，侧叶长于中叶，末端稍分开呈缺口状，极细的黑色边缘；触角淡黄，第4、5节末端渐黑；前胸背板前侧缘弯曲，边缘黑色，具粗锯齿，侧角略凸出；前翅膜片淡色透明，中部有1条纵走略弯曲的淡褐色纹；足上密布明显的黑色小圆斑；腹下散布小的排列不规则的黑褐色圆斑。

生活习性：以成虫、若虫在竹枝干上取食汁液，虫口密度大时造成枯枝。1年1代，以成虫越冬。卵产于竹叶背面。

042 茶翅蝽　*Halyomorpha picus* Fabricius　半翅目　蝽科　茶翅蝽属

寄主植物：危害农作物、桑树，尤以梨及桃受害较重。

形态特征：成虫体长15mm左右，宽8–9mm，茶褐色；前胸背板前缘具有4个黄褐色小斑点，呈一横列排列；小盾片基部大部分个体均具有5个淡黄色斑点，其中位于两端角处的2个较大；触角5节，最末2节有2条白带将黑色的触角分割为黑白相间；卵短圆筒形，顶平坦，中央稍鼓起，径长约1.2mm，周缘环生短小刺毛；初产时淡绿色，近孵化时变淡白色。卵块呈不规则的三角形。

生活习性：1年1代，以成虫在草堆、树洞、石缝等背风处越冬。5月上旬开始陆续出蛰活动。首先危害桑树及农作物，于6月上旬转到梨树、桃树上为害，以成虫、若虫吸食寄主植物的叶、嫩梢及果实的汁液，并产卵繁殖。

043 赤条蝽　*Graphosoma rubrolineata* Westwood　半翅目　蝽科　条蝽属

寄主植物：主要危害胡萝卜、茴香、北柴胡等伞形科植物，也可危害栎、榆、黄菠萝等植物的叶片和花蕾。

形态特征：成虫体长10–12mm，宽约7mm，红褐色，其上有黑色条纹，纵贯全长；头部有2条黑纹；前胸背板较宽大，两侧中间向外突，略似菱形，后缘平直，其上有6条黑色纵纹，两侧的2条黑纹靠近边缘；小盾片宽大，呈盾状，前缘平直，其上有4条黑纹，黑纹向后方略变细，两侧的2条位于小盾片边缘；体侧缘每节具黑、橙相间斑纹。触角5节，棕黑色，基部2节红黄色，喙黑色，基部隆起；体腹面黄褐色或橙红色，其上散生许多大黑斑；足黑色，其上有黄褐色斑纹。

生活习性：1年1代，以成虫在田间枯枝落叶、杂草丛中、石块下、土缝里越冬。4月中、下旬越冬成虫开始活动。

044 岱蝽 *Dalpada oculata* Fabricius 半翅目 蝽科 岱蝽属

寄主植物：主要危害油茶、泡桐、杉、柑橘等。

形态特征：成虫体长14.5–18mm，宽7–8.5mm。淡赭色，具暗绿斑。头暗绿，杂生淡赭色斑纹，侧叶与中叶等长，侧缘近端处呈角状突出；触角黑色，第4、5节基淡黄。前胸背板具4–5条隐约的暗绿色纵带，胝区周缘光滑，后缘有2个黄褐小斑；小盾片两基角圆斑及其端斑淡黄褐，前者光滑，后者具刻点。前翅膜片淡烟色，基半脉纹及亚缘处若干小斑暗褐。侧接缘黄黑相间。足黄褐，腿节端、胫节端半及跗节端色暗。腹部腹面黄褐，每节侧缘黄褐，其内向具暗色宽带。第6可见腹节正中有大黑斑。

生活习性：未做系统观测。

045 二星蝽 *Eysarcoris guttiger* Thunberg 半翅目 蝽科 二星蝽属

寄主植物：危害麦类、水稻、棉花、大豆、胡麻、高粱、玉米、甘薯、茄子、桑等的茎秆、叶穗、叶片。

形态特征：成虫体长4.5–5.6mm，宽3.3–4.5mm，卵圆形，黄褐或黑褐色，全身被黑色刻点；触角浅黄褐色，第5节黑褐；前胸背板侧角短，末端圆钝，黑色；小盾片舌状，长达腹末前端，基角具2个黄白光滑的小圆斑，末端多无明显的锚形浅色斑；腹背污黑，侧接缘外侧黑白相间，腹部腹面漆黑色，有光亮，侧区淡黄，密布黑色小刻点。

生活习性：二星蝽年发生代数各地不同，每年6–10月为幼虫为害期。成虫白天隐藏在植株的隐蔽处，以夜间活动为主。初孵幼虫蛀入花蕾为害，有转花、荚为害的习性。老熟幼虫落地化蛹。

046 广二星蝽 *Eysarcoris ventralis* Westwood 半翅目 蝽科 二星蝽属

寄主植物：危害水稻、小米、高粱、玉米、黄粟、甘蔗、大豆、棉花、芝麻、花生等作物的茎秆、叶穗、叶片。

形态特征：成虫体长4.8–6.3mm，宽3.2–3.8mm，卵形，黄褐色，密被黑色刻点；头部黑色或黑褐色，多数个体头侧缘在复眼基部上前方有一个小黄白色点斑；触角基部3节淡黄褐色，端部2节棕褐；前胸背板侧角不突出；小盾片舌状，基角处有黄白色小点，端缘常有3个小黑点斑；翅长于腹末，几乎全盖腹侧；足黄褐色，具黑点。腹部背面污黑，侧接缘内、外侧黄白色，中间黑色，节间后角上具黑点。

生活习性：成虫和若虫性喜荫蔽，多在叶背、嫩茎和穗部吸汁，强光照时常躲藏于叶背和茎秆上，并具有较强的“假死性”，遇惊立刻落地。卵多产于寄主叶背，亦有少数产在穗芒或叶面的，每处6–14枚，排成1至2纵行。

047 麻皮蝽　*Erthesina fullo* Thunberg　半翅目　蝽科　麻皮蝽属

寄主植物：主要危害桃、杏、梨、苹果等果实，也危害泡桐等其他林木的叶、嫩茎及果实。

形态特征：成虫体长20.0–25.0mm，宽10.0–11.5mm，体黑褐，密布黑色刻点及细碎不规则黄斑；触角5节黑色，第5节基部1/3为浅黄色；头部前端至小盾片有1条黄色细中纵线；前胸背板前缘及前侧缘具黄色窄边；胸部腹板黄白色，密布黑色刻点；各胫节黑色，中段具淡绿色环斑；腹部侧接缘各节中间具小黄斑，气门黑色，腹面中央具一纵沟，长达第5腹节；卵灰白，卵块略呈柱状，顶端有盖，周缘具刺毛。若虫各龄均扁洋梨形，前尖削后浑圆，老龄体长约19mm，似成虫，自头端至小盾片具一黄红色细中纵线；体侧缘具淡黄狭边；腹部3–6节的节间中央各具1块黑褐色隆起斑，斑块周缘淡黄色，上具橙黄或红色臭腺孔各1对；腹侧缘各节有一黑褐色斑；喙黑褐伸达第3腹节后缘。

生活习性：1年1代，以成虫在空房、屋角、檐下、墙缝、树洞、土缝、草丛、枯枝落叶及草堆等处越冬。卵块产于叶背。若虫喜群集为害，大龄若虫和成虫则喜分散为害。

048 珀蝽　*Plautia fimbriata* Fabricius　半翅目　蝽科　珀蝽属

寄主植物：危害茶、梨树、桃树、李杉、盐肤木、泡桐、水稻、大豆、菜豆、玉米等。

形态特征：体长8–11.5mm，宽5–7.5mm，椭圆形，有光泽，密被黑色或与体同色的细点刻；头鲜绿，复眼棕黑，单眼棕红，小盾片鲜绿，末端色淡；触角第2节绿色，3、4、5节绿黄，末端黑色；前胸背板鲜绿色，侧角末端处常为肉红色，后侧缘处刻点较密而黑。前翅革片外域鲜绿，内域暗红色，刻点粗黑；腹下黄绿色，足鲜绿。

生活习性：成虫和若虫均吸食嫩叶、嫩茎和果实的汁液，严重时造成叶片枯黄，提早落叶，树势衰弱。1年3代，以成虫在枯草丛中、林木茂盛处越冬，次年4月上、中旬开始活动，10月下旬开始陆续蛰伏越冬。

049 竹卵圆蝽 *Hippotiscus dorsalis* Stal 半翅目 蝽科 卵圆蝽属

寄主植物：危害毛竹、黄古竹、红竹、刚竹和毛金竹等。

形态特征：成虫体长14.5–15mm，宽7.5–8mm，褐色至灰白色，刻点黑密；头侧叶长于中叶；触角黄褐至黑褐，第5节基半黄白；前胸背板后半均匀隆起，前侧缘稍外拱，边缘及前翅革质部外缘基处黑褐或漆黑色，略上"翘"；小盾片基缘、两基角处小斑及末端新月形斑，均淡黄色；前翅膜片烟色，脉纹黄褐，略长过腹末；足及腹部腹面淡黄褐，气门黑色。

生活习性：成堆聚集在竹秆竹节处吸食竹汁，使竹枝从下往上枯死，直致整株死亡，并造成竹鞭死亡。1年1代，以中龄若虫在地表笋壳、枯枝落叶中越冬。卵多产于叶背面，少产于竹秆、竹枝上。

050 稻绿蝽 *Nezara viridula* Linnaeus 半翅目 蝽科 绿蝽属

寄主植物：危害柑橘、水稻、玉米、花生、十字花科蔬菜等。

形态特征：体长12–16mm，宽6–8mm，椭圆形，头近三角形，触角第3节末及4、5节端半部黑色，前胸背板的角钝圆，前侧缘多具黄色狭边。

生活习性：以成虫在寄主上或背风荫蔽处越冬。1年3代，4月上旬始见成虫活动，卵产在叶面，30–50粒排列成块，初孵若虫聚集在卵壳周围，2龄后分散取食，约50–65d变成成虫，第一代成虫出现在6–7月，第二代成虫出现在8–9月，第三代成虫于10–11月出现。

异蝽科 Urostylididae

异蝽科昆虫均为植食性，主要危害多种林木。通常成虫及若虫喜聚集于嫩枝及嫩梢上危害，严重时造成林木成片枯死。

防治方法：①清园，从源头上防治。②改进栽培措施：合理施肥，高光效修剪，使园内通风透光，促其健壮生长，提高树体抗性。③刮树皮，尤其下部老皮，有裂开的，虫就藏在里边，刮后集中烧掉，消灭幼虫。④人工捕杀：在主蔓上束草让卵产在草里，可消灭卵块。当集中为害时，可人工捕杀。⑤用无公害农药防治：选用符合无公害、绿色食品生产要求的无公害农药。

051 花壮异蝽　*Urochela lutoovaria* Distant　半翅目　异蝽科　壮异蝽属

寄主植物： 梨树、构树。

形态特征： 成虫体长9-12mm，宽46mm，长椭圆形，黑褐色，杂生淡斑，被黑及黄白色刚毛；头黄绿色，中央有黑色花纹；触角黑色，第4、5节基半黄色；前胸背板深褐，前半杂绿色点斑，胝区黑色，后缘中央有一淡黄色短纵纹，前缘及侧缘有上卷的狭边，侧缘狭边基半黄绿，端半及其内侧处黑色；小盾片及翅深褐，小盾片基角黑色，其内侧有淡绿色斑；前足基外侧有1圆形黑斑，前缘有1短纹；中足基内外黑斑各1个，后胸侧板外缘及后缘各有1黑斑。腹部侧接缘黑白相间。

生活习性： 成虫和若虫常群集于梨树枝干上吸食汁液，也危害果实和叶片，使梢叶枯萎，严重时枝条枯死。排泄和分泌的黏液常诱发煤烟病，影响光合作用，削弱树势。1年1代，以若虫在枝干粗皮缝、草堆及土石缝中越冬。

兜蝽科 Dinidoridae

该科昆虫均为植食性，常生活在豆科植物或瓜类植物上吸食汁液，引起寄主枯萎，甚至死亡。

防治方法：成虫有群聚危害的特点，若虫发生期，发现群聚危害时可使用高效氯氰菊酯进行喷杀防治。

052 刺槐小皱蝽　*Cyclopelta parva* Distant　半翅目　兜蝽科　皱蝽属

寄主植物： 危害刺槐、紫穗槐、胡枝子、葛条等多种园林植物。

形态特征： 成虫体长10-13mm，宽5-8mm，卵圆形，体黑褐色，无光泽。头小，触角黑色、4节，第2、3节稍扁；前胸背板后半部及小盾片上，有很多横向细皱纹，故称小皱蝽；小盾片三角形，盖着腹部第4节，基缘中央常有黄褐色或红褐色小斑，有时末端也有一个小黄点；腹部背面为红褐色，两侧缘各节中央有红褐色横斑，腹面为红褐色；腿节下方有刺。

生活习性： 以若虫群聚刺吸受害植物的枝条，为害严重时致幼树整株枯死。1年1代，以成虫聚集在槐树下的土表层越冬，越冬场所杂草丛生。多集中在萌发比较早的杂草上及刺槐根际处，取食槐树汁液。

053 大皱蝽 *Cyclopelta obscura* Lepeletier et Serville 半翅目 兜蝽科 皱蝽属

寄主植物：主要危害刺槐、紫荆、洋豆、扁豆、黄豆、四季豆等豆科植物，对刺槐及紫荆为害更重。

形态特征：比小皱蝽稍大，极似小皱蝽。成虫体长11.5–15mm，宽6.5–8mm，椭圆形，红褐至黑褐色，体背有许多黑褐色的小刻点及褶皱。小盾片上有较为明显的横皱，基部中央有一黄白色小斑点，末端有时隐约可见黄白色小点。

生活习性：1年1代，以成虫在刺槐等寄主植物基部的枯叶或杂草下的土面上群集越冬，少数也有在植株基部的土缝内、砖石瓦砾下越冬。

红蝽科 Pyrrhocoridae

植食性，栖息于植物表面或地面，取食果实和种子。

防治方法：①农业防治：实行轮作倒茬，收获后清除田间枯枝落叶，翻耕土地。②药剂防治：必要时喷洒90%晶体敌百虫1000倍液。

054 小斑红蝽 *Physopelta cincticollis* Stal 半翅目 红蝽科 斑红蝽属

寄主植物：危害毛竹、油茶、白背野桐、油桐、柑橘、杂灌木等。

形态特征：成虫体长11.5–14.5mm，宽4.2–5.2mm，窄椭圆形，腹面隆起，背面较平坦，红褐色，被半直立浓密细毛。触角4节，除第4节基半部为淡黄色外，余均黑色；前胸背板梯形，中部有一横沟，中线隆出，将背板略分为4块，暗褐色，周缘赤黄；前胸背板前缘和侧缘、革片前缘及侧接缘棕红色，胸侧板及腹部腹面暗棕色，腹部腹面节缝棕黑色；革片中央圆斑（无明显刻点），其顶角一小斑及前翅膜片黑色；前足股节稍粗大，其腹面近端部有2或3个刺。

生活习性：以成虫在枯枝落叶层越冬，4–5月出蛰交配产卵。

055 突背斑红蝽 *Physopelta gutta* Burmeister 半翅目 红蝽科 斑红蝽属

寄主植物：香榧、竹类、柑橘、油橄榄、杂灌木等。

形态特征：成虫体长14–19mm，宽3.5–5.5mm，体延伸，两侧略平行，常棕黄色，被平伏短毛；头顶、前胸背板中部、前翅膜片、胸腹及足暗棕褐色；前胸背板侧缘腹面及足基通常红色；触角（除第1、4节基部黄褐色）、眼、小盾片、革片中央两大斑（有明显刻点）及其顶角亚三角形斑棕黑色；腹部腹面棕红色，有时黄褐色，腹部腹面侧方节缝处有三个明显新月形棕黑色斑。

生活习性：以成虫在枯枝落叶层越冬，4–5月出蛰交配产卵。

荔蝽科 Tessaratomidae

又称硕蝽科，是一类体形较大的昆虫。头小，很多种类颜色艳丽，还可能有金属光泽。以植物为食，有些种类被认为是农业害虫。

防治方法：①冬季10℃以下低温期，振落越冬成虫，集中处理。②采摘卵块和初孵未分散若虫。③释放平腹小蜂。可在荔枝蝽产卵初期开始放蜂，间隔10d，连放数次，每株树600头蜂左右，成效显著。④早春越冬成虫未产卵前和卵盛孵期各喷20%灭扫利乳油3000-4000倍液或2.5%敌杀死乳油3000-5000倍液1次，效果良好。

056 硕蝽　*Eurostus validus* Dallas　**半翅目　荔蝽科　硕蝽属**

寄主植物：松、板栗、茅栗、泡桐、梨等。

形态特征：成虫体长23–34mm，宽11–17mm，棕褐色，有亮绿色金属光泽，全身密布细刻点；头小，侧片长于中片；触角基部3节黑色，末节枯黄色，末端有2枚锐刺；前胸背板前缘蓝绿色，小盾片三角形，上有明显皱纹，两侧缘蓝绿色，末端呈小匙状；腹部背面紫红色，接侧缘蓝绿色，末缝处微红色。雄成虫个体大，翅外缘腹部露出部分较宽；雌成虫较小，腹扁平，翅外缘腹部露出部分很窄。

生活习性：以5龄若虫和成虫刺吸危害新萌发嫩梢，嫩梢枯萎后，转移危害其他嫩梢，严重影响板栗树开花结果和叶片光合作用，导致早期落叶。1年1代，以5龄若虫越冬，越冬场所主要在落叶层中、土石缝、石块下等。

盲蝽科 Miridae

多为植食性，危害花蕾、嫩叶、幼果，并传播植物病毒。

防治方法：可选用氯氟氰菊酯、氯氰丙溴磷、马拉辛硫磷、毒死蜱辛硫磷、氟虫氰等药剂进行防治，尽量选择在晴天下午5:00-7:00点喷洒药剂，期间要先打外围，再转着圈往里打，有利于集中消灭盲蝽。

057 原丽盲蝽　*Lygocoris pabulinus* Linnaeus　**半翅目　盲蝽科　丽盲蝽属**

寄主植物：荨麻属、滨藜属、悬钩子属、藜属、旋花属等属多种草本植物，以及杨、柳、松、云杉、槭、李、梨、山茱萸等多种木本植物。

形态特征：成虫体长5.0–6.7mm，宽1.7–2.3mm，长卵形，背面全为绿色或黄绿色，无深色斑纹，被有金色柔毛；头略前伸，头顶后缘脊不完整，中段消失；触角第1节及第2节的基部2/3同体色，其余部分黑褐色至黑色；腹面及足颜色与背面相同，胫节刺色浅，略深于体色，跗节至少末两节黑色。

生活习性：虫害主要发生于7–8月，但以7月为重。

058 苜蓿盲蝽 *Adelphocoris lineolatus* Goeze **半翅目 盲蝽科 苜蓿盲蝽属**

寄主植物：食性很杂，可取食多种植物，特别喜食藜科、豆科、葫芦科、亚麻科等作物和牧草，如甜菜、豆类、瓜类、胡麻和苜蓿等，不取食禾本科植物。

形态特征：成虫体长7.5–9mm，宽2.3–2.6mm，黄褐色，被细毛；头顶三角形，褐色，光滑，复眼扁圆，黑色，喙4节，端部黑，后伸达中足基节。触角细长，端半色深，1节较头宽短，顶端具褐色斜纹，中叶具褐色横纹，被黑色细毛；前胸背板胝区隆突，黑褐色，其后有黑色圆斑2个或不清楚；小盾片突出，有黑色纵带2条；前翅黄褐色，前缘具黑边，膜片黑褐色；足细长，股节有黑点，胫基部有小黑点。腹部基半两侧有褐色纵纹。

生活习性：若虫或成虫喜集聚活动，喜食植物幼嫩组织，如刚出土幼苗的子叶、新叶及花蕾。1年4–5代，以卵在苜蓿等植物的枯枝落叶内越冬。

059 中黑盲蝽 *Adelphocoris suturalis* Jakovlev **半翅目 盲蝽科 赤须盲蝽属**

寄主植物：危害锦葵科、豆科、菊科、伞形花科、十字花科、桑科、旋花科、藜科、胡麻科、紫草科等18科近40种植物。

形态特征：成虫体长5.5–7.0mm，体宽2.1–2.6mm，狭椭圆形，污黄褐色至淡锈褐色；头锈褐色，额区可具色略深的若干成对的平行横纹带；头部毛淡色，细，较稀；触角黄褐，比身体长，第2节略带红褐色，第1、4节污红褐色，触角毛淡色；小盾片黑褐色，具横皱，爪片内半沿接合缘为两侧平行的黑褐色宽带，与黑色的小盾片一起致使体中线成宽黑带状，故名。楔片最末端黑褐色；膜片黑褐色。刻点甚细密而浅；后足股节具黑褐色及红褐色点斑，成行排列。

生活习性：黄河流域棉区1年4代，长江流域5–6代，以卵在茎秆或叶柄中越冬。

同蝽科 Acanthosomatidae

本科昆虫特征，主要是体一般为长椭圆形，前胸背板两侧角大多数种类都不同程度地延伸，呈刺状或角状，个别甚至可延伸呈翼状。

防治方法：清除花卉附近杂草，减少虫源，在若虫盛发期喷洒10%二氯苯醚菊酯乳油4000倍液，或用2.5%溴氰菊酯5000倍液，10%吡虫啉可湿性粉剂2000倍液，10%除尽乳油2000倍液，20%灭多威乳油2000倍液等防治。

060 伊锥同蝽　*Sastragata esakii* Hasegawa　半翅目　同蝽科　锥同蝽属

寄主植物： 柞、栎。

形态特征： 成虫体长11.5–13mm，宽6–8mm，椭圆形，淡黄褐色，具较密的棕黑刻点；头部黄褐，光滑无刻点，侧叶具细横皱纹；前胸背板前部光滑，黄褐色，两侧角较粗短，末端钝圆，微向后弯，黑褐色，侧缘后部及革片外域褐绿（也有部分个体色较淡）、革片内域暗黄褐色，膜片黄褐半透明；小盾片基部中央具一淡黄色的光滑大斑，其前缘正中央呈尖三角形切入；胸部及腹部腹面橘黄色；腹部侧接缘黄褐。雄虫最后腹节后缘平截。

生活习性： 雌虫产卵后有静伏在卵块上保护卵块的习性。每年5–10月为成虫发生期，可在柞、栎混交林中见到，主要刺吸嫩芽和花中汁液。5月初在树上可见交尾及产卵。

土蝽科 Cydnidae

土蝽科昆虫多生活于土中或地表，以植物的根或动物的遗体为食，许多种类危害农作物。有些种类成虫具护卵或护低龄若虫行为。

防治方法：用磷化铝土壤熏蒸，能够得到一定的杀虫效果。具体办法是采用植株根际扎孔投药熏蒸，每株投药0.2–0.3g，成虫大量出土时，可用杀灭菊酯、敌杀死等拟除虫菊酯类农药地面喷雾，也可适当减轻危害。

061 青革土蝽　*Macroscytus subaeneus* Dallas　半翅目　土蝽科　革土蝽属

寄主植物： 豆类、花生、麦类及禾本科杂草。

形态特征： 成虫体长7.5–11mm，宽3.8–6mm，扁长卵圆形，褐色至黑褐色，光亮；头背面无刻点，有6根长刚毛；复眼浅褐，似三角形，单眼橙红色；触角浅褐，密生绒毛；前胸背板宽大于长的2倍，中部常具一横缢，前方及后缘光平，其余部分刻点稀疏，每侧缘具6–9根刚毛，后缘两侧扩展成瘤状；小盾片刻点浓密，基角光平；前翅刻点细小浓密，前缘基部具2–3根刚毛；膜片烟色，端部及翅脉具深色斑点；各足胫节密生长刺，后足腿节腹面有小突起。

生活习性： 青革土蝽多生活于地表或土中，以植物的根或动物的遗体为食，许多种类危害农作物，有些种类成虫具护卵或护低龄若虫行为。

062 三点边土蝽

Legnotus triguttulus Motschulsky 半翅目 土蝽科 边土蝽属

寄主植物：草本植物。

形态特征：成虫体长4.2–5.3mm，宽2.1–2.4mm，长圆形，黑褐色；前胸背板、前翅革片及腹部具白色边缘；前翅革片中部具长圆形白色斑点，有时白斑消灭，仅剩一光滑斑痕；小盾片顶角白色；头长与头顶宽约相等，眼小，向两侧突出。前胸背板侧缘向外圆凸，前角圆形；前翅前缘向外圆凸；膜片烟黑色，无翅脉。

生活习性：生活于土中，主要危害嫩根，刺吸汁液，致使根部吸收养料的能力受到损害，叶片变黄，影响正常的生长和发育。

网蝽科 Tingidae

因前胸和前翅全部密布网状小室，因此通称为网蝽，全部为植食性，均生活于寄生植物上。喜在叶背栖息、取食，少数种类会栖息在树干的树皮缝隙中。

防治方法：①冬季清园，清除枯枝落叶或深翻土，消灭越冬卵和成虫，同时冬季树干涂白。②化学防治：使用吡虫啉、菊酯类、有机磷类药剂都有效。③对于网蝽类具有迁移性的害虫，用药时在保证植株安全的前提下，适当缩短用药间隔期，尽量选择内吸性强，持效期长的农药。

063 梨冠网蝽

Stephanitis nashi Esaki et Takeya 半翅目 网蝽科 冠网蝽属

寄主植物：危害梨、扶桑、木瓜、栀子花、桃树、樱花、茶花、茉莉、海棠、杜鹃、蜡梅、杨树等园林植物。

形态特征：体长3–3.5mm，宽1.6–1.8mm，体黑褐色，扁平；头小、复眼暗黑，无单眼；触角丝状，浅黄褐色，丝状4节，第3节最长；头部有5个锥状突起；前胸背板黄褐色，具3条纵脊，中部纵向隆起，向后延伸成叶状突起，盖于小盾片上；前胸背板两侧向外突出呈翼片状，两侧和背面叶状突起及前翅布有网状花纹；静止时，两前翅叠起，翅面黑色斑纹呈“X”形。后翅膜质，白色，透明，翅脉暗褐色；前胸两侧外延部分和宽阔外延的前翅合成古代刑用的木枷形状，故又称“军配虫”。

生活习性：成虫、若虫群集在叶片吸取汁液，使叶背呈黄褐色的锈状斑点，引起叶片苍白甚至早期脱落，造成植株衰弱，影响生长发育及开花。1年3–4代，以成虫在落叶、杂草、树皮缝和树下土块缝隙内越冬，次年梨树展叶时开始活动。

064 膜肩网蝽　*Hegesidemus habrus* Darke　半翅目　网蝽科　膜肩网蝽属

寄主植物：危害垂柳、毛白杨、河柳、桑等植物。

形态特征：成虫体长3.5mm左右，扁阔多网纹，褐色。头小，中间黑色，近复眼处两边各一白色头刺。前胸背板隆起，中纵脊和二侧脊几平行，三角突左右有两黑斑；前翅长椭圆形，膜质，具褐色网纹，亚前缘域及中域从基缘和后缘1/3处各出一带连接呈深褐"X"形斑；足褐色。初孵若虫0.2mm左右，白色半透明，1-2h变黄色，3龄出现翅芽，腹背出现黑斑，随虫龄增大而斑块变大加深。

生活习性：成虫和若虫皆栖居叶背面刺吸叶汁，叶正面形成苍白斑点，后整个叶片失绿变黄。1年5代，以成虫在树皮裂缝、树洞等隐蔽处越冬，4月上旬开始上树吸吮嫩叶。

065 悬铃木方翅网蝽　*Corythucha ciliata* Say　半翅目　网蝽科　方翅网蝽属

寄主植物：主要危害悬铃木属树种的叶片。

形态特征：成虫体长3.2-3.7mm，宽约2.2mm，黑色；头兜、侧背板及半鞘翅呈透明白色或灰白色，有许多小室呈网状构造；头兜发达，盔状，前伸达触角第2节中部或末端；头兜、侧背板、中纵脊和前翅表面的网肋上密生小刺，侧背板和前翅外缘的刺列十分明显；前翅显著超过腹部末端，静止时近长方形，其前缘基部强烈上卷并突然外突；前翅鼓突部的基部有1明显黑斑，翅末端的部分脉纹往往暗色；足细长，腿节不加粗。

生活习性：以成虫和若虫刺吸寄主树木叶片汁液为害，受害叶片正面形成许多密集的白色斑点，叶背面出现锈色斑，从而抑制寄主植物的光合作用，影响植株正常生长，导致树势衰弱。繁殖能力强、耐寒，成虫在寄主树皮下或树皮裂缝内越冬。1年可发生2-5代或更多世代，世代重叠严重。

缘蝽科 Coreidae

植食性，成虫、若虫栖息在植物上，以豆科和禾本科植物为多。喜取食植物果实和种子，一些种类在豆科乔木已成熟开裂的荚果中取食种子，亦有取食已经落地的成熟种子。另一些大型种类常吸食寄生植物的嫩梢，致使梢部萎蔫。

防治方法：冬季结合积肥，清除田间枯枝落叶，铲去杂草，及时堆沤或焚烧，可消灭部分越冬成虫。在成虫、若虫为害期，可采用广谱性杀虫剂，按常规使用浓度喷洒，均有毒杀效果。

066 点蜂缘蝽 *Riptortus pedestris* Fabricius **半翅目 缘蝽科 蜂缘蝽属**

寄主植物： 豆科作物。

形态特征： 成虫狭长，体长15–17mm，黄褐至黑褐色。头在复眼前部成三角形，后部细缩如颈；触角4节，第4节长于第2、3节之和，第2节最短，基半部色淡；前胸背板前叶向前倾斜，前缘具领片，侧角成刺状伸向后侧方；前翅膜片淡棕褐色，稍长于腹末；腹部侧缘稍外露，黄黑相间；足与体同色，后足腿节粗大，有黄斑，内侧具8–9根排成一列的小刺突，胫节向背面弯曲；腹下散生许多不规则的小黑点。

生活习性： 1年3代，以成虫在枯枝落叶和草丛中越冬，次年3月下旬开始活动，4月下旬至6月上旬在春大豆、菜豆、豇豆等豆科作物上产卵，若虫取食作物茎叶和豆荚的汁液。被害花蕾凋落，果荚不实或形成瘪粒。被害作物植株不能正常落叶。

067 暗黑缘蝽 *Hygia opaca* Uhler **半翅目 缘蝽科 黑缘蝽属**

寄主植物： 草本植物。

形态特征： 成虫体长8.5–10mm，腹部宽3.3–3.5mm，体黑褐色。喙、触角第4节端部（除基节外）、各足基节和跗节及腹部侧接缘各节基部淡黄褐色；前胸背板前叶胝部显著高于领，背板侧缘中部向内稍凹入；前翅短，不超过腹部末端，膜片翅脉网状。

生活习性： 1年1代，以成虫越冬。5月上旬至6月底为产卵期，8–9月出现第1代成虫。卵产于寄主植物的表面。

068 稻棘缘蝽 *Cletus punctiger* Dallas 半翅目 缘蝽科 棘缘蝽属

寄主植物：危害水稻、小麦、稗草、大麦、狗尾草等穗部。

形态特征：成虫体长9.5–11mm，宽2.8–3.5mm，体黄褐色，狭长，刻点密布；头顶中央具短纵沟，头顶及前胸背板前缘具黑色小粒点；触角第1节较粗，长于第3节，第4节纺锤形；复眼褐红色，眼后有一黑色纵纹，单眼红色，周围有黑圈；前胸背板多为一色，侧角细长，稍向上翘，末端黑，后缘向内弯曲，有小颗粒突起，有时呈不规则齿状突；前翅革片侧缘浅色，近顶端的翅室内有一浅色斑点，膜片淡褐色，透明。

生活习性：刺吸汁液、浆液，刺吸部位形成针尖大小褐点，严重时穗色暗黄，无光泽，导致千粒重减轻，米质下降。1年2–4代，世代重叠，以成虫在干燥的枯枝落叶下或土缝中越冬。4月中下旬，当日均温达到10℃左右时，越冬成虫开始活动。

069 瘤缘蝽 *Acanthocoris scaber* Linnaeus 半翅目 缘蝽科 棘缘蝽属

寄主植物：危害马铃薯、番茄、茄子、蚕豆、瓜类、辣椒等作物。

形态特征：成虫体长10.5–13.5mm，宽4.0–5.1mm，褐色；触角具硬粗毛；前胸背板及后足腿节有许多瘤突；前胸背板侧缘稍向内曲，侧角突出，其上具显著的瘤突；侧接缘各节的基部棕黄色；前翅不及腹末，外缘基半部毛瘤显著，排成纵行，膜质部黑褐，基部内角黑色，中区隐约可见数枚黑点；前翅爪片缝长于革片顶缘，膜片基部黑色；足的胫节近基端有1浅色环斑，后足腿节基部腹面稍扩展。

生活习性：常群集为害，吸食作物嫩梢、叶柄、花梗的汁液，受害部变色，严重影响结实，甚至整株枯死。1年2代，以成虫在菜地周围的枯枝、落叶、土缝、树缝隙等处越冬。

070 曲胫侎缘蝽 *Mictis tenebrosa* Fabricius 半翅目 缘蝽科 巨缘蝽亚科 巨缘蝽属

寄主植物：苦槠、毛栗、麻栎、白栎、油茶、柿、花生等。

形态特征：成虫体长19.5–24mm，宽6.5–9mm，灰褐色或灰黑褐色；前胸背板侧缘直，具微齿，侧角钝圆；后胸侧板臭腺孔外侧橙红，近后足基节外侧有1个白绒毛组成的斑点；雄虫后足腿节显著弯曲、粗大，胫节腹面呈三角形突出，雌虫后足腿节稍粗大，末端腹面有1个三角形短刺。

生活习性：以成虫、若虫吸食嫩梢汁液，被害处以上梢及嫩芽、叶焦枯，严重影响幼树生长。1年2代，以成虫在寄主附近的枯枝落叶下过冬。卵产于小枝或叶背上，初孵若虫静伏于卵壳旁，不久即在卵壳附近群集取食，一受惊动，便竞相逃散。二龄起分开，与成虫同在嫩梢上吸汁。

071 瓦同缘蝽

Homoeocerus walkerianus Lethierny et Severin　半翅目　缘蝽科　同缘蝽属

寄主植物： 主要危害黄檀、合欢，也危害松、樟、桑、糯米条（忍冬科）等。

形态特征： 成虫体长16.25–17.75mm，宽4.65–5.10mm，体狭长，两侧缘几乎平行，腹面似船底形；鲜黄绿色，头、前胸背板和前翅的绝大部分褐色；头小，密被黑色颗粒及白色绒毛；触角4节，第1–3节紫褐色，第4节基半部黄绿或黄色，端半部褐或黑褐色；前胸背板梯形，极度倾斜，后缘隆起，侧角呈三角形，稍向上翘，侧缘密被黑色小颗粒；小盾片小，三角形，鲜绿或黄绿色；中、后胸侧板中央各具一小黑点；前翅前缘有一条黄绿色的带纹，此纹在革质部近端1/3处向内扩展成近半圆形的斑；足淡黄绿色。腹背红褐或红色，末端黑色。

生活习性： 喜在嫩茎、嫩枝及较老的叶面吸汁，被害处呈黄褐色小点，最后穿孔或提早脱落，嫩茎、嫩枝枯萎。1年2–3代，以成虫在枯草丛间、松、樟、柑橘等枝叶茂密处越冬。成虫性喜荫蔽，畏强光。卵多聚产于叶面，成行或成块疏散排列。

072 纹须同缘蝽

Homoeocerus striicornis Scott　半翅目　缘蝽科　同缘蝽属

寄主植物： 主要危害柑橘、合欢、高粱、栀子、厚朴、紫荆花、观音竹、马褂木、茄科和豆科植物。

形态特征： 成虫体长18–21mm，宽5–6mm，草绿或红褐色；头项中央稍前处有1短纵陷纹；触角红褐色，第1、2节约等长，并长于前胸背板；复眼黑色，单眼红色；前胸背板较长，有浅色斑，侧缘黑色，黑缘内方有淡红色纵纹，侧角呈锐角，上有黑色颗粒；小盾片草绿色或棕褐色，上面有细皱纹，尤以基部明显；前翅革片烟褐色，亚前缘和爪片内缘浅黑色，膜片烟黑色，透明；足细长，中、后足胫节常呈淡褐红色。

生活习性： 1年1代，以成虫在枯枝落叶和石缝中越冬，翌年4月下旬，越冬成虫从越冬场所出蛰，飞到寄主上集中危害。

长蝽科 Lygaeidae

主要生活于地表和地被植物间以及植物上，多为植食性，不少类群吸食植物茎、叶汁液，有相当多种类则专食或喜食植物种子，少数类群捕食蚜虫等小型昆虫。

防治方法：①应经常剥除枯梢和败叶。②在虫害危害较严重的时候，5-6月喷洒80%敌敌畏乳油1000倍液或40%乐果乳油1200倍液、50%辛硫磷乳油1500倍液、50%杀螟松乳油1000倍液。

073 红脊长蝽 *Tropidothorax elegans* Distant 半翅目 长蝽科 脊长蝽属

寄主植物：小叶杨、柳、榆、花楸、桦、橡树、山楂、醋栗、杏、梨、海棠。

形态特征：成虫体长8–11mm，宽3–4.5mm，长椭圆形；头、触角和足黑色，体赤黄色至红色，具黑斑纹，密被白色毛；前胸背板侧缘隆起呈脊状，有完整的中脊，后半有黑色大斑1对；小盾片黑色；爪片黑色，两端红，革片红色，中部具不规则大黑斑；膜片黑色，内角和端缘乳白色；前胸腹面和基节臼红色，后者背方具1大斑，有时相互连接成1横带；腹部末端黑色，各节腹板亦具红、黑相间的横带。

生活习性：1年2代，以成虫在石块下、土穴中或树洞里成团越冬。翌春4月中旬开始活动，卵成堆产于土缝里、石块下或根际附近土表。以成虫和若虫群居于嫩茎、嫩芽、嫩叶和嫩荚等部位，刺吸汁液，严重时导致枯萎。

074 小长蝽 *Nysius ericae* Schilling 半翅目 长蝽科 小长蝽属

寄主植物：桑树。

形态特征：成虫体长3.6–4.5mm，宽约1.5mm；头部红褐至棕褐色，两侧各有一黑色宽纵带，常与复眼后黑色区相连，头背面中央常有“X”形黑色纹；触角4节，褐色，第1、4节色较深；前胸背板较短宽，侧缘微内凹，后缘两侧微成叶状后伸，微成波状弯曲。前胸侧面中段黑，后角处褐，中胸其余部分几全黑；小盾片黑色，有时两侧各有一黄斑；前翅革质区淡白，半透明，翅脉上有褐斑，膜质区透明无斑。足淡褐色，腿节具黑斑点。

生活习性：1年1代，以成虫于11月底12上旬在蛇莓、艾蒿、藓子、禾本科杂草等杂草丛中越冬。以若虫和成虫刺吸植物组织汁液，使芽生长不良，不易展叶，严重者芽枯萎脱落。

075 长须梭长蝽 *Pachygrontha antennata* Uhler 半翅目 长蝽科 梭长蝽属

寄主植物：危害大豆、狗尾草、金狗尾草、大狗尾草、稗、油菜、白菜、四季豆、野毛豆、赤豆等。

形态特征：成虫体长7.5–8mm，黄褐至暗褐色，身体腹面和头部具有浓密的金黄色丝状毛；触角细长丝状，黄褐色，第1节末端膨大部分褐色，第4节色深微弯；前胸背板黄褐色，呈梯形，中脊明显、淡黄、无刻点，但不伸达后缘，侧缘中部略凸，后部稍内凹，后缘具4个黑斑，有时此斑不清；小盾片横脊呈弧形隆起，基部黑色，两侧黄色，其上刻点黑色；前翅革质部分褐色，膜片脉间烟褐色；中、后胸腹面和腹部背面黑色，侧接缘黄褐，腹部腹面褐黑至黑褐；足黄褐色，前足股节膨大，股节、胫节上均具黑色斑。

生活习性：1年3代，以成虫和零星末龄若虫隐蔽在靠近寄主的枯梢或寄主中部半裂开的枝干中越冬，每年2月下旬至3月初，越冬成虫开始在寄主上产卵，3月底以后成虫出现，进入8月虫量达到高峰，此后至年底虫口渐下降。

076 竹后刺长蝽 *Pirkimerus japonicus* Hidaka 半翅目 长蝽科 后刺长蝽属

寄主植物：危害毛竹、千年桐、油茶、油桐等。

形态特征：成虫体长7.5–9.3mm，宽1.7–2.6mm，略呈长方形，黑色；头、胸、触角、足、前翅基及复侧具黄褐长绒毛，腹末有棕色刺毛；触角第4节除基都1/4外，其余均为深褐色；前翅黑色，翅基及近中部各有1黄白斑，膜片的顶端和额脉为白色；小盾片中央有一达到顶端的隆起；后足腿节下方有刺2列，基部的3–5个较大，最末1个特大；腹部腹面有密集的斑点。

生活习性：以成虫吸食竹子节间汁液，被害竹秆内积水，竹黄变褐，竹材发脆，易风折。1年2–4代，以若虫和少数成虫在被寄生的竹秆内越冬。翌年4月上旬开始活动。成虫在竹秆内壁上产卵，群集生活在被寄生的竹节内，吸取竹节内液汁。

◎ 竹节虫目 Phasmida

竹节虫目也称䗛目，中或大型昆虫，几乎所有的种类均具极佳的拟态。大部分种类身体细长，模拟植物枝条；少数种类身体宽扁，鲜绿色，模拟植物叶片，翅宽扁，脉序排成叶脉状，腹部及胫节、腿节亦扁平扩张。有的形似竹节，当6足紧靠身体时，更像竹节，故称竹节虫。

本次普查共发现1科1种。近年来，竹节虫目昆虫在中国南方的一些林区已经成为比较典型的森林害虫，并有为害上升的趋势，该类害虫大发生时，可引起林木大量落叶，使林木大面积死亡；而大范围的树冠受害，可导致落叶后第二年的干材增加量减少。因此虽占比不大，监测的重要性也不可忽视。

竹节虫科 Phasmatidae

本科触角分节明显，常短于前足股节，雌性股节背面锯齿状，或触角长于前股节，但短于体长。中、后腿节腹脊呈均匀锯齿状。一般中节较短，雌性腹瓣后伸不多，但有的可明显超过腹端。分6个亚科，约87属，共500种以上，我国有3个亚科19个属。

防治方法：①林业防治：加强现有林抚育管理，及时伐修枝或增加林地郁闭度和植物种类；设法营造混交林，以提高林地自控能力。②人工防治：3-6龄若虫和成虫有假死性，可以人工震落捕杀之，或利用傍晚成虫大量下树时进行捕杀。③生物防治：加强保护利用天敌，越冬前后利用雨后或有露水的早晚喷洒白僵菌粉，每亩用量1kg。④化学防治：应用40%乐果乳油或50%马拉硫磷乳油2000倍液、或90%敌百虫或80%敌敌畏3000倍液、或10%氯氰菊酯5000倍液、或乙酰甲胺磷乳油1000-1500倍液喷杀1-4龄若虫。郁闭度在0.6以上的林分可用敌敌畏插管烟剂熏杀若虫及成虫。

001 辽宁皮竹节虫 *Phraortes liaoningensis* Chen & He　竹节虫目　竹节虫科　皮竹节虫属

寄主植物： 广泛。

形态特征： 体长6–24cm，绿色或褐色，形状细长似竹节。头卵圆形略扁，下口式；复眼小，卵形或球形，稍突出，复眼内侧有单眼3或2个或无；触角短或细长。前胸短，背板扁平；中、后胸长，后胸与第1腹节紧密相连；前翅革质，后翅膜质，足细长或扁，前足在静止时向前伸长；产卵器不发达；有1对不分节的尾须。前翅革质，多狭长，横脉众多，脉序成细密的网状。

生活习性： 杂食性昆虫，幼虫与成虫之形态和生活习性都差不多。1–2年1代，以卵越冬，成虫也能越冬。平时生活于草丛或林木上，以叶为食。

◎ 直翅目 Orthoptera

直翅目分类较为复杂，多为植食性的多食性种类，其中有很多是农业上的重要害虫，如东亚飞蝗严重危害农作物，西伯利亚蝗严重危害草原上的牧草，黄脊竹蝗和青脊竹蝗严重危害竹林，棉蝗危害木麻黄、柚木和杉木，蔗蝗危害甘蔗和水稻，稻蝗是水稻的重要害虫之一。还有体形较小而分布广泛的短额负蝗危害烟草、蔬菜、花生和甘蔗。螽蟖科的草螽危害棉花和甘薯，日本螽蟖和绿螽蟖危害柑橘、茶、桑树、杨树和核桃。油葫芦危害作物的叶、茎、枝、种子或果实，有时也危害茶树的幼枝。

本次调查到的直翅目害虫有12科17种（图6），占比为3.79%。黄脊竹蝗与青脊竹蝗因危害竹类，是南京市林业有害生物的重点监测对象。

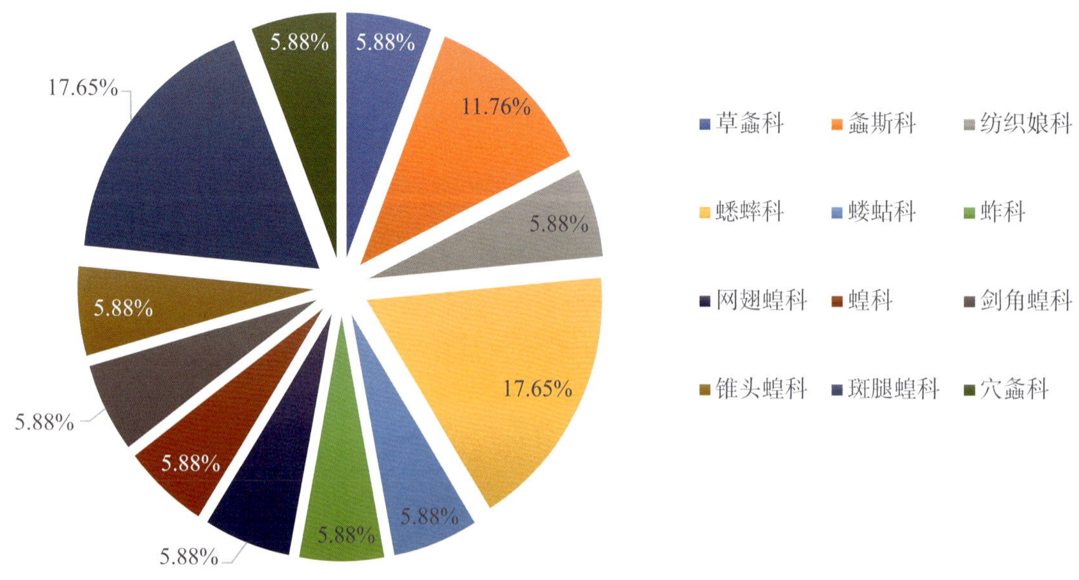

图6　监测直翅目害虫各科种数占比

锥头蝗科 Pyrgomorphidae

体小型至中型，一般较细长，呈纺锤形。头部为锥形，颜面侧观极向后倾斜，有时颜面近波状；颜面隆起具细纵沟；头顶向前突出较长，顶端中央具细纵沟，其侧缘头侧窝不明显或缺。触角剑状，基部数节较宽扁，其余各节较细，着生于侧单眼的前方或下方。前胸背板具颗粒状突起，前胸腹板突明显。前、后翅均发达，狭长，端尖或狭圆。后足股节外侧中区具不规则的短棒状隆线或颗粒状突起，其基部外侧上基片短于下基片或长于下基片。后足胫节端部具外端刺或缺。

防治方法：①农业防治：播种或移栽前，或收获后，清除田间及四周杂草，集中烧毁或沤肥；深翻地灭茬、晒土，促使病残体分解，杀灭虫源。和非本科作物轮作，水旱轮作最好。选用抗虫品种，选用无病、包衣的种子。选用排灌方便的田块，开好排水沟，达到雨停无积水；大雨过后及时清理沟系，防止湿气滞留，降低田间湿度，这是防虫的重要措施。地下害虫严重的田块，在播种前撒施或沟施杀虫的药土，提倡施用酵素菌沤制的或充分腐熟的农家肥，不用未充分腐熟的肥料；采取“测土配方”技术，科学施肥，增施磷钾肥；重施基肥、有机肥，加强管理，培育壮苗，有利于减轻虫害。②化学防治：25%快杀灵（辛氰）乳油1250倍液，5%锐劲特乳油2000-2500倍液，50%马拉硫磷乳油800倍液，40%速灭杀乳油4000倍液，2.5%敌杀死乳油4000倍液，10%歼灭（氯氰菊酯）乳油2500-4000倍液，5.7%百树得（氟氯氰菊酯）乳油800-1000倍液，25%除虫脲可湿性粉剂1500倍液喷施。

001 短额负蝗 *Atractomorpha sinensis* Bolvar 直翅目 锥头蝗科 负蝗属

寄主植物：危害禾本科植物茎叶，也危害柳、竹、马尾松、乌桕、泡桐、梧桐、板栗、玉兰等植物。

形态特征：雄虫体长19-23mm，雌虫体长28-35mm，绿色或褐色。头部呈锥形，颜面略倾斜；触角剑状，粗短；复眼卵形，眼后沿前胸背板侧叶下缘具1列圆形颗粒；前胸背板具少数颗粒，前缘平直，后缘钝圆形，中隆线明显，侧隆线较弱；前翅狭长，端部较尖，顶端超过后足胫节的2/3，后翅略短于前翅；后足胫节具内、外端刺，胫节向端部逐渐扩大，股节上隆线平滑，外侧下隆线向外突出。雌性产卵瓣上缘具锯齿，端部呈钩状。

生活习性：以卵越冬。成虫喜在高燥向阳的道边、渠埂、堤岸及杂草较多的地方产卵。蝗蝻及成虫食量均较小，但四龄蝻后食量有明显增加，蜕皮和羽化后的食量大于蜕皮及羽化前的食量。成虫多善跳跃或近距离迁飞，不能做远距离飞翔。

剑角蝗科 Acridoidae

剑角蝗科是直翅目蝗总科中一个较小的科，体型粗短或细长，大多侧扁，变化较大。头部侧面观为钝锥形或长锥形。头侧窝多发达，有的不明显或缺。复眼较大，位近顶端处，远离基部。触角剑状；基部各节较宽，基部节宽度大于长度；整个触角自基部向端部渐趋狭。前胸背板中隆线较弱，侧隆线完整发达或缺。前胸腹板具突起或平坦缺如。前、后翅发达，大多较狭长，顶端尖；有的短缩，甚至成鳞片状、侧置。后足腿节上基片长于下基片，外侧中区具羽状隆线。内侧下隆线具音齿或缺如。鼓膜器发达。

防治方法：①人工防控：剑角蝗喜欢在土地平整，墒性较好，杂草稀少的洼地产卵，发生严重地区进行翻耕杀卵，具有良好的防治效果。②生物防控：保护和利用天敌，如保护利用青蛙、蟾蜍和鸟类，可有效防治剑角蝗的发生危害。③药剂防治：抓住剑角蝗3龄以前群集习性，进行突击防治，喷药的重点是田边，喷药时由田边向中央逐层围歼，防止逃逸。当进入3-4龄常转入果园及苗圃危害，应及时喷药防治。可用50%辛硫磷乳油1000倍液，或50%敌敌畏乳油1500倍液，或2.5%溴氰菊酯乳油2500倍液，或20%杀灭菊酯乳油2500倍液，或4.5%高效氯氰菊酯乳油2500-3000倍液均匀喷雾。

002 中华剑角蝗　*Acrida cinerea* Thunberg　**直翅目　剑角蝗科　剑角蝗属**

寄主植物：危害禾本科作物叶片。

形态特征：雄虫体长30–47mm，雌虫体长58–81mm，体绿色或枯草色。头圆锥形，颜面极倾斜，颜面隆起极狭，全长具浅纵沟；触角剑状；复眼长卵形；前胸背板宽平，具细小颗粒，后角锐角形突出；前翅发达，超过后股节顶端，顶尖锐，枯草色个体有的沿中脉域具黑褐色纵纹，后翅淡绿色；后足股节及胫节绿色或褐红色。

生活习性：1年1代，以卵在土中越冬。

网翅蝗科 Arcypteridae

网翅蝗科属直翅目蝗总科中较大的一个科，体中小型，颜面倾斜，触角丝状，超过前胸背板的后缘，有时超过后足股节基部。前胸背板后缘弧形，中隆线较低，侧隆线弱，3条横沟均明显，后横沟位于中部之后，沟前区长于沟后区。前翅发达，超过后足股节顶端，具中闰脉。后足股节常具膝前环。

防治方法：①化学防治。在蝗群第一降落地点，采用无人机和机动喷雾器立即进行应急防控处置；当蝗群扩散时，采用无人机飞防；零星扩散蝗虫，以农户自防为主。在集中连片的玉米、甘蔗、香蕉、稻谷、芭蕉、核桃等田块，采用无人机或机动喷雾器进行防控。无人机飞行作业高度要求在作物上方5m内，飞行速度300m/min，防治范围覆盖农田周边50m扩散区。指导农户自主采用喷雾器喷施农药进行防控。防治时期：跳蝻出土10d内是最佳防治时期。防治时间：早晨或者傍晚成虫、跳蝻在植株上停留时期。推荐用药：4.5%高效氯氰菊酯乳油。使用喷雾器施药，按1000-1500倍比例配制；使用烟雾机施药，按1:33倍比例配制；使用无人机施药，按40倍比例配制。针对不同农药品种、剂型和含量按农药标签说明科学安全使用并注意个人防护。②农业、物理、生物防治技术。人工挖卵：竹蝗产卵集中，可于11月发动群众至产卵多的地点挖卵块，挖出的卵块集中销毁。生物防治：在若虫孵化期，使用生物防治制剂微孢子虫、白僵菌喷雾喷粉，使跳蝻感染白僵菌而死亡。竹槽诱杀方法：在成虫产卵前，在100kg人或畜尿中加入5%敌百虫粉2-3kg拌匀，再用稻草浸透，在农田周围、道路放置诱杀。选两年生的竹，每两节锯一节，然后劈开做成竹槽。沿山腰路、山脊线和竹蝗迁移线放置。

003 黄脊竹蝗 *Ceracris kiangsu* Tsai **直翅目 网翅蝗科 竹蝗属**

寄主植物：主要危害毛竹，在南方毛竹主产区常暴发成灾。

形态特征：雄虫体长29-35mm，雌虫体长31-40mm，身体以绿、黄为主。头顶向前突出似三角形，雄性呈锐角，雌性呈直角，颜面倾斜；触角丝状；复眼大而突出；前胸背板中隆线甚低，侧隆线不明显，仅后横沟割断中隆线，后横沟位于前胸背板中部之后，沟前区的刻点细小；额顶至前胸背板中央有1明显黄色纵条纹，愈后愈宽，前胸背板两侧翠绿色；前翅前缘暗褐色，臀域绿色；前、中足黄绿色，后足股节黄色间有黑斑点。

生活习性：受害严重的林分竹叶被食光，如火烧状，导致成片竹林被毁。1年1代，以卵在土内越冬。跳蝻出土后，多群集于小竹及禾本科杂草上，2龄末已基本上竹取食为害，3龄开始则在竹梢部活动取食。3龄后迁移能力极强。

斑腿蝗科 Catantopidae

斑腿蝗科属直翅目蝗总科中最大的科。体中大型，变异较多。侧面观颜面垂直或向后倾斜；头顶前端缺细纵沟，头侧窝不明显或缺如；触角丝状。前胸腹板的前缘明显凸起，呈锥形、圆柱形或横片状。前、后翅均很发达，有时退化为鳞片状或缺如。鼓膜器在具翅种类均很发达，在缺翅种类不明显或缺如。后足股节外侧中区具羽状纹，其外侧基部的上基片明显长于下基片，仅少数种类的上、下基片近乎等长。

防治方法：①人工防治。由于此类害虫的个体较大，一般受害是局部性或零星发生，可在早、晚人工捕杀。②药剂防治。虫口密度大的果园，掌握若虫盛发期，用90%敌百虫或菊酯类农药进行防治。

004 短角外斑腿蝗　*Xenocatantops brachycerus* Willemse　直翅目　斑腿蝗科　外斑腿蝗属

寄主植物：危害禾本科作物以及棉花等茎叶。

形态特征：雄虫体长17–21mm，雌虫体长25–29mm，体色黄褐色或暗褐色；颜面略倾斜，与头顶成圆直角形；触角短，不到达前胸背板后缘；复眼卵形；前胸背板在中部稍收缩，背面较平，密具粗大刻点，后缘侧面有一条黄白色斜纹，中隆线明显，无侧隆线，3条横沟均明显切断中隆线，后横沟几位于背板中部；前翅狭长，超过后足股节的顶端，密具黑褐色细碎斑点；后足股节外侧黄褐色，具2个黑色大横斑，在基部与膝前部各具1个黑色小斑，后足胫节橙红色。

生活习性：常见于草丛活动，体色会随环境改变，但后脚腿节的黑色斑纹是稳定的。

005 红胫小车蝗　*Oedaleus manjius* Chang　直翅目　斑腿蝗科　小车蝗属

寄主植物：主要危害玉米、高粱、谷子及麦类，也可危害大豆、花生、马铃薯等作物。

形态特征：雄虫体长20–27mm，雌虫体长30–42mm，体黄褐或绿褐色。头顶宽短，顶端具粗大刻点；触角丝状，超过前胸背板后缘；复眼卵形；前胸背板屋脊形，中隆线尖锐，后缘直角形突出，侧片区具粗刻点；中胸腹板侧叶间中隔较宽，宽大于长；前、后翅均发达，常到达后足胫节中部；后足股节上侧上隆线平滑，膝侧片椭圆形；前翅暗色横斑明显，后翅暗色带纹较宽；后足股节的底侧鲜红色，后足胫节红色，在基部有很宽的黄色环，环的两端有不明显的暗色。

生活习性：1年发生2代，以卵在土中过冬。

006 中华稻蝗 *Oxya chinensis* Thunberg 直翅目 斑腿蝗科 稻蝗属

寄主植物：危害茶、竹类、麦类、水稻、棉花、豆类，莎草科，芦苇等禾本科植物。

形态特征：雄虫体长15–33mm，雌虫28–41mm，体黄绿色或黄褐色，有光泽。头较大，头顶前端向前突出，头顶与前胸背板平行，在复眼之后有深褐色和黄色带；颜面倾斜度较大，隆起宽，具明显的纵沟，两侧缘近于平行；触角丝状，超过前胸背板的后缘；前胸背板宽平，中隆线明显，3条横沟明显，前胸背板两侧有深褐色和黄色带，与头部两侧的色带相连；前翅褐色，长超过后足胫节的中部，后翅略短于前翅，膜质透明；后足腿节绿色，上隆线无细齿，胫节浅青色，胫节刺端部黑色，胫节近端部的两侧缘呈片状扩大。

生活习性：1年2代，以卵在稻田田埂及其附近荒草地的土中越冬。成虫于叶苞内结黄褐色卵囊，产卵于卵囊中；若产卵于土中，常选择低湿、有草丛、向阳、土质较松的田间草地或田埂等处造卵囊产卵，卵囊入土深度为2–3cm。

蚱科 Tetrigidae

蚱总科是直翅目蝗亚目的一个较小类群，体小型，前胸背板向后延伸，盖住大半或全部腹部，有时还可前伸，盖住头部，故而能跳但不能飞。无发音器和听器。前胸背板特别发达，向后延伸至腹末，末端尖，呈菱形，故名菱蝗；前翅退化成鳞片状；后翅发达。

防治方法：用75%马拉硫磷乳油进行超低容量或低容量喷雾，飞机防治每亩用60–70g；地面喷雾，每亩用75g，或用45%马拉硫磷乳油地面超低容量喷雾，每亩用75–100g，或20%敌马合剂，每亩用100g或1.5%林丹粉剂，每亩用1.5–2kg喷粉。

007 日本蚱 *Tetrix japonica* Bolívar 直翅目 蚱科 蚱属

寄主植物：多危害一些十字花科、旋花科、豆科等草本作物，并夹杂有一些低矮常见的双子叶草本植物以及苔藓等。

形态特征：雄虫体长8–9mm，雌虫体长9–13mm，体黄褐、褐或暗褐色，前胸背板上无斑纹或具两个方形黑斑，后足胫节褐色或黄褐色。颜面近垂直，纵沟深，复眼近乎圆形；触角丝状，到达前胸背板侧叶的后缘；前胸背板前缘平直，向后延伸略不到达后足股节的顶端，中隆线全长明显，略呈屋脊状；前翅卵形，后翅发达，略短于前胸背板后突；前、中足股节下缘直，后足股节粗短，上隆线具细齿，后足腿节有时具2个不明显的黑色横斑。

生活习性：植食性昆虫。1年1代，以卵越冬。

蝗科 Acrididae

俗称蝗虫或蚂蚱。为植食性昆虫，能取食许多不同科的植物，有些能造成严重危害，多数种类1年1代。体粗壮，头略缩入前胸内。触角较体短，丝状、剑状或棒状。前胸背板发达，马鞍形，盖住前胸和中胸背面。多数种类翅发达，也有短翅和无翅种类，后翅常有鲜艳警戒色。跗式3-3-3，爪间有中垫。后足腿节中区具羽状隆线，雄虫以后足腿节摩擦前翅发音。腹部第1节背板两侧有1对鼓膜听器。

防治方法：①可人工捕杀，但应在清晨露未干、虫体静伏不动时进行。②也可用药物喷杀，常用农药有90%敌百虫原液1000倍液，或50%马拉硫磷乳油1000倍液，或40%乙酰甲胺磷乳油1000倍液。此外，新型植物源园林养护品“树虫一次净”可茎叶喷雾防治蝗虫，在晴天800-1000倍液均匀喷雾。也可用“捕杀净”600-800倍液进行喷雾防治。

008 棉蝗（大青蝗）　*Chondracris rosea* De Geer　**直翅目　蝗科　棉蝗属**

寄主植物：危害木麻黄、团花、榄仁树、刺槐、棉花等叶片。

形态特征：雄虫体长45–51mm，雌虫体长60–80mm，体黄绿色。头大，较前胸背板长度略短；前胸背板有粗瘤突，中隆线呈弧形拱起，有3条明显横沟切断中隆线，前胸背板前缘呈角状凸出，后缘直角形凸出，中后胸侧板生粗瘤突，前胸腹板突为长圆锥形，向后极弯曲，顶端几达中胸腹板；前翅发达，长达后足胫节中部，后翅与前翅近等长；后足股节内侧黄色，胫节、跗节红色，胫节上侧的上隆线有细齿，但无外端刺。

生活习性：1年1代，以卵在土中越冬。棉蝗是我国南方大豆田中主要的食叶性害虫之一，以若虫、成虫危害大豆叶片，造成缺刻，减少光合叶面积，一般减产可达10%–20%，严重时可将整株豆叶食尽，导致颗粒无收。

蝼蛄科 Gryllotalpidae

大型土栖昆虫，通称蝼蛄，俗名拉拉蛄、土狗。蝼蛄都营地下生活，吃新播的种子，咬食作物根部，对作物幼苗伤害极大，是重要地下害虫。通常栖息于地下，夜间和清晨在地表下活动。潜行土中，形成隧道，使作物幼根与土壤分离，因失水而枯死。蝼蛄食性复杂，危害谷物、蔬菜及树苗。

防治方法：①毒饵诱杀，将90%晶体敌百虫1kg用60-70℃适量温水溶解成药液，或50%二嗪农乳油1kg、或50%辛硫磷乳油1kg用水稀释5倍左右，再用30-50kg炒香的麦麸或豆饼或棉籽饼或煮半熟的秕谷等拌匀，拌时可加适量水，拌潮为宜，制成毒饵。每亩用3-5kg毒饵，于傍晚成小堆分散施入田间，可诱杀蝼蛄。②灯光诱杀。蝼蛄有趋光性，有条件的地方可设黑光灯诱杀成虫。

009 东方蝼蛄

Gryllotalpa orientalis Burmeister　**直翅目　蝼蛄科　蝼蛄属**

寄主植物：危害园林植物的花卉、果木及林木等根部。

形态特征：成虫体长25–35mm，褐色，腹面较浅，全身密布细毛。头圆锥形，触角丝状；前胸背板卵圆形，中间具一暗红色长心脏形凹陷斑；前翅灰褐色，较短，仅达腹部中部，后翅扇形，较长，超过腹部末端；腹末具1对尾须；与华北蝼蛄相比，个体明显较小，且后足胫节背面内侧有3–4个距，容易区分。

生活习性：1–2年1代，在黄淮地区，以成虫或7龄后若虫越冬。成虫、若虫均在土中活动，取食播下的种子、幼芽或将幼苗咬断致死，受害的根部呈乱麻状。昼伏夜出，晚9:00–11:00为活动取食高峰。

蟋蟀科 Gryllidae

蟋蟀科是直翅目蟋蟀总科的一个大科，通称蟋蟀。它们破坏各种作物的根、茎、叶、果实和种子，对幼苗的损害特别严重。体小型至大型，体色通常较暗，黄褐色至黑色，部分类群呈绿色或黄色，缺鳞片。头通常球形，触角丝状，长于体长；复眼较大，单眼3枚。前胸背板背片较宽，扁平或隆起，两侧缘仅个别种类明显；前翅通常发达，部分种类前翅退化或缺失，后翅呈尾状或缺后翅；前足胫节听器位于近基部，后足为跳跃足，胫节背面多具长刺；雌性产卵瓣发达，呈刀状或矛状。

防治方法：①撒毒土：每亩用50%辛硫磷乳油50–60ml，拌细土75kg，撒入田中，杀虫效果在90%以上；每亩用20%甲基异柳磷乳油20ml，沙土50kg，水2.5kg，拌匀后撒入田中，2天后虫口减退80%以上。②喷粉：用2.5%敌百虫或1.5%甲基1605粉剂，每亩喷撒1.5–2kg。③灯光诱杀：利用蟋蟀成虫的趋光性，设置黑光灯诱杀，可使田间发生量明显减少。④人工扑打：在蟋蟀盛发季节，发动群众人工扑打，亦可消灭大量害虫。

010 梨片蟋

Truljalia hibinonis Matsumura　**直翅目　蟋蟀科　片蟋属**

寄主植物：危害禾本植物茎叶。

形态特征：体长18–20mm，宽约5mm，整个虫体呈梭形，通体草绿色，像一颗绿色的枣核，又像两头尖的小舟。头较小；触角鞭丝状，长近40mm；前胸背板横宽，前狭后宽，近似扇形，背板侧缘黑色，中胸及后胸侧板上各具一黑色斑点；雄虫前翅宽大，覆盖整个身体，外缘淡黄色，翅上分布着褐色的脉纹。其发音器较大，略呈四方形；雌虫体形较明显，产卵管细长、平直、略下弯。2条后肢常并在一起，紧靠身体，从外面看上去好像没有大腿似的。

生活习性：一般1年1代，以卵越冬，大多产卵于树上或土中。喜栖息在树的嫩叶丛中，因其体色与叶色相近，隐蔽在树叶中时一般很难发现，如一旦受到惊扰，就会跳落或飞落在地面上。

011 迷卡斗蟋　*Velarifictorus micado* Saussure　直翅目　蟋蟀科　斗蟋属

寄主植物：多种农作物如豆类、花生等。

形态特征：体长13–18mm，通体黑褐色，有光泽。头黑色，头背后部有3对浅色纵纹:两单眼间具黄白色横纹相连，呈弧形（有时中部不连）；前胸背板横长方形，具淡黄色斑纹；雄性前翅长达腹端部，发音镜斜长方形，内有一弯成直角的翅脉将镜分为两室；而雌性前翅稍超过腹部中央，产卵管长于后足腿节。

生活习性：食性杂。1年1代，以卵越冬。成虫喜欢在砖石、土块下挖洞或利用现成瓦砾石块缝隙而居。为了争地盘、争配偶，与其他雄性个体进行殊死决斗是它们在行为上的特性。

012 中华树蟋　*Oecanthus indicus* Saussure　直翅目　蟋蟀科　树蟋属

寄主植物：禾本科、藜科、十字花科杂草（如稗草、狗尾草、灰藜，白菜等）。

形态特征：体长12–14mm，浅土黄色，柔软。复眼发达，椭圆形，黄褐色；触角丝状，长度是体长的2倍；前胸背板长是宽的1.5倍；前后翅均薄如纸，透明，前后翅均超过腹末，后翅端部露出前翅；前、中足细而短，后足特长，胫节背方有两列齿，端部2枚长刺；雄虫似琵琶形，前翅前狭后宽，发音膜大而明显，椭圆形，内有两条横脉。雌虫似梭形，前翅狭长，产卵器平直，剑状，8–10mm，超过尾须，末端有3枚黑褐色纯齿。

生活习性：1年1代，以卵越冬。喜食寄主植物的幼嫩组织。

穴螽科 Rhaphidophoridae

多为杂食性昆虫，以植物的茎、果、叶等为食，触角超过体长，口器咀嚼式，有非常大的“鼓槌状”的股骨的后腿，适于跳跃，后足跗节第1节背面缺端距或仅具1枚端距；体背棕褐色，背部隆突驼背状，体表肌理如甲壳。

防治方法：清除穴螽非常简单。因为它不耐药，所以可以直接用药物或消毒剂来预防。

013 突灶螽 *Diestrammena japonica* Karny 直翅目 穴螽科 芒灶螽属

寄主植物：不详。

形态特征：体长36–38mm，体色红褐色至黑褐色，体型宽大，体背隆突或驼背状，故称“驼螽”。体表坚实，前胸背板有2条不明显的纵纹，无翅，靠后腿摩擦鸣叫；各足长，关节及胫节具棘刺，转节黄白色，后足腿节异常粗大，侧缘淡黄褐色具线状斑纹。

生活习性：有趋光性。常出没于灶台与杂物堆的缝隙中，以剩菜、植物及小型昆虫为食。

草螽科 Conocephalidae

体小至大型。头为下口式，颜面通常垂直或向后倾斜；触角长于体长，着生于头部颜面上方，两复眼内侧，触角窝边缘稍隆起；胸部听器较大，通常不同程度的被前胸背板侧片盖及；前胸腹板具或缺刺；前翅和后翅发达或退化短缩。

防治方法：对化学药剂很敏感，直接喷施药剂可以用来防治。

014 中华草螽 *Conocephalus chinensis* Redtenbacher 直翅目 草螽科 草螽属

寄主植物：水稻、禾谷类作物、牧草。

形态特征：雄虫体长约60mm，雌虫体长约65mm，外形颇似尖头蚱蜢，头部圆锥形，尖而斜头顶显著前突，边缘有白色的细条纹，两侧有黄色条纹。触角鞭状，大致与体等长，绿色。前翅绿色，伸过腹部，右前翅有透明的发声器，腹部背面中央有褐色的纵带。

生活习性：一般在5–6月出现，至9–10月仍可见到。

螽斯科 Tettigoniidae

螽斯科，属直翅目螽亚目螽斯总科，植食性种类多对农林牧业造成不同程度的危害，主要栖息于丛林、草间，亦有少数种类栖息于穴内、树洞及石下等环境中。

体型大小不一，体躯纵扁或近圆柱状。触角30节以上，丝状，比体长。翅的变异较大，发达、缩短或消失。在有翅种类中，雄性发音器位于左前翅之臀域，常略呈圆形，围以弯曲而发达的翅脉，间横贯一条翅脉，作为音锉；右前翅基部为光滑而透明的鼓膜，当二翅相互摩擦时，共鸣发音。前足胫节基部两侧具有开口式或闭口式的听器。后足腿节十分发达。跗节4节。产卵器十分发达，呈剑状或镰刀状。

防治方法：①农业防治：做好冬耕工作，破坏虫卵越冬场所，降低虫口基数，也可以人工捕捉成虫。②化学防治：选用防治效果较好的药剂灭多威或敌敌畏1000倍液进行防治。因为2种药剂的触杀效果好于胃毒效果，大田防治应在低龄若虫期进行，可提高防治效果。

015 日本条螽　*Ducetia japonica* Thunberg　**直翅目　螽斯科　条螽属**

寄主植物：危害苹果、梨、李、梅、枇杷、无花果、桑树、核桃和蔬菜类植物叶片。

形态特征：雄虫体长16–20mm，雌虫体长19–23mm，体黄绿色。触角丝状，超过体长；前胸背板平滑略呈马鞍形，无侧隆线，侧片长明显大于宽；前翅发达，其顶端明显超过后足股节的端部，后翅明显长于前翅；前足基节通常具有小刺，后足股节下侧具有明显的刺，膝片顶端均具有明显的刺。雄虫下生殖板呈管状，中部深裂到基部。雌虫产卵器1.5倍于前胸背板，基部之半呈弧形弯曲。

生活习性：1年1代，以卵越冬。夜晚比较活跃。

016 中华螽斯　*Tettigonia chinensis* Willemse　**直翅目　螽斯科　螽斯属**

寄主植物：危害禾本科植物叶片。

形态特征：雄虫体长33–35mm，雌虫体长32–35m，体绿色或棕绿色，头和前胸背板棕绿色。绿色型体色为绿色，近乎单色；褐色型体褐绿色，从头部复眼之后具一条褐黑色的纵条纹，延伸至前翅臀脉域；翅极长，远远超过后足股节端部；各足股节腹面内缘具刺，胫节背面外距；雄虫尾须圆柱形，略微内弯，基部粗壮，在尾须的中部具1尖的齿；产卵瓣短于后足股节，不到达翅端，几乎平直。

生活习性：常见于灌丛草坡和灌丛林；螽斯善于跳跃不易捕捉。

纺织娘科 Mecopodidae

纺织娘科昆虫在我国分布很广，以东南部沿海各省如浙江、江苏、山东、福建、广东、广西分布最多。植食性，生活于树皮缝、蚁穴、白蚁巢中。体色有绿色和褐色两种，其体形很像1个侧扁的豆荚，是早为人们选养观赏的鸣叫昆虫，有一定的危害性，因而它属于害虫之列。已知约57属130种。体中等至大型，头常为下口式，触角较体长，位于复眼之间，触角窝周缘非强隆起，胸听器常较大，被前胸背板侧片覆盖，后足胫节背面具端距。

防治方法：①清除田间杂草及枯枝落叶，耕整土地以消灭越冬虫源。②合理灌溉和施肥，促进植株健壮生长，增强抗虫能力，及时喷药。

017 日本纺织娘 *Mecopoda elongata* Linnacus 直翅目 纺织娘科 纺织娘属

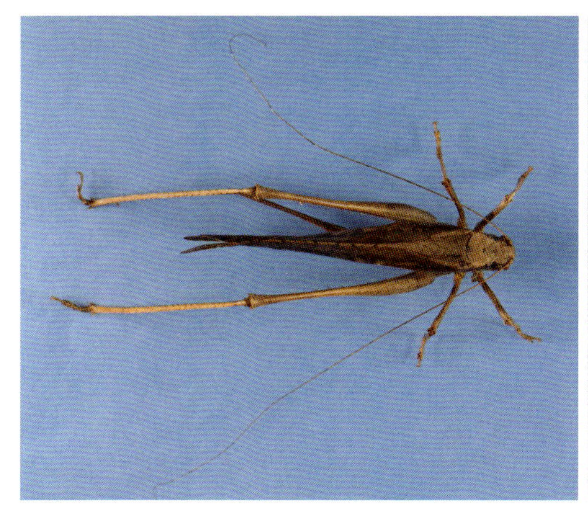

寄主植物：南瓜、丝瓜、桑、柿树、核桃、杨树等。

形态特征：雄虫体长30–32mm，雌虫体长45–60mm，体棕色或绿色。头顶宽阔，端部圆弧形突出；触须细长如丝状，黄褐色，可长达80mm；前胸背板前狭后宽，背面三条横沟明显；前翅宽阔，形似一片扁豆荚，前翅侧缘通常具数条深褐色斑纹，其长过腹端，甚至超过后足股节端；雌虫产卵瓣长，马刀状，略呈弧形向上弯曲；雄虫的翅脉近于网状，有2片透明的发声器。

生活习性：植食性昆虫，雌虫将卵产在植物的嫩枝上，常造成这些嫩枝新梢枯死。1年1代，以卵越冬。喜食寄主植物的花瓣或叶片，也吃其他昆虫，有一定危害性。

◎ 蜚蠊目 Blattidae

蜚蠊目个体大小因种类不同而差异显著，小的体长仅有2mm，但某些大型蜚蠊体长可达100mm，体宽而扁平。

本次调查发现蜚蠊目昆虫有1科1种，其中黑翅土白蚁为主要林业有害生物，主要危害桃、枇杷、枣、柿、柑橘、杨梅、板栗、茶等多种果树和林木，白蚁营巢于土中，取食树木的根茎部，并在树木上修筑泥被，啃食树皮，也能从伤口侵入木质部危害。苗木被害后常枯死，成年树被害后生长不良。

白蚁科 Termitidae

社会性昆虫，生活于隐藏的巢穴中，有完善的群体组织，主要危害房屋建筑、枕木、桥梁、堤坝、森林、果园和农田。

防治方法：①在有翅繁殖蚁分群期点灯诱杀之。②发现蚁路和分群孔，用灭蚁灵粉剂喷施蚁体，传递灭蚁。③用落叶、蕨类枝叶等堆放诱杀堆，白蚁上堆后，用灭蚁灵粉剂喷杀。④用杀灭菊酯50-100倍液喷施或灌浇，以预防白蚁为害。

001 黑翅土白蚁 *Odontotermes formosanus* Shiraki 蜚蠊目 白蚁科 土白蚁属

寄主植物：危害杉木、水杉、池杉等树皮、木质部等。

形态特征：有翅成虫体长12–14mm，翅长24–25mm，头、胸、腹背面黑褐色，前胸背板中有“十”字形纹，体有浓密的细毛，前后翅黑褐色，膜质长形，前后翅大小脉纹同。工蚁体长5–6mm，头黄色，近圆形，腹部灰白色，头后侧缘圆弧形，触角17节。兵蚁体长5–6mm，头橙黄色，卵圆形长大于宽，上颚发达，黑褐色，胸腹部淡黄色，触角15–17节。蚁后体长50–80mm，头胸部棕褐色，腹部淡黄色，腹部特别膨大。蚁王无翅，头淡红色，体为黄棕色，胸部残留翅鳞。

生活习性：为当年羽化，当年分飞，分飞一般在3月下旬至5月下旬。分飞通常发生在18:00–20:00。有翅成虫有趋光性。

◎ 双翅目 Diptera

双翅目是昆虫纲中仅次于鞘翅目、鳞翅目、膜翅目的第四大目，它们大多数摄取液态食物，体小型到中型。

双翅目幼虫食性广而杂，植食性的双翅目幼虫多为农作物害虫，如实蝇科幼虫蛀食果实，橘小实蝇等危害经济作物柑橘等，每年都会造成严重经济损失，本次调查双翅目有1科1种。

水虻科 Stratiomyidae

水虻科昆虫统称水虻，是双翅目中一个较大的科。水虻科昆虫在形态上呈现多样化，体长介于3-30mm。多数水虻体表具金属光泽，从食性上可分为腐食性种类、植食性种类和少数捕食性种类。

防治方法：①保护天敌：主要通过膜翅目的昆虫寄生消灭，还有蚂蚁、蟾蜍、鸟类等。②大范围的灭除，可以使用灭水虻的兽药环丙氨嗪。

001 金黄指突水虻 *Ptecticus aurifer* Walker 双翅目 水虻科 长腹水虻

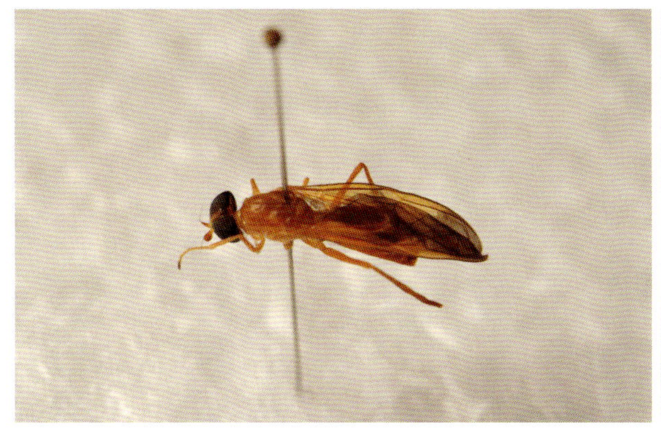

寄主植物：以腐烂的有机物和动物粪便为食。

形态特征：成虫体长18–25mm，体金黄色。头黑色，复眼分离，额橘黄色，向头顶逐渐加宽，被黄毛；触角红黄色，第2节内侧端缘突出呈指形，第3节盘形，具1细长的端芒；胸部红黄色，被黄毛；小盾无盾刺，红黄色，背面被黑色毛；腹部细长，扁平，红黄色，被黑毛；翅棕黄色，端部具黑斑；平衡棒黄色。

生活习性：在禽畜粪便处理及生产具有较高经济价值的昆虫蛋白饲料等方面有重要的潜在应用价值。1年5–6代，以预蛹和蛹的形态越冬。

◎ 膜翅目 Hymenoptera

南京本次普查膜翅目共4科7种（图7）。该目绝大多数种类是对人类有益的传粉昆虫和寄生性或捕食性天敌昆虫，只有少数为植食性的农林作物害虫。植食性者如叶蜂科幼虫食叶，茎蜂科幼虫蛀茎，树蜂幼虫钻蛀树木，瘿蜂科幼虫形成虫瘿等。寄生性为细腰亚目大部分种类，其中又分为内寄生和外寄生。

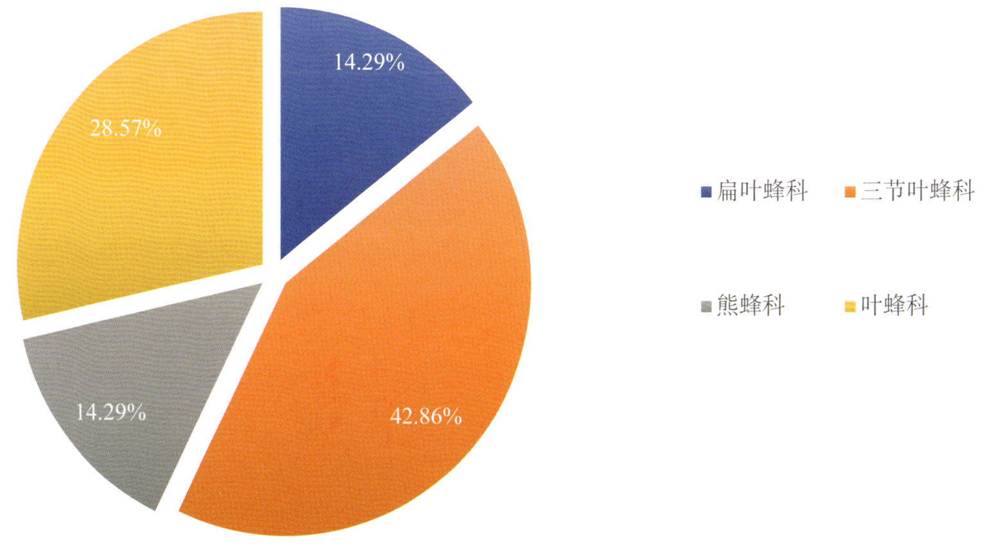

图7 监测膜翅目害虫各科种数占比

熊蜂科 Bombidae

熊蜂科也称丸花蜂科，形态与蜜蜂科相似，但体形大而粗壮。营社会性生活，常在鼠类的废洞中做巢，巢用干燥的植物小块造成，将花蜜和花粉混合成糊状贮藏，为重要的传粉昆虫。

001 黑足熊蜂　*Bombus atripes* Smith　**膜翅目　熊蜂科　熊蜂属**

寄主植物：采访花蜜，如女贞、黄蓟、紫豆、小面、杜鹃、野蔷薇等。

形态特征：雌虫体长18-25mm，中型，体破红褐色毛。头及足黑色，头部、胸侧及足均被黑毛；翅紫褐色，有闪光；颅顶后缘、胸及腹部背板密被红褐色绒毛；腹部腹板后缘为黄及褐色整齐排列的一排毛，后足胫节两侧被较长的黑毛。雄虫与雌虫类似，仅个体较大。雄虫后足胫节简单，无采粉器官。

生活习性：1年1代，也有极个别地方报道1年2代，以单只蜂王休眠越冬，在来年春天气温升高、早春花开放时，蜂王出蛰。通常选择在稻草捆内、干草丛里、老鼠等小型哺乳动物舍弃的洞穴或废弃的鸟窝等地方做巢。

三节叶蜂科 Argidae

广腰亚目的1科。幼虫自由取食，有腹足6-8对，大多生活在木本被子植物，特别是蔷薇科、杨柳科和桦木科植物上，也有的生活在豆科和壳斗科植物上。

防治方法：①结合冬季翻土消灭幼虫，剪除被害枝条并将其烧毁。②栽植前整地时，每亩施呋喃丹3-5kg进行防治。③发生严重时，可用2.5%的敌杀死乳油1500倍液，或40%的乐果乳油1000倍液喷雾防治。如用48%的乐斯本乳油1000倍液，效果更佳。

002 蔷薇三节叶蜂　*Arge geei* Rohwer　**膜翅目　三节叶蜂科　三节叶蜂属**

寄主植物：危害蔷薇、月季、玫瑰、十姐妹、木香等多种蔷薇科植物叶片。

形态特征：雌成虫体长8.4mm，橘黄色。头黑色具光泽，横长方形，后缘中部微凹，被毛黑褐色短密；触角黑褐色至黑色；胸背橘黄至橘红色，前胸背板深圆凹，中胸翅基片黑褐色，小盾片两侧凹窝内黑褐色；翅浅黄色半透明。足黑色有光泽。雄成虫体长6.9mm，翅展13.2mm。头、胸部黑色，略具蓝色金属光泽，腹部淡黄褐色，仅第一背板淡暗褐色。末龄幼虫体长20mm左右，头部亮褐色，体、足浅绿色，化蛹前浅黄色。

生活习性：1年3-4代，以老熟幼虫于土中结茧越冬。

003 榆叶蜂 *Arge captiva* Smith **膜翅目 三节叶蜂科 三节叶蜂属**

寄主植物： 多种榆科植物。

形态特征： 雌虫体长8.5–11.5mm，翅展16.5–24.5mm，雄虫较雌虫小，体具金属光泽。头部蓝黑色，唇基上区具有明显的中脊；触角黑色，圆筒形，大约等于头部和胸部之和；胸部部分橘红色，中胸背板完全为橘红色，小盾片有时蓝黑色；足蓝黑色；腹部蓝黑色，具蓝紫色光泽；翅透明，浅褐色，翅脉、翅痣褐色。老熟幼虫体长21–26mm，淡黄绿色，头部黑褐色，体各节三排横列褐色肉瘤。

生活习性： 1年2代，以老熟幼虫在浅土层或落叶中吐丝结茧变预蛹越冬。卵产于嫩叶的叶缘上、下表皮之间。幼虫亦具假死性，受惊吓后即蜷身落地。

004 杜鹃三节叶蜂 *Arge similes* Vollenhoven **膜翅目 三节叶蜂科 三节叶蜂属**

寄主植物： 杜鹃花、五月红、云锦杜鹃、西洋杜鹃等，特别是对杜鹃花危害更为严重。

形态特征： 成虫体长7–10mm，翅展18mm左右，有蓝黑色光泽。触角3节黑色，其上生有深褐色毛；胸背具钝菱形瘤状凸起，上生浅倒箭头状纹，下方具1横波纹；翅浅褐色，上密生褐色短毛；胸腹两面具细密的白短毛；足蓝黑色。

生活习性： 以幼虫取食叶片，取食时从近叶柄基部叶缘开始，逐渐将叶食尽，仅留主脉及部分叶尖。1年3代，以老熟幼虫在浅土层或落叶中结茧越冬。

扁叶蜂科 Pamphiliidae

已知约160种，分隶于5属。头部腹面关闭。触角长，丝状，可多至40环节。前胸背板中间长，后缘几为一直线，单独或成群生活于网中或用丝黏合的叶筒中。发生于针叶树或被子植物（大多为蔷薇科或具柔荑花序的树）上。休眠期处于地下土室中。

防治方法：①农业防治：营造混交林，加强天然次生林的抚育管理，提高郁闭度；对大面积油松纯林，要营造防虫、防火林带、补种阔叶树种，改善林分结构，提高抗虫害能力。②化学防治：在成虫羽化高峰、产卵盛期前，在林区内按25m×26m间距布置放烟点，用林丹烟剂或敌马烟剂15kg/hm^2，于上午10:00以前或下午4:00以后组织放烟防治，无风天气、烟雾弥漫4min以上时，平均防治效果达77%-85%，可有效控制其灾害。③生物防治：白僵菌、绿僵菌及细菌感染的越冬幼虫死亡率约20%；越冬期鸟类及其他哺乳动物刨食幼虫，可捕食绝大部分幼虫；黑蚂蚁可取食虫卵，注意保护天敌生物，增强控制能力。

005 松阿扁叶蜂 *Acantholyda posticalis* Matsumura 膜翅目 扁叶蜂科 阿扁叶蜂属

寄主植物：油松、赤松、樟子松。

形态特征：体黑色，背腹面高度扁平，有侧脊，腹部腹面黄色，头胸部具黄色块斑；触角丝状，柄节及鞭节端部黑色，中间黄色；翅淡灰黄色，透明，翅痣黄色，翅脉黑褐色，顶角及外缘有凸饰，色较暗，微带暗紫色光泽。雌虫体长13-15mm，头及腹部黄色斑块较淡，腹部末端被包含锯状产卵管的鞘所分裂，触角35-38节；雄虫体长10-12mm，触角33-36节，柄节只背面为黑色，腹部腹面黄色，具光泽，足前侧褐黄色透明，腹部末端腹面完整，两侧具掌状抱握器一对。

生活习性：成虫寿命17-20d，靠成虫飞翔扩散传播。幼虫孵化时，用上颚在卵的一端咬一小孔，钻出后爬至针叶基部吐丝3-5根结网，居其中。约1h左右，开始咬断针叶拖回网内取食。3龄后幼虫转移到当年新梢基部吐丝做巢定居。巢圆筒形，长28mm，直径3-4mm，前口大，为取食口，后口小，为排粪孔。幼虫受惊后迅速退回巢内，并有吐丝下垂习性。幼虫有迁移习性，未成熟前迁移时，用背部附着树干表面，靠头部左右摆动吐丝结“之”字形丝网，然后用胸足攀缘，如登梯状蠕动前行。老熟幼虫从前口爬出坠地，爬行5-6min后钻入土中，于5-10cm深土层中做椭圆形土室越夏越冬，土室内面光滑，长10-15mm，宽5-8mm，幼虫于土室中约9个月，直到翌年5月上旬羽化后钻出土室。

叶蜂科 Tenthredinidae

叶蜂科分布广，多数种类幼虫取食植物叶片，少数蛀果、蛀茎或形成虫瘿。体小至中型。

防治方法：①地面旋耕：在3月中旬以前对林下进行旋耕，杀死虫茧，根据树的大小注意与树的距离。②物理防治：利用幼虫群集叶上时，可采取人工捕捉方法，利用幼虫假死性，于树下铺塑料薄膜，震动树干，收集落下的幼虫并集中销毁。③化学防治：在初孵幼虫期，喷洒25%灭幼脲三号1500倍液、50%杀螟松乳油1000倍液、1.8%阿维菌素3000倍液、高效氯氰菊酯1500倍液杀灭幼虫。

006 樟叶蜂 *Mesonura rufonota* Rohwer 膜翅目 叶蜂科 樟叶蜂属

寄主植物：危害樟树等叶片，林木树冠上部嫩叶也常被食尽，严重影响树木生长。

形态特征：雌虫体长7–10mm，雄虫体长6–8mm。触角及头部黑色，有光泽；前胸背板两侧、中胸前盾片、盾片、小盾片、中胸前侧片褐黄色，有光泽；后背片、中胸背板其余部分、中胸腹板、腹部黑色，有光泽；中胸发达，后缘呈三角形，上有“X”形凹纹；前足基节、腿节，中足腿节中段，后足腿节除基端、胫节端部、跗节黑褐色，前、中、后足其余部分淡黄白色。老熟幼虫体长15–18mm，头黑色，体淡绿色，全身多皱纹，胸部及第1–2腹节背面密生黑色小点，胸足黑色间有淡绿色斑纹。

生活习性：1年1–2代，以老熟幼虫在土内结茧越冬。幼虫在茧内有滞育现象，有的滞育到次年再继续发育繁殖，因此在同一地区，一年内完成的世代数也不相同。95%的卵产在叶片主脉两侧，产卵处叶面稍向上隆起。幼虫从切裂处孵出，在附近啃食下表皮，之后则食全叶。

007 杨扁角叶蜂 *Stauronematus compressicornis* Fabricius 膜翅目 叶蜂科 厚爪叶蜂属

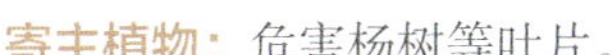

寄主植物：危害杨树等叶片。

形态特征：雌虫体长7–8mm，雄虫体长5–6mm，黑色，有光泽，被稀疏白色短绒毛。触角褐色，侧扁，第3–8节各节端部下面加宽，呈角状；翅基片、足黄色（后胫节及附节尖端黑色）；翅透明，翅痣黑褐色，翅脉淡褐色；幼虫头黑褐色，体鲜绿色，胸部每节两侧各有4个黑斑，胸足黄褐色，身体上有许多不均匀的褐色小圆点。

生活习性：1年5代，以老熟幼虫在树根周围土中作茧变为预蛹越冬。卵多产在苗木顶端嫩叶背面上的叶脉或叶脉两侧的表皮下。幼虫由主、侧脉两侧的圆洞向叶缘取食，食尽叶肉，仅留叶脉。幼虫取食时先分泌白色泡沫状液体，凝固成蜡丝。蜡丝长约3mm左右，每两根相距约1mm。蜡丝留于食痕附近周围，排成1–3列，形似栏杆。

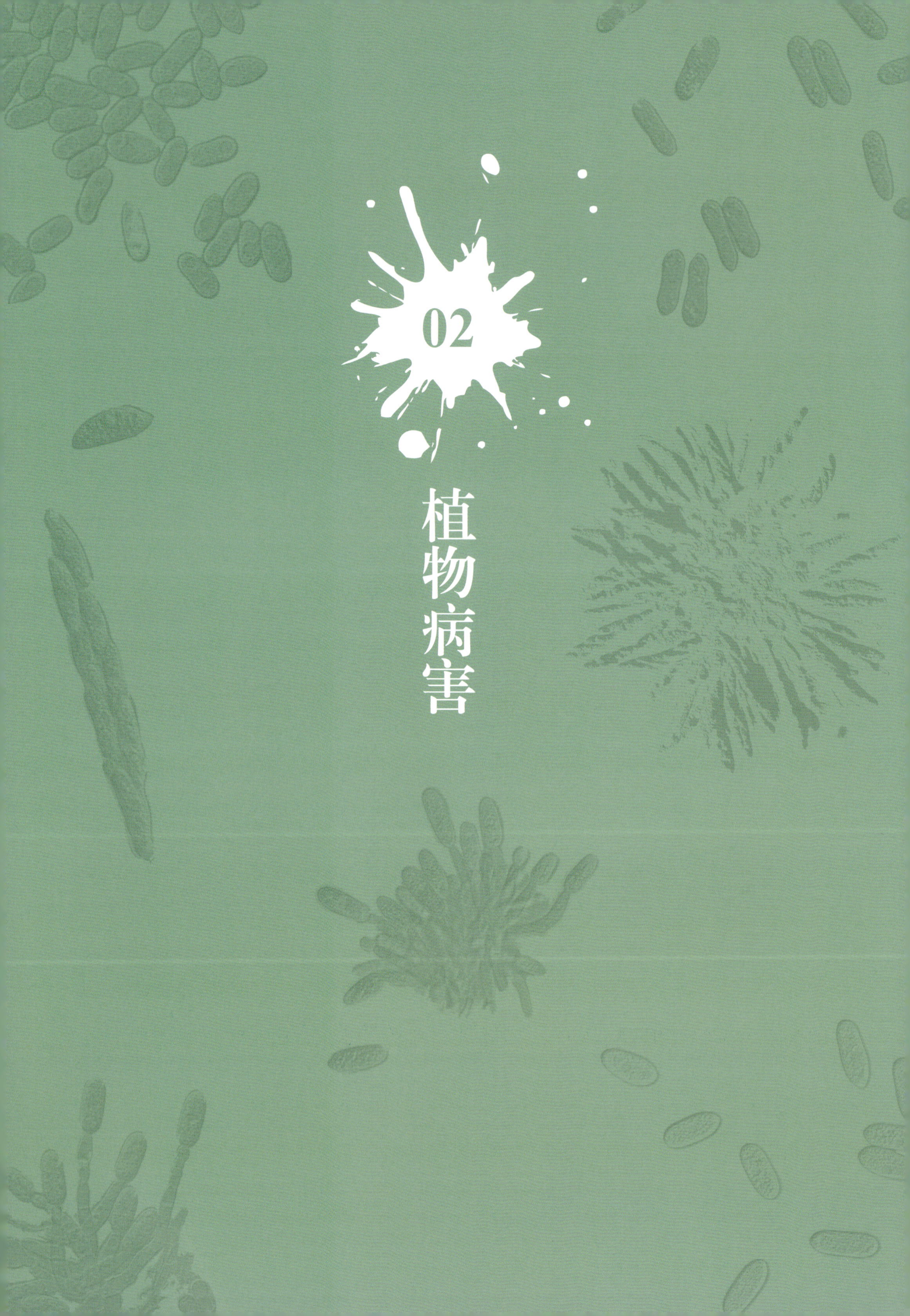

02

植物病害

林木病害基础知识

1 林木病害的概念与分类

林木在生长发育过程中，如果外部条件不适宜或遭受有害生物的侵染，就会使林木在生理上、组织上、形态上发生一系列反常变化，使产量降低，质量变劣，减少或失去经济价值甚至引起死亡，这种现象称为林木病害。

2 林木病害的症状

2.1 非侵染性病害症状

非侵染性病害的诊断比较复杂，一般可以从下列几方面进行：

（1）有些非侵染性病害在发病时间上常与气象因子的变化有直接联系。例如晚霜之害，多在春季冷空气过后晴朗无风的夜晚发生；工矿区的烟害常在低气压的天气条件下发生；根腐病多在雨季发生等。

（2）这类病害的发生往往比较突然而普遍，但延续的时间不长（侵染性病害常有一个从少数到多数、从局部到全体的过程）。

（3）在病害的分布上，某些非侵染病害往往有较明显的规律可循，同地形、地势和土质等环境因素有较密切的关系。某些病害同树木本身的方位或部位也有关系。例如苗木日灼病多发生在苗木基部的西南面，树冠西北面的枝叶受晚霜危害最重。

（4）非侵染性的叶斑病和叶枯病大多从叶尖、叶缘或叶脉之间开始发生，受害部同健康部往往没有明显界线。

（5）非侵染性病害还可用改变环境条件的方法来诊断。如认为某一病害可能是高温造成的，则可将健康植株放在人工控制的高温环境下，看它是否发病并表现同样症状。

（6）还有一些非侵染性病害，可以将它们与当地栽培管理方法或人为活动等联系在一起，综合加以分析、考虑。

2.2 侵染性病害症状

生病树木在外部形态和内部组织上所表现的不正常现象称为症状。一般将显露在树木患病部分表面的病原体如菌丝体、子实体、孢子等称为病症；而将生病树木本身的病变特征如叶斑、叶枯、根腐、丛枝等称为病状。多数树木病害，病状明显，病症不明显。非侵染性病害不表现病症，病毒和类菌质体病害也不表现病症。有些林木病害的病症非常显著，如白粉病、煤污病等。

树木病害常见的症状类型可归纳如下：

（1）斑点。多发生在叶片和果实上，病斑多为褐色，圆形、近圆形或不规则形，有时具有轮纹。叶上斑点扩大，会引起叶枯。如油桐黑斑病、杉木细菌性叶枯病。由真菌中的炭疽菌引起的斑点类病害称为炭疽病，病斑多为黑色或黑褐色，潮湿时病部会涌出粉红色胶状物。

（2）腐烂。发生于树木的各个部分。主要是由真菌或细菌分泌的酶分解细胞间的中胶层，使细胞分离，组织腐烂，并常带有酸臭味。如杨树腐烂病、油茶软腐病等。

（3）腐朽。专指树木根、干的木质部霉烂而言，由真菌引起，腐朽的木质部松软易碎。腐朽后期，病部往往长出菌来，如松根朽病、木材腐朽等。

（4）溃疡。树木枝干的局部皮层坏死，形成凹陷病斑，周围稍隆起，如槐树和檫树溃疡病。

（5）粉霉。病部表面生有由某些病原真菌的表生菌丝体和孢子堆形成的白毛、黑色或锈黄色粉状物或霉层，如树木的白粉病、锈病、煤污病以及种实发霉。

（6）丛枝。树木的部分枝条上枝叶变小密集丛生。多由真菌或类菌质（原）体侵染所致。病原物的侵染活动，抑制了枝条顶芽的生长发育，腋芽或不定芽大量萌发，丛生许多细弱小枝，小枝的腋芽又发育成小枝，重复数次，导致枝叶密集成丛。病枝一般垂直于地面，向上生长，节间变短，叶形变小。病枝陆续枯死。

（7）肿瘤。树木的根、干、枝条局部细胞增生而形成肿瘤，多由真菌或细菌引起，如松瘤锈病、柳杉瘿瘤病等。

（8）枯萎。一般专指由真菌或细菌引起的维管束病害而言。病菌侵入树木根部或干部维管束组织，沿维管束扩展，使维管束堵塞或产生毒素破坏维管束组织，使维管束失去输导功能，造成树木整株或局部枝叶枯萎，如油桐枯萎病、木麻黄青枯病等。

（9）黄化、花叶。叶片大部或全部褪绿变成黄色或黄白色，称为黄化；叶片色泽深浅不匀，浓绿和浅绿相间称为花叶。这类症状大多由营养失调或类菌体和病毒引起，如黄化病、花叶病。

（10）流脂或流胶。树木的芽、枝、干流出树脂或树胶，致使树木生长衰弱或芽梢枯死，称为流脂病或流胶病，如松芽流脂病、桃树流胶病等。

3 病原

3.1 非侵染性病原

（1）营养条件不适宜。土壤中缺少某些营养物质可以引起树木叶片黄化或植株矮小、生长缓慢等。树木对微量元素特别敏感，例如刺槐因缺铁而发生的黄化病在盐碱地上较常见。果树缺锌，则引起小叶病。

（2）土壤水分失调。水分过多常使树木根部窒息，发生根腐。在排水不良、地下水位过高，或因地势不平局部积水的地方常常发生这种现象。干旱可使叶片变黄或引起落花、落叶和落果，严重时，则引起苗木和幼树的死亡。

（3）温度过高或过低。高温常引起果实和树皮的灼伤。某些树皮较薄的苗木和幼树茎基部及树干的向阳面常常发生这种现象。檫树的溃疡病就是先因日灼造成伤口而引起的。霜害和冻害更是常见。山东毛白杨在冬季易遭冻害而致树干中下部产生裂缝，俗称破肚子病。

（4）中毒。空气、土壤和树木表面存在的有毒物质对树木是有害的。化工厂或冶炼厂排出的废气中含有大量的二氧化硫、氯气和氟气等有毒气体，这类有毒气体对树木的损害称为烟害。杀虫、杀菌药剂使用不当，致使树木叶片上产生斑点或枯焦脱落，则称为药害。

3.2 侵染性病原

（1）真菌。大多数林木病害是由真菌引起，真菌具有以下特征：个体微小，只有在显微镜下才能看清楚其结构；有真正的细胞核和细胞壁，细胞壁主要成分为几丁质；营养体简单，多数为丝状体——菌丝体；典型的繁殖方式是产生各种类型的孢子；异养，无叶绿素。病原真菌通常以有性孢子、菌丝体、菌核、菌索、厚垣孢子和分生孢子在病株及其残体或土壤里过冬，借风、雨、昆虫或其他媒介物传播，从树木的伤口（冻伤、灼伤、虫伤等）、自然孔口（气孔、皮孔、水孔）等处侵入，或直接穿透树木表皮侵入。

（2）细菌。细菌属于原核单细胞生物。病原细菌的形态结构如下：病原细菌有细胞壁，染色质分散，无固定形态的细胞核，有鞭毛、纤毛等结构。林木细菌病害的主要症状有斑点、溃疡、枯萎以及肿瘤等类型，如核桃细菌性黑斑病、柑橘溃疡病等。

（3）病毒和类菌质体（支原体）。病毒是一类比细菌还小得多的微生物，基本形态有杆状、纤维状以及球状。专性寄生物，只能寄生在活的细胞内生活、增殖，不能在人工培养基上培养。植物病毒病的症状常见的有花叶、黄化、枯斑以及植株枯萎、叶果畸形等。

类菌质体大小介于细菌与病毒之间，有寄生的和腐生的。腐生的生存于土壤、垃圾中；寄生的生存于树木的韧皮部细胞内或昆虫体内，可随养分输导而扩展到树木全身，使树木全身发病。生病树木表现黄化、矮化、丛枝、萎缩等症状。

（4）线虫及其他病原物。线虫属于圆形动物门线虫纲。多数生活于水中或土中，少数寄生在动物体内，引起动植物线虫病。危害树木的有根结线虫和松材线虫，根结线虫危害油橄榄、泡桐、桑、柳、柑橘等多种植物的根部，引起根结病。松材线虫危害松树树干皮层和木质部，引起松树枯死。

◎ 针叶乔木病害

001 松材线虫病

病原种类：该病由松材线虫 *Bursaphelenchus xylophilus*（Steiner et Buhere）Nikle引起的。经调查，除松材线虫外，在我国松林中，也有一些枯死植物体内，仅见有拟松材线虫 *B. mucronatus* Mamiya et Enda存在，但在多数情况下，松材线虫较拟松材线虫的致病性强。

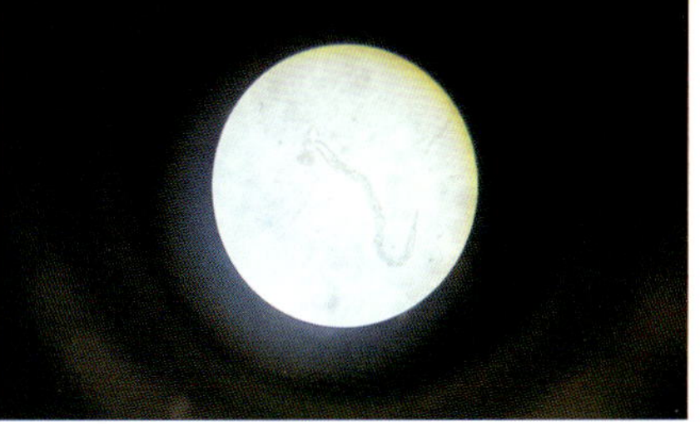

寄主植物：该病可危害松属、雪松属、落叶松属、冷杉属、云杉属以及黄杉属等多种针叶树种，但以松属树种为主。在自然条件下感病的松树多达45种，如黑松、马尾松、黄松、赤松、海岸松、白皮松、千头赤松、加勒比松、光叶松、欧洲山松等。在江苏南京，以黑松、赤松、马尾松为常见受害树种，也有火炬松自然感病的报道。

危害症状：（1）当年枯死：多数情况下，树木感病后，于当年秋季表现全株枯死。这类典型症状的出现，大体可划分为4个阶段：①病害初期，植株外观无明显变化，但树脂分泌开始减少；②树冠部分针叶失去光泽，树脂已停止分泌；③多数针叶变黄，植株开始萎蔫；④整个树冠针叶由黄变褐色，全株枯死。（2）越年枯死：在温暖地区，有少数植株（约10%）感病后，在1–2年较短时间内，并不表现全株枯死现象，一般仅为树冠上少量枝条枯死，随时间推移，逐渐增多，直至全株。据江苏地区调查，此现象在松林中比较普遍，并且多发生在湿地松、马尾松等针叶树上。

发病规律：松材线虫病的发病条件较一般植物病害复杂，松材线虫病的发生和流行要有感病的寄主植物、病原松材线虫和合适的发病环境，松材线虫要靠媒介昆虫的传播才有可能侵染进入寄主植物。松材线虫的生活史有繁殖周期和分散周期。繁殖周期全部在松树体内，当携带松材线虫的媒介昆虫在健康松树枝条上取食时，线虫进入到松树体内，开始了繁殖周期，重复出现卵、幼虫和成虫。2龄幼虫遇不良环境，转化成分散型3龄幼虫，向蛹室聚集，能抵抗干燥和低温等不良环境，蜕皮后逐渐成为持久型（休眠型）4龄幼虫，持久型4龄幼虫特别抗干燥，适合媒介昆虫的传播。在25℃下，松材线虫5d繁殖1代，1对线虫20d内可繁殖20万条松材线虫。

防治方法：①松材线虫病的预防措施：检疫是预防松材线虫病的首选。掌握松材线虫的检疫技术，采取有效监测手段，加强监测松材线虫病疫情，掌握其动态并及时采取防治措施，是松材线虫病防治工作的重要途径。松材线虫病害检疫范围包括来自国内外疫情发生区的松属 *Pinus*、雪松属 *Cedrus*、冷杉属 *Abies*、云杉属 *Picea* 和落叶松属 *Larix* 等植物的苗木、插条等生长繁殖材料，上述植物的木材、枝桠、根桩、木片及其制品等，以及带有松材线虫及其传播媒介昆虫活体的货物、包装与铺垫材料及运输工具。一旦发现病虫害就要及时报告，及时处理，控制在萌芽状态，具体措施包括热处理、喷施杀线虫剂、溴甲烷熏蒸、浸泡、集中烧毁等。②松材线虫病的治理措施：对于已确认感染松材线虫的松林，主要采取物理、化学与生物措施来进行治理。及时清除病株残体，设置隔离带，切断松材线虫的传播途径，是较为有效的物理措施。对于已经发生松材线虫病的病疫区，必须清理病死树（包括枝干与根桩）和对病木进行除害处理（磷化铝熏蒸），即便清理操作工作量大、成本高也必须做好。而对于重病区，则需要考虑一次性皆伐整个山头或者地块的松树。在线虫侵染前数周，在松树根部土壤中喷施丰索磷、乙拌磷、治线磷等内吸性杀虫剂，或树干注射，能有效地预防线虫侵入和繁殖，是常用的化学措施，或采用微波技术清除病疫木板材中的松材线虫；但化学方法成本高，常有负面效应，不宜大面积推广使用。在生物治理措施方面，可利用松材线虫病疫木种植茯苓，利用鸟类等天敌进行防治，利用白僵菌 *Beauveria bassiana* 防治昆虫介体，也可用捕线虫真菌防治。生物治理具有明显的生态效益，对环境影响较小，有望在今后的松材线虫病防治中广泛推广。

002 松枯梢病

病原种类：落叶松枯梢病病原为落叶松球腔菌 *Botryosphaeria laricna*（Sawada）Shang，异名 *Guignardia laricina*（Sawada）Yamamoto et K.Ito，隶属于腔菌纲座囊菌目座囊菌科球座菌属。

寄主植物：落叶松。

危害症状：落叶松枯梢病从幼苗、幼树到成林的当年新梢都能发病，但幼树发病较重。一般先从主梢发病，然后由树冠上部向下蔓延。病后新梢渐渐褪色，顶部弯曲下垂呈钩状，从弯曲部分逐渐向下落叶、干枯，茎收缩变细，仅在顶部残留一簇叶子，且萎枯呈紫灰色，发病较重的，新梢已木质化，病枝不弯曲下垂，病部针叶脱落。次年春季，由侧芽生小枝代替原来主梢，

连年发病，受害严重者，树冠出现五花头和扫帚状枝丛，高生长停止，形成小老树或全株枯死。在枝梢受害部位，多数有松脂溢出，凝成块状。

发病规律：落叶松枯梢病的发生具有明显的地域性，位于山坡下部，靠近林缘或坡麓高阶地的低平部分，其土壤质地黏重、滞水性强的林分易发病。病情轻重与风力和风的方向有关，迎风地带，道路两侧总是病情最重，主要是因为风力大和持续时间长，使梢间擦伤，便于病原菌的侵染所致。枯梢病最初发生二年内，枯梢在树冠表现的高度性规律最明显。枯梢高和树高比值基本稳定。在中、幼龄林阶段，单株高生长速度快、新梢细长者枯梢病较重，往往主梢发病也较多；单株生长速度中等，新梢粗短者发病较轻，但侧梢发病相对较多，这种差异并不十分明显。多数林分在造林后3-4年开始首次发病，造林后1-2年是不发病的，即使发病也很轻。密度大枯梢病重，密度小枯梢病轻。落叶松人工林及时合理的修枝抚育，有利于林木生长和林内通风透光，而不利于病菌的冠下积累、传播和侵染，从而使病情减轻。林地土壤种类与病情关系密切，林地土壤为草甸暗棕壤的林分，发病最重，林地土壤为暗棕色森林土或为白浆土的林分发病也较重。落叶松在地势低洼、有积水的地块发病重，有坡度、排水良好的地块病情明显较轻。另外，土壤含水量决定了树木含水量，而新梢含水率高，抗逆性差，易遭受风害、低温或冻害，利于枯梢病菌的侵染。我国落叶松品种间抗病次序为日本落叶松、日本落叶松与其他品种杂交后代为抗病优良品系。但是即使是同一品种、品系、种源的落叶松在不同地理位置条件下，抗病性也有很大差异。落叶松枯梢病子囊孢子、分生孢子随雨水释放并由风进行传播；降雨量、降雨天数在孢子释放、扩散过程中起主要作用；连续小雨或中、大雨后，孢子数量显著增加并出现高峰，特别是6月中旬到下旬的降雨量直接影响孢子的释放、飞散；孢子扩散呈明显的陡峭梯度；在初发病的林分中，常形成明显的发病中心，病害自中心病株逐渐向外扩展。

防治方法：（1）苗木检疫：在调查的基础上，确定病区和无病区，禁止病区苗木调出，防止病原传播。如必须调运，按技术规程认真检疫，去掉病苗及可疑苗，调运的苗木应消毒。消毒方法：将苗木地上部分用浓度为1/10000的谷仁乐生水溶液浸15min，取出后用湿草袋或塑料薄膜盖3h。（2）林业防治：采取林业综合措施预防，培育和营造如日本落叶松及其杂交种的抗病树种；营造落叶松与阔叶树种或其他针叶树种的混交林。尽量避免在高温多湿、土壤瘠薄黏重，排水不良和山脊、风口、河谷两岸等迎风地带营造大面积落叶松纯林。科学管理，增强树势，低洼湿地注意及时开沟排水，防止湿气滞留。林间注意适时间伐，防止郁闭发病。（3）化学防治：①苗圃预防：用放线菌酮剂3ug/g或再加上有机锡剂（TPTA）150ug/g混合液（每10L药剂加6ml展着剂），喷射150-200ml/m^2。6月下旬至9月中旬喷雾。每隔10-14d喷射1次，共6-9次。苗木发病可喷75%的百菌清1000倍液。②苗木消毒：造林前发现病菌及时烧毁，在未放叶前，将苗木的地上部浸泡在有机汞剂EMP100ug/g药液中10min。取出后用塑料薄膜覆盖3h，可杀死苗木隐藏的病原菌。③发病树木防治：6月下旬至7月上旬在已发病的幼、中龄林区，用50%托布津可湿性粉剂1000倍液、65%代森锌可湿粉剂400倍液或40%福美胂800倍液等喷雾1-2次，可收到一定效果。或用克菌丹、五氯酚钠或百菌清烟剂防治。也可用10%百菌清油剂或落枯净油剂进行超低容量喷雾，每亩用量250g，防治效果比较明显。

003 杉木炭疽病

病原种类：杉木炭疽病由子囊菌门围小丛壳菌 *Glomerella cingulata*（Stonem）Schr. et Spaud. 引起，其无性阶段为胶胞炭疽菌 *Colletotrichum gloeosporioides* Penz.。而最新的研究表明，杉木炭疽病的病原菌主要为胶孢炭疽复合种 *C. gloeosporioides* species complex 包括果生炭疽菌 *C. fructicola*、暹罗炭疽菌 *C. siamense*、胶孢炭疽菌 *C. gloeosporioides* 和沧源炭疽菌 *C. cangyuanense*。

寄主植物：该病病原菌可危害杉木、铅笔柏、泡桐、杨树、香樟、刺槐等多种用材树种，还可以危害多种经济林树种。

危害症状：病斑能无限扩展，常引起叶枯、梢枯、芽枯、花腐、果腐和枝干溃疡等病害。对实生苗可造成毁灭性损失，对以采收果实为主的经济林木可导致严重落叶，或落花和落果，造成重大经济损失。杉木炭疽病在4-5月间发生，危害新老针叶和嫩梢。开始叶尖变褐或生不规则斑点，逐渐向下扩展，使全部针叶变褐枯死，并可延及嫩梢，使嫩梢变褐枯死。在老枝上，通常只危害针叶，茎部较少受害。枯死的病叶两面生有黑色小点状分生孢子盘，高湿气候下出现粉红色孢子堆。

发病规律：病菌以菌丝在病组织内越冬。分生孢子由风雨传播。经人工接种试验，在20-27℃潜育期约

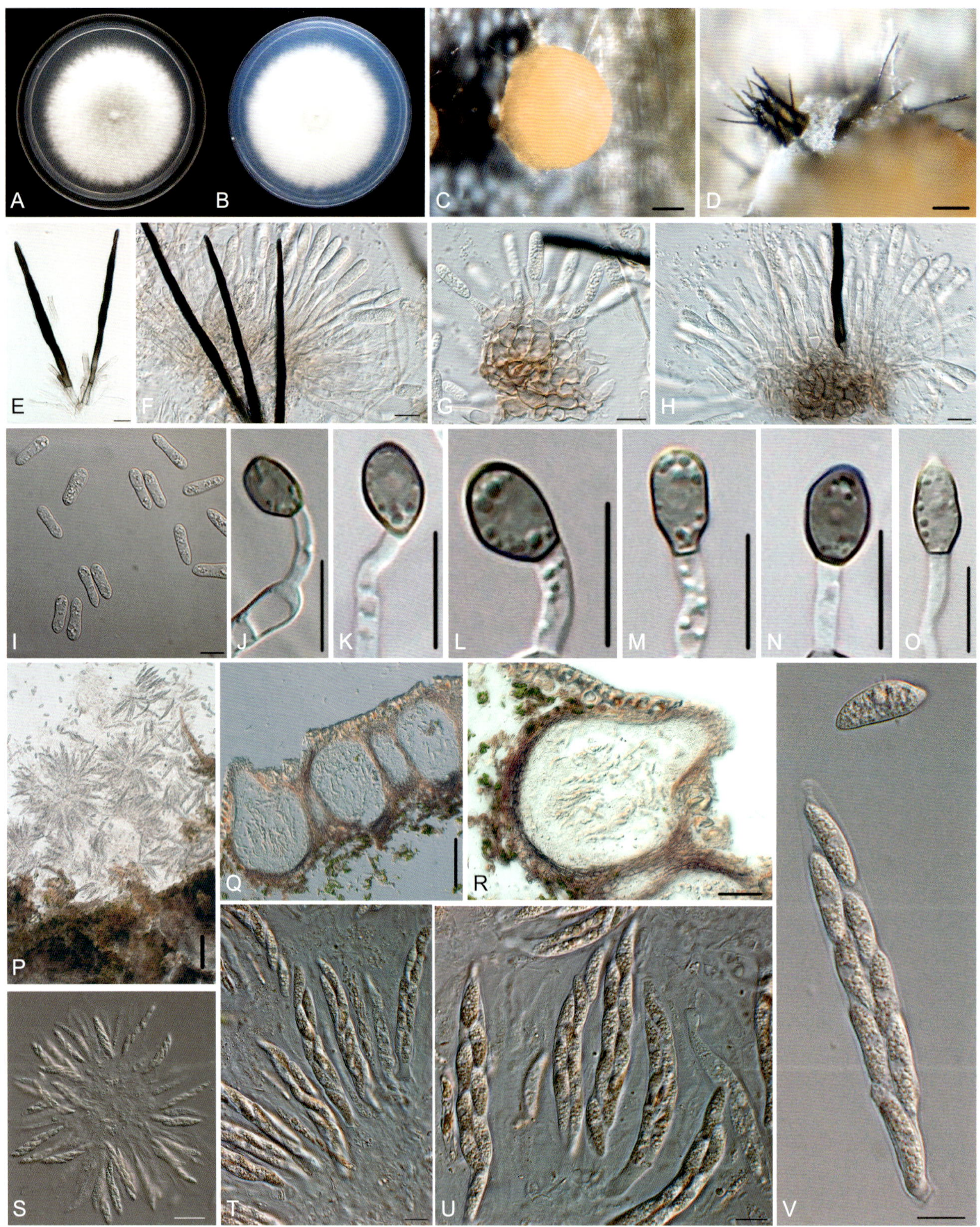

沧源炭疽菌 *C. cangyuanense*

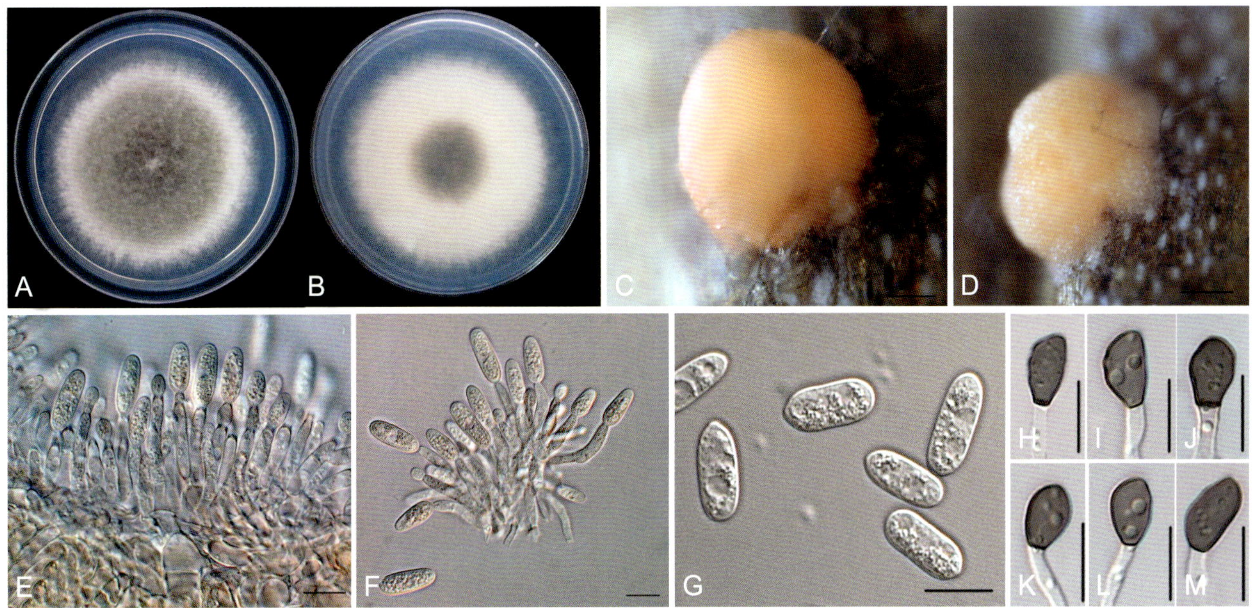

暹罗炭疽菌 *C. siamense*

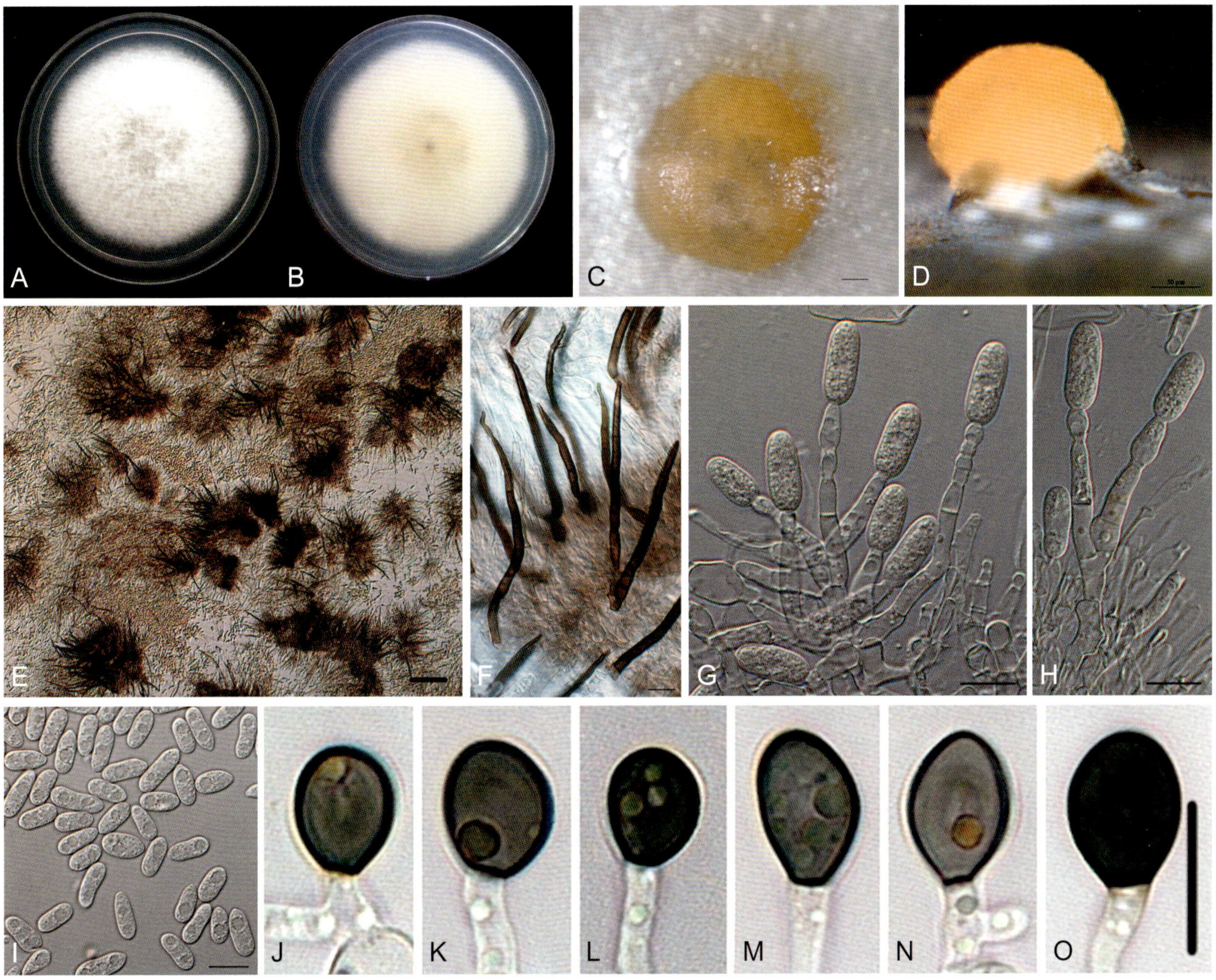

果生炭疽菌 *C. fructicola*

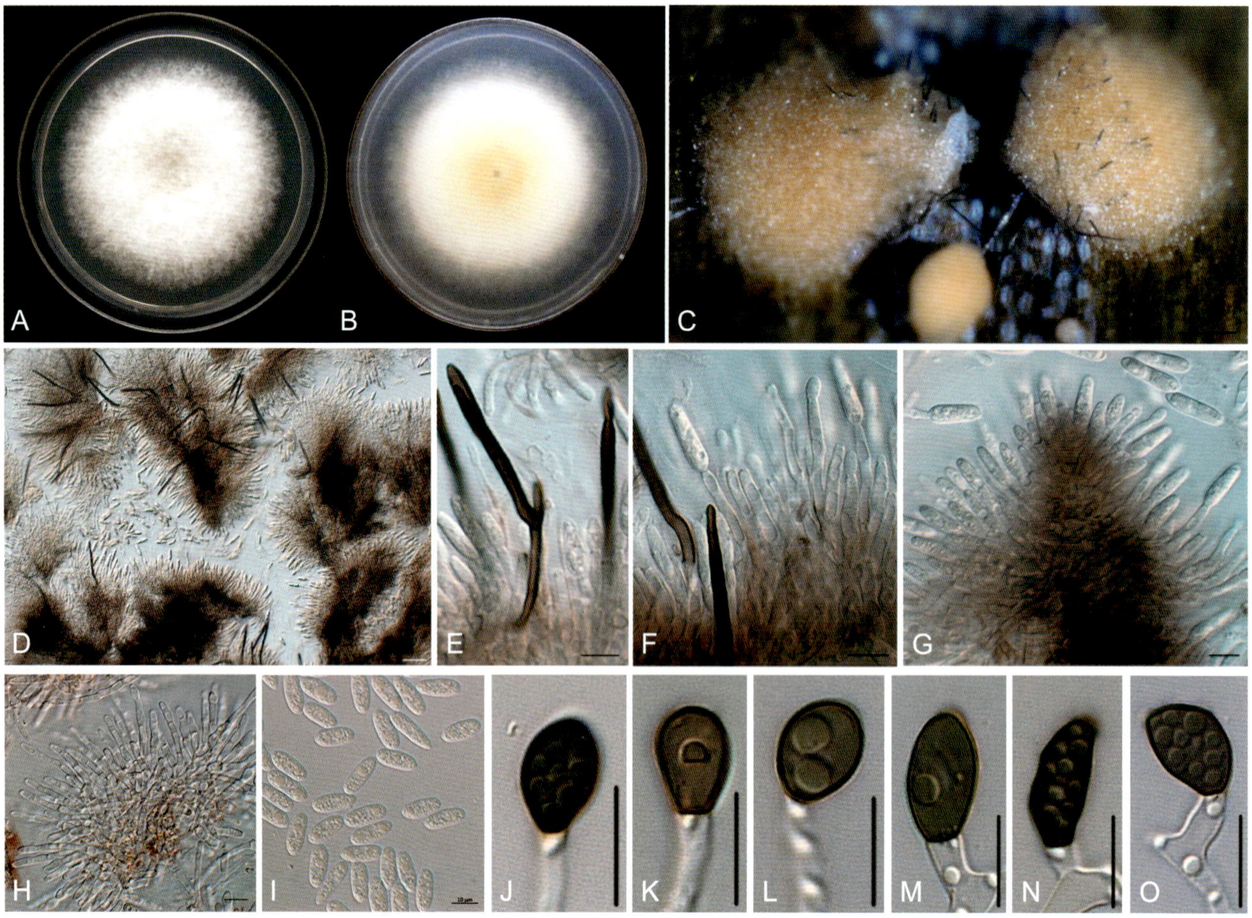

胶孢炭疽菌 C. gloeosporioides

3-8d。在自然条件下有潜伏侵染现象，即秋季侵染，至次年春才发病，一般4月初开始发病，4月下旬至5月上旬为盛期，6月以后停止。到秋季黄化的新梢，又有少量发病。浅山丘陵地区，由于土壤瘠薄，黏重板结，透水不良或低洼积水，营造杉木因根系发育不良，发生黄化现象后，最易感染炭疽病。

防治方法：①坚持适地适树的原则，提高整地标准和造林质量，加强抚育管理、施肥、压青，促使幼林健壮生长，增强其抗病能力。②对黄化的杉木幼林，除加强土肥水管理外，在晚秋和早春病菌侵染期，喷洒1:2:200倍波尔多液；或50%退菌特、托布津、多菌灵800倍液防治；还可用75%百菌清可湿性粉剂500-600倍或70%代森锰锌可湿性粉剂125-175g，兑水40-60kg喷雾防治。③杉木幼树已郁闭成林，在傍晚静风条件下，可施放五氯酚钠等杀菌烟剂防治。

004 杉木叶枯病

病原种类： 云杉散斑壳菌 *Lophodermium uncinatun* Darker.，属子囊菌亚门真菌。子囊盘在黑色的子座中，子座单生，顶部与寄主表皮结合成1个盾形盖，子囊盘成熟后，盾形盖破裂而露出子实层。子囊棒形，具短柄。侧丝线状，顶端稍粗而弯曲，略长于子囊。子囊孢子无色，线形。无性阶段为半知菌亚门的 *Leptostroma* sp.。病菌产生的分生孢子器，内生无色单胞圆柱形的分生孢子。根据最新报道，该病原还有 *Curvularia muehlenbechkiae*、*C. spicifera* 和 *Bipolaris setariae*。

寄主植物： 该病病原菌主要危害裸子植物的松科之云杉属、冷杉属的一些乔木树种，尤以鳞皮云杉、粗枝云杉受害最重。

危害症状： 多发生在杉木树冠下部、中部的针叶上。自枝条基部针叶向顶梢方向蔓延。危害老叶多，新叶少。春夏季感病针叶出现黄斑，并逐渐加深，扩展全叶，秋季则呈枯黄色。在枯黄的病叶上可见圆形黑色的小点，即病菌的分生孢子器。翌年3月上、中旬，病叶上有或无黑色细横线、长椭圆形漆黑色具光泽的小颗粒，中央有条纵裂缝，为病菌的子囊盘。病叶一般长时间不脱落。

发病规律： 病菌以菌丝体或子囊盘在病叶中越冬。翌年春末夏初子囊孢子陆续成熟，从子囊盘中释放，借风雨传播，侵染针叶为害。中龄林或郁闭度较大的林分受害较多。林地水肥条件差，造林后未及时抚育管理或林分过密，下部枝叶通风透光不良，杉木生长衰弱，容易感病。

防治方法： ①因地制宜种植抗病树种。②造林前要提高整地质量，造林后头几年加强抚育管理，促使幼林生长旺盛，增强抗病力。③严格控制造林密度，初植密度较大的林分，当林木郁闭时要及时间伐，并清除林内带病枯枝落叶，以推迟杉木生长衰老和减少病菌蔓延发生。

005 杉木赤枯病

病原种类： 半知菌亚门的顶枯拟多毛孢 *Pestalotiopsis apiculatus*（Huang）Huang引起该病。

寄主植物： 杉木。

危害症状： 该病害初发生时，病菌先侵害苗木下部枝叶，叶片一般是从叶尖开始发黄，然后蔓延至全叶，颜色变为赤褐色，后来转为暗褐色，病叶下垂而不脱落。病势从叶到枝，再向上部枝叶发展，最后顶芽腐烂，粘连一起干枯死亡，呈紫褐色；杉木发生赤枯病后，显出脆弱干枯状态，后期在病叶上有黑色霉点。挑取黑色霉点置载玻片上，在显微镜下观察，可见鞭状的病菌分生孢子，有多个分隔。

发病规律： ①越冬与传播：病菌以菌丝体和分生孢子在被害针叶组织内越冬。借风雨传播。②侵入途径：由灼伤组织或垂死组织侵入。③影响病害发生和流行的因素：地下水位过高，沙土或重黏土，氮肥过多，苗木太嫩，苗床未及时遮阴，或遮阴时期太久，苗木生长纤黄，抗病能力减弱。这些情况下，苗木均易发病。苗木以盛夏季节病重。

防治方法： ①圃地选择：以适宜杉木生长的肥润和排水良好的土壤育苗为宜。②药剂防治：对发病的苗圃，可用1%波尔多液，也可用70%百菌清500–600倍稀释液或50%可湿性退菌特500–800倍液。③幼苗管理：5–6月，杉苗要及时灌溉或遮阴，促进杉苗健壮生长。

阔叶乔木病害

001 桂花炭疽病

病原种类： 桂花炭疽病原有安徽炭疽菌 *Colletotrichum anhuiense*、桂花炭疽菌 *C. osmanthicola*、果生炭疽菌 *C. fructicola*、胶孢炭疽菌 *C. gloeosporioides* 和喀斯特炭疽菌 *C. karstii*。

寄主植物： 桂花。

危害症状： 叶片病斑初期为褪绿小点，扩大后呈圆形、椭圆形、半圆形或不规则形，3–10mm，中央灰褐色至灰白色，边缘褐色至红褐色，后期散生小黑点，也有排列成轮纹状，是病菌分生孢子盘。潮湿时小黑点上分泌出粉红色黏液，是病菌分生孢子与黏液混合物。

发病规律： 病菌以菌丝和分生孢子盘在病叶和残体上越冬，分生孢子借风雨传播，从伤口侵入。南方梅雨

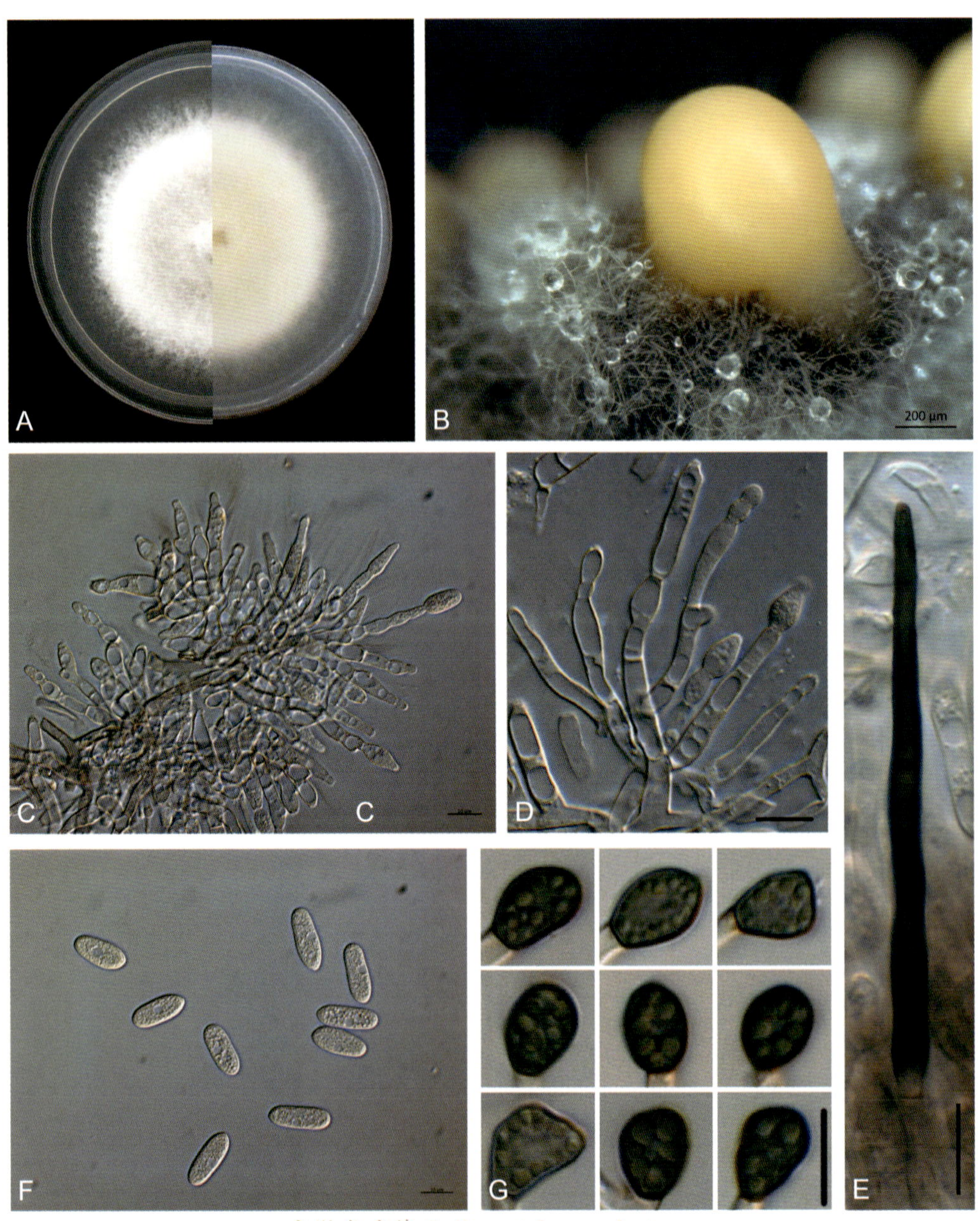

安徽炭疽菌 *Colletotrichum anhuiense*

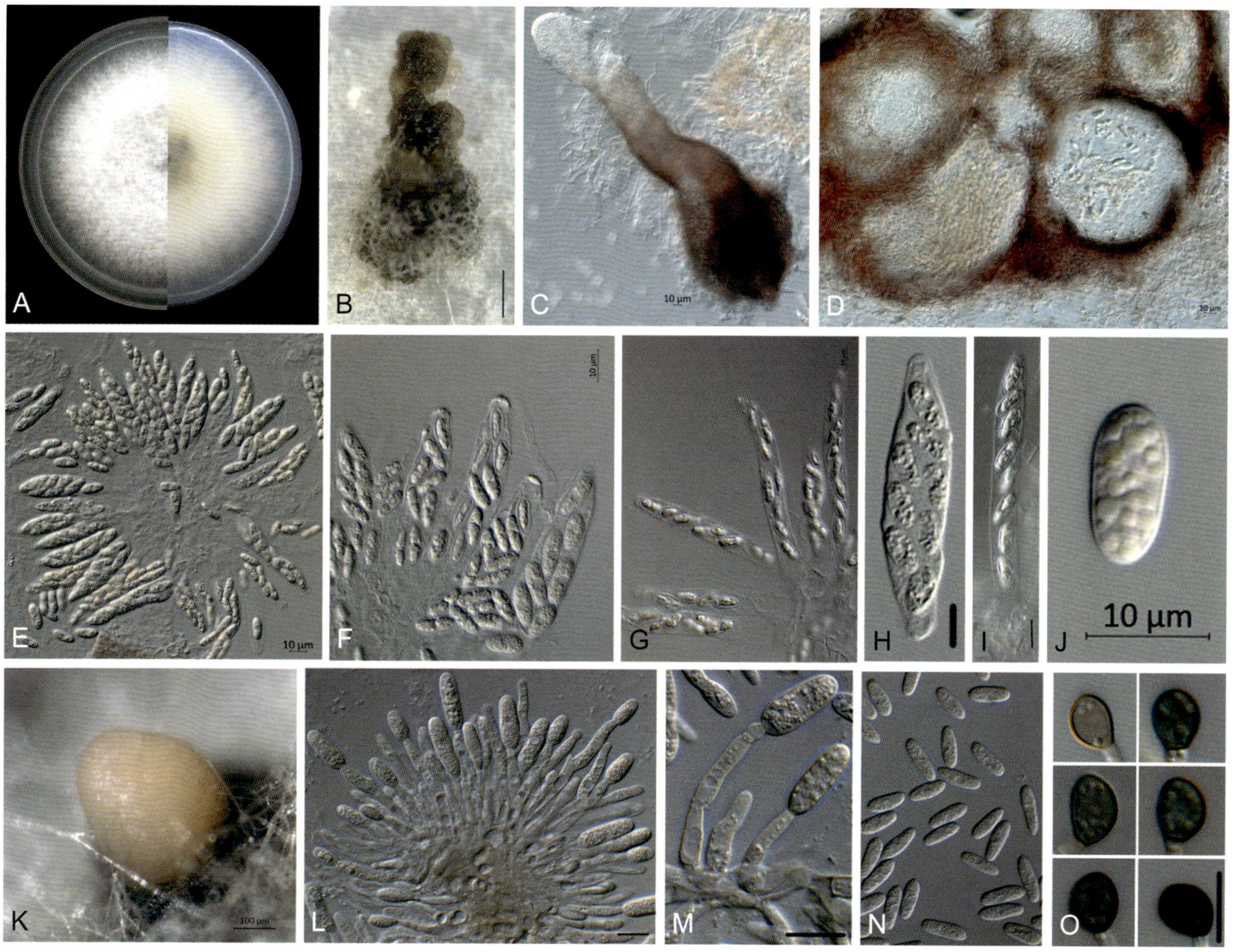

桂花炭疽菌 *Colletotrichum osmanthicola*

季节和北方雨季是病害高发期，广州地区一般以春末夏初和秋季多雨时发病较重。

防治方法：①冬季清除落叶，用1%波尔多液或密度为1.002-1.007的石硫合剂进行树体和地面消毒。②选择土质肥沃、排水良好地块种植桂花，病害发生园地增施有机肥和钾肥，通过修剪调整枝叶疏密度，降低环境湿度。③发病初期喷洒杀菌剂。70%可杀得300-500倍液、25%炭特灵500倍液、大生500倍液、嗪氨灵500倍液或其他杀菌剂。各种杀菌剂宜交替使用或混合使用。

002 广玉兰炭疽病

病原种类：壳皮炭疽菌*Colletotrichum magnoliae*

寄主植物：主要危害广玉兰叶片。

危害症状：广玉兰炭疽病多从叶尖或叶缘开始产生不规则状病斑，或于叶片表面着生近圆形的病斑。病斑初期呈褐色水渍状，表面着生有黑色小颗粒，边缘有深褐色隆起线，与健康部位界限明显。

发病规律：广玉兰炭疽病的病菌以菌丝体在树体上或落叶上越冬，翌年春天产生分生孢子，借风、雨水传播到植株上，孢子在水滴中萌发，侵入叶片组织，引起发病。夏季高温高湿期为发病高峰期。植株水肥管理不到位、高温多雨密不通风、长势衰退时极容易发生此病。

防治方法：①及时摘除病叶，剪除病梢。及时烧毁病叶、落叶和残枝。避免过湿，注意排水，通风透光保持良好。②化学防治：可定期喷施国光银泰（80%代森锌可湿性粉剂）600-800倍液+国光思它灵（氨基酸螯合多种微量元素的叶面肥），用于预防和补充营养，提高观赏性；发病初期，喷洒25%咪鲜胺乳油（如国光必鲜）500-600倍液，或50%多锰锌可湿性粉剂（如国光英纳）400-600倍液。连用2-3次，间隔7-10d。

003 臭椿炭疽病

病原种类：无性时期为盘长孢状刺盘*Colletotrichum gloeosporioides* Penz.，有性时期为围小丛壳*Glomerella cingulata* Spauld.et Schrenk。

寄主植物：危害臭椿。

危害症状：臭椿炭疽病是一种叶部侵染病害，通过雨水传播，主要侵染叶片，病斑散生，卵圆形或不规则形，病斑正面黑褐色，背面浅褐色。病斑中部浅褐色至灰色，边缘有褐色晕圈，病斑背面由于叶脉限制呈不规则形，常愈合成不规则大型病斑，可致病叶枯死脱落，病叶经保湿培养后，可在病部产生带有刚毛的分生孢子盘。

发病规律：病菌以菌丝体、分生孢子盘在土壤中或病残体中越冬，病菌靠风雨、浇水等途径传播，多从伤口入侵。高温多湿的天气是诱发该病的主要原因，发病最适温度为21-28℃；老叶从4月开始发病，5-8月迅速发展，为该病的发病高峰期。

防治方法：①加强冬季清园：搞好冬季清园修剪是成功防治炭疽病的前提，并结合喷施淇林名地康进行清园作业，彻底消灭越冬病原菌。②加强栽培管理：生长期及时摘心抹梢，疏除过密枝，改善植株通风透光状况，增强树势，提高植株抵抗力。③加强病害预防：补充树体营养，做好病害预防，提高植物抗病性。④化学药剂防治：发病初期即用淇林名地康兑水150kg进行喷雾防治，间隔5–7d连续用药2–3次防治效果更佳。

004 海棠锈病

病原种类：山田胶锈菌 *Gymnosporangium yamadei*，属担子菌纲锈菌目柄锈科。

寄主植物：山田胶锈菌除了危害海棠外，还可危害苹果、沙果、桧柏、新疆圆柏、希腊桧、矮桧、翠柏及龙柏等。

危害症状：海棠锈病主要危害海棠的叶片，也危害叶柄、嫩枝和果实。发病初期，叶片正面开始出现橙黄色小点，扩大后病斑边缘有黄绿色的晕圈。病斑上着生有针头大小的褐黄色点粒。病部组织变厚，叶片病部的背面隆起，叶背隆起的病斑上长出黄白色的毛状物。病斑最后枯死，变黑褐色。发病严重时，叶片上斑痕累累，引起早落叶。果及叶柄上病斑呈纺锤状，畸形；嫩梢病斑凹陷，易折断。海棠锈病的转主寄主是桧柏、龙柏、铺地柏、沙地柏等针叶树种。受侵染的针叶和小枝上着生大大小小的瘤状物，即菌瘿。春季雨后菌瘿吸水涨成橘黄色的胶状物，犹如针叶树开“花”，致使针叶和小枝生长衰弱或枯死。

发病规律：病原菌在针叶树菌瘿中越冬，可存活多年，次年3–4月花红柳绿时遇雨萌发，担孢子主要借风传到海棠上，萌发后直接侵入寄主表皮并蔓延，4月底5月初海棠受害，6月为发病高峰，8–9月锈孢子成熟，由风传播到桧柏等针叶树上，侵染越冬。生长季节没有再侵染。春季多雨而气温低，或早春干旱少雨则发病轻；春季多雨、气温偏高则发病重。两种寄主相距距离小，以及海棠种植在下风口等，都影响发病的早晚和轻重。

防治方法：①合理布局园林植物：两种寄主布局要合理，相距应该在200m以上；针叶树寄主应种植在下风口，以减轻病害的发生。②清除侵染来源：结合清理和修剪，及时除去病枝、病叶并集中烧毁。当柳树发芽，桃树开花菌瘿开裂时，立即往针叶树上喷1:2:100的波尔多液或0.5–0.8波美度石硫合剂；往海棠上喷25%的粉锈宁1500–2000倍液。8–9月向海棠喷65%的代森锌可湿性粉剂500倍液或25%的粉锈宁1500倍液。

005 杨叶锈病

病原种类：栅锈属真菌 *Melampsora* sp.，属担子菌亚门冬孢菌纲锈菌目栅锈科。

寄主植物：危害白杨、胡杨和青杨。

危害症状：**白杨叶锈病：**早春树芽萌动时出现病芽，重病的冬芽往往不能正常开放，后扩展到叶片和嫩枝梢上。叶上病斑圆形，直径2–4mm，少数达10mm左右；黄色，中央部分生鲜黄色粉状物，为夏孢子堆。受害严重时叶片变畸形，新叶形成锈头状。叶柄和嫩枝上的病斑呈长椭圆形或条状。在分布区，主要危害毛白杨幼苗和幼树，常造成早期落叶和嫩芽干枯，严重影响苗木生长。**青杨叶锈病：**春季，在落叶松针叶上先涌现短段褪绿斑，其上有浅黄色小点，为病原菌的性孢子器。褪绿斑下外表产生半球形橘黄色的小疱，表皮破裂后浮现黄粉堆，为病原菌的锈孢子器，有时几个连成一条。受病针叶局部变黄、逐步干凋。感病杨叶背面产生半球形橘黄色小疱，为病原菌的夏孢子堆。晚夏以后，在叶面长出稍隆起的不规则斑，初为铁锈色，逐步变为暗褐色，为病原菌的冬孢子堆。病重的叶片冬孢子堆连接成片，甚至布满全部叶面。**典型症状：**叶片背面附着黄色粉状锈斑，用手掸之有黄粉状物散落，为夏孢子堆；秋初叶片背面和正面均出现多角形的锈红色斑，有时锈斑连接成片。

发病规律：杨叶锈病的发生与立地及气候条件有关，涝洼地块、苗木密度过大、通风不畅及降水较多年份杨树感病早且重，反之则晚而轻。杨叶锈病一般病发于幼苗之中，其发生与苗龄有关，幼树比大树易感病。杨树树苗种植过密，树苗的间距过小，都会影响幼苗正常生长发育，且湿度较大的地区和通风性、透光性较差的地区更易产生叶锈病，病菌会迅速蔓延和传染。

防治方法：①以预防为主，优先选择抗病树种，抚育管理，扦插幼苗选在远离落叶松的高燥地块，适时施肥，科学灌溉，保持排水良好并确定合理的密度，避免因排水不畅、通风不良而诱导锈孢子萌发。及时进行掰芽、除蘖等抚育措施，清理过密枝叶，清除病叶集中焚毁。在发病初期及时施用化学药剂，达到综合防治的目的。②药剂防治一般于叶片发病初期及时喷施50%退菌特可湿性粉剂1000倍液，或12.5%烯唑醇可湿性粉剂1500倍液，或25%三唑酮可湿性粉剂1000倍液，或70%甲基硫菌灵可湿性粉剂1000倍液，或65%代森锌可湿性粉剂500倍液，每隔15d左右防治1次，喷药应均匀周到，使叶片正反面全部蘸着药液，形成药膜。

006 柳叶锈病

病原种类：鞘锈状栅锈菌*Melampsora coleosporioides*，属担子菌纲锈菌目栅锈科。

寄主植物：柳树。

危害症状：该病危害叶片，枝条、嫩梢上无发生。发病初期在叶背面出现一些直径约0.1mm的鲜黄色小孢子堆（叶正面较少），随后孢子堆逐渐增大到0.3–0.5mm，颜色也渐成橘黄色，后期形成由橘黄、橘红到褐色的斑点。发病轻时夏孢子堆多单个散生，重时则多个孢子堆相接连。

发病规律：第1代夏孢子堆在5月中下旬出现，根据夏孢子潜育期推算，该病的初侵染期在5月上旬自夏孢子侵入到长出成熟的夏孢子，历期7–10d，即完成一个侵染循环需要7–10d的时间，10月上、中旬夏孢子停止侵染。冬孢子堆10月下旬出现，并在落叶上越冬。适宜的温、湿度有利于柳叶锈病的发生与蔓延。高温干旱，发病迟，危害轻。相反，湿度大，发病早，病情也重。

防治方法：用25%粉锈宁800倍液于5月中旬柳树发病前防治，每隔20d喷药一次，共喷3次。柳叶锈病的初侵染来源是转主寄主紫堇上的锈孢子，因此，及时铲除紫堇就可以有效控制病害的发生。而紫堇主要生长在柳树林地内，利用松土除草铲除紫堇，或用2, 4–D丁酯1000倍液，该药对紫堇有较理想的灭生效果。

007 梨锈病

病原种类：梨胶锈菌*Gymnoporangium haraeanum*，属担子菌门锈菌纲锈菌目胶锈菌属。

寄主植物：梨树。

危害症状：5月下旬叶片开始发病，6月上旬叶正面出现橙黄色的小病斑，直径1–3mm。6月中旬小病斑扩大成近圆形，直径4–8mm。6月下旬病斑组织变厚，叶片正面病斑微凹陷，叶片背面病斑微凸起，外围有红褐色晕圈与健康组织分开，中间有黑色小点，即锈病性孢子器。7月上旬叶背面凸起病斑上生出几个到几十个浅褐色至浅灰色毛状物，即锈病锈孢子器。7月中下旬病斑变灰黑色。病斑引起叶片穿孔或枯死、早期落叶。

发病规律：4月下旬至5月上旬在圆柏上产生冬孢子角，6月中旬为发病初期，6月下旬至7月上旬为发病高峰期；7月中下旬至8月上中旬停止侵染；8月下旬至10月上旬锈孢子迁移至圆柏上；10月中旬至翌年4月中旬在圆柏上越冬。

防治方法：彻底铲除梨园周围5km以内的桧柏类植物是防治梨锈病的最根本方法。在桧柏植物上喷药抑制冬孢子的萌发和锈孢子的侵染。对不能砍除的桧柏类植物要在春季冬孢子萌发前剪除病枝并销毁，或喷施1次石硫合剂或80%五氯酚钠以抑制冬孢子的发生。喷药保护梨树。在重病区，于梨树展叶期和落花后各喷施1次杀菌剂，以防止担孢子的侵染。药剂有65%代森可湿性粉剂1500倍液，15%粉锈宁1000倍液等。

008 桑白粉病

病原种类：桑生球针壳 *Pbllactinia moricola*（P. Henn.）Homma，属子囊菌亚门白粉菌目球针壳属。

寄主植物：桑树。

危害症状：发病初期叶背出现圆形白粉状小霉斑，后扩大连片，白粉严重时布满叶背，叶面与病斑对应处可见淡黄褐斑，后期白色霉斑中出现黄色小颗粒物，渐由黄变褐，最后变为黑色小粒点，即病原菌闭囊壳。

发病规律：病原菌以闭囊果在桑树干或病叶中越冬，翌年条件适宜时，散出子囊孢子，随风、雨传播至桑叶上侵入，经8-10d潜育产生白色病斑，后产生大量分生孢子，进行再侵染，至晚秋形成闭囊壳越冬。

防治方法：①选栽抗病品种。一般叶片硬化迟的桑树品种较抗病，如湖桑7号、湖桑38号、弯条桑、花桑、梨叶大桑、新疆白桑等。②清洁桑园。秋冬季清理地面落叶、残叶用于沤制堆肥。③合理采叶。密植桑园要多次采叶。夏伐后要施足夏肥，注意增施钾肥，提倡施用桑树专用肥。④药剂防治。冬季用4-5波美度石硫合剂或50%硫磺胶悬剂500倍液喷树干、枝条。发病初期喷洒40%硫磺胶悬剂800倍液或70%甲基硫菌灵可湿性粉剂1000倍液、50%硫菌灵或50%苯菌灵可湿性粉剂1500倍液，间隔10-15d一次，连喷2次。可用1%-2%硫酸钾或5%多硫化钡喷叶背，能抑制病害蔓延。对上述杀菌剂产生抗药性的地区，可改用40%杜邦福星乳油8000倍液。

009 紫薇白粉病

病原种类：南方小钩丝壳菌 *Uncinuliella australiana*，属子囊菌亚门白粉菌目钩丝壳属。

寄主植物：紫薇。

危害症状：发病初期，叶片上出现白色小粉斑，扩大后呈圆形或不规则褪色斑块，上面覆盖一层白色粉状霉层，后期白粉状霉层变为灰色。花受侵染后，表面被覆白粉层，花穗畸形，失去观赏价值。受白粉病侵害的植株会变得矮小，嫩叶扭曲、畸形、枯萎，叶片不开展、变小，枝条畸形等，严重时整个植株都会死亡。

发病规律：白粉病是以菌丝体在病芽、病枝或落

叶上越冬，翌年春天温度适合时越冬菌丝开始生长发育，产生大量的分生孢子，并借助气流进行传播和侵染。病害一般在4月开始发生，6月趋于严重，7–8月会因为天气燥热而趋缓或停止，但9–10月又可能再度重发。白粉病在雨季或相对湿度较高的条件下发生严重，偏施氮肥、植株栽植过密或通风透光不良均易于发病。

防治方法：①减少侵染来源，秋季清除发病枯枝落叶，并销毁；生长季节及时摘除病芽、病叶和病梢。②发病时喷洒25%粉锈宁可湿性粉剂3000倍液、80%代森锌可湿性粉剂500倍液有效。药剂应交替使用。③在紫薇萌动和抽梢期内就须加强防治，可喷洒20%三唑酮（粉锈宁）可湿性粉剂，每亩地用量50g。但当紫薇进入花芽分化期后使用三唑酮效果不明显，经试验，采用50%退菌特超微可湿性粉1200–1500倍液喷雾，喷药时先叶后枝干，最好10d左右为一个循环，连续喷3次，即可防止紫薇白粉菌当年再发生。

010 法桐白粉病

病原种类：无性型为粉孢属一种*Oidium* sp.，有性型为子囊菌门的*Erysiphe platani*。

寄主植物：法国梧桐。

危害症状：该病菌主要侵染法国梧桐的嫩叶和嫩梢部位，延至茎部，嫩叶两面常布满白粉，引起扭曲变形，嫩梢不发育。展开的叶子主要发生在叶子的掌裂处，呈皱缩状，形成边缘无定形或圆形的白色粉斑，严重时连接成片。大面积发生白粉病易引起法国梧桐的提前落叶。

发病规律：病原菌以闭囊壳在落叶和病梢上越冬。当白粉菌侵入到法国梧桐体内后，以菌丝的形式潜伏在芽鳞片中越冬，翌年待被侵染树体萌芽时（4–5月），休眠菌丝侵入新梢，闭囊壳放射出子囊孢子初侵染，在树体的表面以吸器伸入寄主组织内吸取养分和水分，并在寄主体内扩展。待温湿度合适（15–25℃，70%）时，菌丝体和分生孢子开始大量繁殖传播，为再侵染，1年内可侵染多次。8–9月无性阶段的菌丝体形成有性阶段的子实体-闭囊壳，于9–10月成熟，越冬。因此，法国梧桐白粉病每年4–5月和8–9月会出现2个发病盛期。

防治方法：①品种的选择是防治法国梧桐白粉病最经济有效的方法。在购买种苗时应选择抗病性强或者发病轻的品种。在购买过程中尽量购买无病植株，严格剔除病株，从而杜绝病源。②清除病原。在法国梧桐的休眠期，根据植物整形修剪的基本原则"内膛不乱、通风透光"。按照"三叉六股十二枝"的具体形状要求，剪去枯死枝、病残枝及根部萌蘖，并及时清理落叶。落叶、病枝和病芽要及时带离法国梧桐种植区集中处理。③加强管理。在种植法国梧桐时尽量避免选择黏土地，减小法国梧桐的种植密度，合理种植，同时及时疏剪过密枝条，使树冠保持通风透光，从而减少白粉病菌的传染。④药剂防治。在休眠期冬季修剪清园之后，喷施5波美度石硫合剂；在展叶初期普遍喷施等量式波尔多液或用代森锰锌进行预防，也可用三唑酮或腈菌唑兑水1000倍叶面喷雾进行预防，发病后可用25%粉锈宁可湿性粉剂1000–1500倍液、70%甲基托布津可湿性粉剂800–1200倍液、三唑酮或腈菌唑800倍喷雾，每隔10–15d一次，连续喷2–3次。

011 枫杨白粉病

病原种类：榛球针壳菌*P. corylea*（Pers.）Karst.，属子囊菌亚门白粉菌目球针壳属。

寄主植物：危害榛、枫杨、毛瑞香、厚朴、臭椿、核桃、桑、杞柳、八角枫、山楂、绣线菊、冬青、梓树、白杨、爬山虎、化香树、檀树等植物。

危害症状：多发生于叶背，发生初期，叶上表现为褪绿斑，严重时白色粉霉布满叶片，后期病叶上出现黑色小点，即病原菌的闭囊壳。

发病规律：病菌以闭囊壳在病叶或病梢上越冬，一般在秋季生长后期形成，以度过冬季严寒。白粉霉层后期易消失。翌年4–5月间释放子囊孢子，侵染嫩叶及新梢，在病部产生白粉状的分生孢子，生长季节里分生孢子通过气流传播和雨水溅散，进行多次侵染危害，9–10月形成闭囊壳。

防治方法：①生物防治：发病期用20%抗霉素100–200倍液喷雾防治；用菌妥防治白粉病，可达80%的效果。②冬季清除病落叶，剪去病梢，集中烧毁。低洼潮湿地及早清沟排水。合理施肥，防止苗木徒长。③化学防治：发病期间，喷撒硫磺粉或波美石硫合剂，每月2次，效果很好；或喷50%托布津800–1000倍液，20%粉锈宁4000倍液。

012 红枫白粉病

病原种类：榛球针壳*Phyllactinia corylea*，属子囊菌亚门白粉菌目球针壳属。

寄主植物：危害榛、枫杨、毛瑞香、厚朴、臭椿、核桃、桑、杞柳、八角枫、山楂、绣线菊、冬青、梓树、白杨、爬山虎、化香树、檀树等植物。

危害症状：主要发生在叶两面，叶面多于叶背，叶两面初现白色稀疏的粉斑，后不断增多，常融合成片，似茸毛状，严重的布满全叶，后期常现黑色小粒点，即病菌闭囊壳。

发病规律：病菌以菌丝体在病组织内或芽鳞中越冬，翌年条件适宜时，产生子囊孢子进行初侵染，发病后病部产生分生孢子进行再侵染，使病害扩大。

防治方法：初期摘除病叶，秋季清除病叶。喷洒50%硫磺胶悬剂3000倍液，7–10d喷洒1次，连续2–3次。喷洒50%多菌灵可湿性粉剂1000倍稀释液。

013 槐树白粉病

病原种类：中国钩丝壳 *Uncinula sinensis* Tai&Wei，属子囊菌亚门白粉菌目钩丝壳属。

寄主植物：危害玫瑰、月季、槐树等。

危害症状：主要发生在叶两面，叶面多于叶背，叶两面初现白色稀疏的粉斑，后不断增多，常融合成片，似茸毛状，严重的布满全叶，后期常现黑色小粒点，即病菌闭囊壳。

发病规律：病菌以菌丝体在病组织内或芽鳞中越冬，翌年条件适宜时，产生子囊孢子进行初侵染，发病后病部产生分生孢子进行再侵染，使病害扩大。

防治方法：初期摘除病叶，秋季清除病叶。喷洒50%硫磺胶悬剂3000倍液，7–10d喷洒1次，连续2–3次。喷洒50%多菌灵可湿性粉剂1000倍稀释液。

014 梨白粉病

病原种类：梨球针壳*Phyllactinia pyri* Cast. Homma，属子囊菌亚门白粉菌目球针壳属。

寄主植物：除危害梨外，还危害桑、板栗、核桃、柿子、番木瓜等。

危害症状：主要危害叶片，多在秋季危害老叶。7–8月叶片背面产生圆形或不规则的白粉斑，并逐渐扩大，直至全叶背布满白色粉状物。9–10月，随着气温的逐渐下降，在白粉斑上会形成很多黄褐色小粒点，后变为黑色（闭囊壳）。发病严重时，造成早期落叶。

发病规律：病原菌以闭囊壳在落叶及黏附于短枝梢上越冬，其附着数量与枝梢长度成正比，孢子借风传播，秋季为发病盛期，白粉病菌专化型较严格，梨的不同品种间表现出明显差异，初侵染与再侵染以分生孢子为主，以吸器伸入寄主内部吸取营养。春季温暖干旱，夏季多雨凉爽，秋季晴朗年份病害易流行。

防治方法：①清除病源：在冬季修剪或梨树发芽时，剪除病枝、病芽和病梢，秋冬清除落叶并集中烧毁。②加强栽培管理，合理密植，控制灌水，疏剪过密枝条，避免偏施氮肥，增施磷钾肥，提高树体抗病力。③栽种抗病品种，以减少发病。④药剂防治：一般于花前和花后各喷一次75%十三吗啉乳油1000–1500倍液或20%三唑酮乳油1500–2000倍液、70%甲基硫菌灵可湿性粉剂800–900倍液、40%多硫悬浮剂800倍液、50%可灭丹可湿性粉剂800倍液、0.3–0.5波美度石硫合剂或45%晶体石硫合剂300倍液、2%抗霉菌素120水剂100倍液、50%硫悬浮剂300倍液、12.5%腈菌唑乳油3000倍液。苗圃中，幼苗发病初期，可连续喷几次45%晶体石硫合剂或30%固体石硫合剂300倍液、70%甲基硫菌灵可湿性粉剂800–900倍液。

015 木芙蓉白粉病

病原种类：棕丝单囊壳*Sphaerotheca fusca* (Fr.) Blum.，属子囊菌亚门白粉菌目单囊壳属。

寄主植物：主要危害木芙蓉叶部。

危害症状：患病植株叶部初期表面呈块状褪绿，出现黄白色斑驳，后在叶片背面产生白色菌丝层及粉状分生孢子。秋后在白色菌丝层上产生小粒点，初为黄色，后转黄褐色，最后变黑褐色。病叶枯黄早落，影响植株生长和观赏。

发病规律：该病的病原为真菌中的子囊菌类，以菌丝体、闭囊壳在落叶上越冬。第二年5–6月间开始散放出子囊孢子，经风雨飘溅传播到新叶上，孢子萌发长出菌丝，自气孔侵入叶部组织吸取养分。后随菌丝成长不断形成分生孢子，反复侵染。在栽植过密，通风透光不良，空气湿度大的情况下发病重。

防治方法：①清除枯枝落叶，集中烧毁，以消灭侵染源。②发病初期喷洒0.2—0.3波美度Be石硫合剂，以防病杀菌。③加强养护管理，合理密植，适当修剪、施肥，及时中耕除草，创造通风透光的栽培环境，提高植株的抗病力，可减少发病。④建议用20%国光三唑酮乳油1500-2000倍或12.5%烯唑醇可湿粉剂（国光黑杀）2000-2500倍，25%国光丙环唑乳油1500倍液喷雾防治。连用2次，间隔12-15d。

016 朴树白粉病

病原种类：克林顿钩丝壳*Uncinula clintonii*，属子囊菌亚门白粉菌目钩丝壳属。

寄主植物：朴树。

危害症状：叶子上可见白色粉状物（病原菌的菌丝体，分生孢子）、黄色或黑色球形颗粒（闭囊壳）。

发病规律：病菌以菌丝体在病组织内或芽鳞中越冬，翌年条件适宜时，产生子囊孢子进行初侵染，发病后病部产生分生孢子进行再侵染，使病害扩大。

防治方法：0.5%石硫合剂喷洒防治或用2000倍的粉锈宁乳液喷杀。

017 臭椿白粉病

病原种类：臭椿球针壳*Phyllactinia ailanthic*（Go10v.etBunk.）Yu，属子囊菌亚门白粉菌目球针壳属。

寄主植物：主要危害臭椿。

危害症状：病叶表面褪绿呈黄白色斑驳状，叶背现白色粉层的斑块，进入秋天其上形成颗粒状小圆点，黄白色或黄褐色，后期变为黑褐色，即病菌闭囊壳。该菌主要生在叶背，偶尔生在叶面，引致叶片早落。

发病规律：病菌以闭囊壳在落叶或病梢上越冬，翌春条件适宜时，弹射出子囊孢子，借气流传播，病菌孢子由气孔侵入，进行初侵染，在臭椿生长季节可进行多次再侵染。生产上天气温暖干燥有利该病发生和蔓延。

防治方法：①选用优良品种；秋季认真清除病落叶、病枝，以减少越冬菌源。②采用配方施肥技术，以低氮多钾肥为宜，提高寄主抗病力。③春季子囊孢子飞散时，喷洒30%绿得保悬浮剂400倍液或1∶1∶100倍式波尔多液、0.3波美度石硫合剂、60%防霉宝2号可溶性粉剂800倍液、25%三唑酮可湿性粉剂1500倍液、40%福星乳油9000倍液。

018 杨树白粉病

病原种类： 杨球针壳白粉菌 *Phyllactinia populi* Jacz.，属子囊菌亚门白粉菌目球针壳属。

寄主植物： 危害杨树叶片。

危害症状： 发展初期叶片上出现褪绿色黄斑点，圆形或不规则，逐渐扩展，其后长有白色粉状霉层（即无性世代的分生孢子），严重时白色粉状物可连片，致使整个叶片呈白色。后期病斑上产生黄色至黑褐色小粒点（即有性世代的闭囊壳）。病害发生严重时，叶片小，生长势衰弱，影响绿化效果。

发病规律： 病菌以闭囊壳在落叶上和新梢病部越冬。翌年春季闭囊壳产生子囊孢子，成为初次侵染源，分生孢子可进行重复侵染。一般6–9月发病，症状明显，秋后形成闭囊壳，其后逐渐成熟越冬。

防治方法： ①清除病源：及时清扫病叶和落叶，并烧毁，以消灭菌源，减少来年侵染源。②加强管理：树木种植不宜过密，注意通风透光。新种植的要加强水肥管理，提高树势。③药剂防治：发病初期喷施2%农抗120或武夷菌素（Bo–10）100倍液，或8%菌克毒克水剂200倍液防治。10d喷施1次，连续喷2–3次。

019 朴树煤污病

病原种类： 煤炱菌 *Capnodium* sp.，属子囊菌亚门腔菌纲座囊菌目煤炱属。

寄主植物： 除危害朴树外，还危害榉树、臭椿、栾树、米兰、桂花、茉莉、山茶、栀子等植物。

危害症状： 初期在叶正面及枝条表面形成圆形黑色霉点，有的沿主脉扩展，以后逐渐增多，连接成片，使整个叶面、嫩梢上布满黑霉层。严重时导致植株提早落叶。

发病规律： 病菌以菌丝体、分生孢子、子囊孢子在病叶、病枝等上越冬，成为次年的初侵染源。翌年孢子通过气流、风雨及蚜虫、粉虱、介壳虫等传播，并以这些害虫的分泌物及排泄物或植物自身分泌物为营养继续发育繁殖。高温高湿、通风不良、荫蔽闷热及虫害严重的地方，煤污病害严重。每年3–6月和9–11月为发病盛期，湿度大发病重。盛夏高温病害停止蔓延，但夏季雨水多，病害也会时有发生。

防治方法： 该病发生与分泌蜜露的昆虫关系密切，江苏一带为害较严重的是朴树绵蚜，可用10%的吡虫啉可湿性粉剂2500倍液喷杀。植物休眠期喷洒3–5波美度的石硫合剂，杀死越冬菌源，从而减轻煤污病的发生。

020 榉树煤污病

病原种类：煤炱菌*Capnodium* sp.，属子囊菌亚门腔菌纲座囊菌目煤炱属。

寄主植物：除危害榉树外，还危害栾树、臭椿、朴树、米兰、桂花、茉莉、山茶、栀子等植物。

危害症状：初期在叶正面及枝条表面形成圆形黑色霉点，有的沿主脉扩展，以后逐渐增多，连接成片，使整个叶面、嫩梢上布满黑霉层。严重时导致植株提早落叶。

发病规律：病菌以菌丝体、分生孢子、子囊孢子在病叶、病枝等上越冬，成为次年的初侵染源。翌年孢子通过气流、风雨及蚜虫、粉虱、介壳虫等传播，并以这些害虫的分泌物及排泄物或植物自身分泌物为营养继续发育繁殖。高温高湿、通风不良、荫蔽闷热及虫害严重的地方，煤污病害严重。每年3–6月和9–11月为发病盛期，湿度大发病重。盛夏高温病害停止蔓延，但夏季雨水多，病害也会时有发生。

防治方法：①加强栽培管理，种植密度要适当，及时修除病虫枝和多余枝条，增强通风透光，降低温度，及时排水，防止湿气滞留。②江苏一带榉树煤污病的发生跟有害生物秋四脉绵蚜的为害有关，蚜虫刺吸分泌蜜露，导致病害的流行，可用10%吡虫啉可湿性粉剂2500倍液喷杀蚜虫，切断病害传播源头。

021 栾树煤污病

病原种类：煤炱菌*Capnodium* sp.，属子囊菌亚门腔菌纲座囊菌目煤炱属。

寄主植物：除危害栾树外，还危害榉树、臭椿、朴树、米兰、桂花、茉莉、山茶、栀子等植物。

危害症状：初期在叶正面及枝条表面形成圆形黑色霉点，有的沿主脉扩展，以后逐渐增多，连接成片，使整个叶面、嫩梢上布满黑霉层，严重时导致植株提早落叶。

发病规律：病菌以菌丝体、分生孢子、子囊孢子形式在病叶、病枝等上越冬，成为次年的初侵染源。翌年孢子通过气流、风雨及蚜虫、粉虱、介壳虫等传播，并以这些害虫的分泌物及排泄物或植物自身分泌物为营养继续发育繁殖。高温高湿、通风不良、荫蔽闷热及虫害严重的地方，煤污病害严重。每年3–6月和9–11月为发病盛期，湿度大发病重。盛夏高温病害停止蔓延，但夏季雨水多，病害也会时有发生。

防治方法：①栾树煤污病的发生与栾多态毛蚜为害有密切关系，春季蚜虫刺吸为害，造成树势衰弱，导致煤污病菌侵染，可喷洒蚜虱净2000倍液或土蚜松乳油。②栽培管理时注意通风透光，合理修剪。③冬季休眠期喷洒3–5波美度石硫合剂，杀死越冬菌源。

022 海棠褐斑病

病原种类： *Cercospora cydoniae*，属真菌半知菌亚门丝孢纲丝孢目尾孢属。

寄主植物： 危害海棠。

危害症状： 危害叶片，常在叶尖、叶缘及中央产生圆形至不规则病斑，初为紫褐色，后变成黄褐色，病健交界处有明显轮纹，单个病斑直径0.1–0.27cm，个别长达5.3cm。后期数个病斑可连成大斑，引起叶片脱落，甚至秃枝；病部表面常密生黑色小点。

发病规律： 病菌在病落叶上越冬。第二年4月，借风雨和浇水传播，进行初次侵染，病害可重复侵染，8–10月严重，常使叶片枯黄脱落。

防治方法： 首先要加强水肥管理，浇水量不宜过大，更不能积水。不能过量施用氮肥，要注意营养平衡，还要注意微量元素的应用。据笔者观察，一些品种患褐斑病前，叶片都会出现黄化，在治疗褐斑病前应先治疗黄化病。在栽植前要规划好株行距，苗木不可种植过密，保持苗圃通风透光。在养护过程中，要注意修剪，对过密枝条进行修剪，保持植株树冠的通风透光。浇水时，特别是夏季，尽量不采用喷灌。大雨过后要及时排除积水。如果有褐斑病发生，要在喷洒药物进行防治的同时，增强植株的抗病能力。可采用75%百菌清可湿性粉剂1000倍液，或65%多菌灵可湿性粉剂1000倍液，每隔7d喷施1次，连续喷洒3–4次，可有效控制住病情。如果树势较弱，可适当喷洒磷酸二氢钾溶液，提高树木的抗病能力。

023 榉树褐斑病

病原种类： *Phaeoisariopsis vitis* (Lev.) Sawada.，异名：*Cercospora viticala* (Ces.) Sacc.，属半知菌亚门丝孢纲丝孢目暗丛梗孢科假尾孢属。

寄主植物： 危害榉树。

危害症状： 初期叶片出现红褐色小斑，周围有紫红色晕圈，潮湿时病斑可见黑色霉状物。病害严重时，数个病斑相连，最后叶片焦枯脱落。

发病规律： 该病原菌生长适宜温度范围为25–30℃，孢子萌发适温18–27℃，在温度合适且湿度大时，孢子几小时即可萌发。一般8–9月为害最重，大树受害重于小苗。

防治方法： 75%百菌清600倍、80%代森锰锌600倍、50%多菌灵300倍、75%甲基硫菌灵500倍、43%戊唑醇4000倍、30%已唑醇3000倍、10%苯醚甲环唑1500倍等药剂防治。

024 国槐烂皮病

病原种类： 国槐镰刀菌 *Fusarium tricinctum* (Corcla) Sacc，属半知菌类；国槐小穴壳菌 *Dothiorella gregaria* Sacc，属半知菌类球壳孢目小穴壳属。

寄主植物： 危害国槐。

危害症状： 发生初期，病斑表现为黄褐色水渍状，近圆形，渐次发展为菱形，病皮组织腐烂、变软，有酒糟味，木质部表面出现褐变，病斑失水后，树木干皮下陷或开裂；发生后期，病斑不断扩大，皮层纤维分离如麻状，易剥离，直至病斑环切枝干造成上部死亡。

发病规律： 镰刀菌型腐烂病发生期比小穴壳菌型为早。3月上旬至4月末为发病盛期，1-2cm粗的绿茎，半月左右即可被病斑环切，5-6月长出红色分生孢子座中，病斑停止扩展。病菌主要从剪口处侵入，也可以从断枝、死芽、大绿叶蝉产卵痕及坏死皮孔等处侵入，潜育期约为1个月，具有潜伏侵染现象，即在夏秋季侵染至次春发病。个别老病斑，次春也可复发。剪口过多，树势衰弱是发病的主要条件。经解剖观察，可发现粗短菌丝在皮孔、叶痕和较浅的皮层组织细胞间潜伏。当树皮膨胀度小于85%时，树条上的溃疡病斑急剧增多，60%达最多，如连续失水，则枝条枯死。病害的潜育期大约1个月。烂皮病的发生，受环境影响很大。由于大气环境的恶化，冬季气温上升，造成成片林木中的病菌存活基数增大，从而加大了控制难度。病害发生期若空气湿度大，较易发生病菌滋生传播。苗木栽植处土壤孔隙大，蓄水、保水能力差，不及时进行涂白、施肥，微量元素缺乏，导致树木营养不良，树势衰弱。另外，苗木栽后没有定期开展抚育，长势差，或抚育过程中造成树体的机械伤或剪口伤，这些都促使腐烂病菌流行蔓延。

防治方法： ①大苗移栽时，避免伤根剪枝过重，并应及时浇水保墒，增强其抗病力。②春秋两季对苗木和幼树枝干及剪口，涂汉尔多浆或硫制白涂剂，防止病菌侵染。③及时剪除病枯枝，集中烧掉，减少病菌侵染来源。④对浮尘发生严重区，应及时治虫，减少危害。对发病严重的行道林木可喷涂40%乙磷铝，40%多菌灵悬浮剂200-300倍液。

025 桃树流胶病

病原种类： 病原为葡萄座腔菌 *Botryosphaeria dothidea* (Moug. ex Fr.) Ces et de Not 和落叶松葡萄座腔菌 *Botryosphaeria obtusa* (Schw.) Shoemaker；葡萄座腔菌的无性态为壳梭孢 *Fusicoccum aesculi*，落叶松葡萄座腔菌的无性态为色二孢 *Diplodia seriata*，属子囊菌亚门葡萄座腔菌属。

寄主植物： 该病原除可侵染桃树外，还可以侵染杏、樱桃、核桃、苹果、梨、李、沙枣等果树。

危害症状： 桃树流胶病分侵染性和非侵染性两种类型。非侵染性流胶病为生理性病害，发病症状与前者类似。其发病原因：冻害、病虫害、雹灾、冬剪过重、机械伤口多且大，都会引起生理性流胶病发生。此外，结果过多，树势衰弱，亦会诱发生理性流胶病发生。侵染性流胶病通常在伤口流出黑色、奶状的胶体，其在发病树体上呈现散点分布。其中，由真菌引起的流胶病主要

危害主干、主枝和果实。当年生新梢一般不发生流胶，而是先在皮孔周围形成小突起，然后变大形成瘤状突起，直径1–4 mm，次年瘤皮开裂后溢出胶状树脂，并逐渐由无色半透明软胶氧化转为茶褐色硬胶，凹陷成圆形或不规则斑块，并散生针尖状小黑点。多年生枝条的流胶直径为1–2cm，流胶量多，为害程度大，容易导致树干枯死。

发病规律：桃树流胶病发生的根本原因是内源乙烯的含量过高。乙烯生物合成底物随着桃树生理条件的变化而变化，内源乙烯在正常组织与受损染病组织中的特点不同。树体受损伤后，随着过氧化物酶的活动增强，甲硫氨酸经过氧化物酶的作用脱氨氧化成乙烯。乙烯浓度达到一定峰值时会中断细胞的有丝分裂，而树体韧皮部中的糖类、蛋白质、生长素等极性物质会因此由纵向运输转为侧向运输，导致树体汁液从伤口部位流出形成胶体。

防治方法：①加强肥水管理，每亩增施有机肥40–80kg，桃树耐干旱，适宜于疏松土壤内种植，适时喷洒护树将军1000倍液杀菌消毒。花露红前用石硫合剂涂抹树枝清园处理，也可以使用0.04%芸苔素水剂10000–20000倍增强树势，提高抗病性能。②掌握新型管理技术，科学修剪，注意生长季节及时疏枝回缩，冬季修剪少疏枝，减少枝干伤口，修剪的伤口上要及时涂抹愈伤防腐膜，保护伤口不受外界细菌的侵染，有效防治伤口腐烂流胶。注意疏花疏果，减少负载量。③注重预防，在生长季节4–5月及时用药，每10–15d喷洒一次1000倍70%甲基托布津可湿性粉剂，或43%戊唑醇悬浮剂5000倍，或10%苯醚甲环唑水分散5000倍，配合2%春雷霉素水剂800倍叶面喷雾。

026 植物细菌性穿孔病

病原种类：甘蓝黑腐黄单胞菌桃穿孔致病型 *Xanthomonas campestris* pv. *pruni*（Smith）Dye，异名 *Xanthomonas pruni*（Smith）Dowson.，属黄单胞杆菌属。

寄主植物：危害桃树。

危害症状：枝干：枝梢上逐渐出现以皮孔为中心的褐色至紫褐色圆形稍凹陷病斑。感病严重的植株其1–2年生枝梢在冬季至萌芽前枯死。叶片：在叶片上出现水渍状小点，逐渐扩大成紫褐色至黑褐色病斑，周围呈水渍状黄绿晕环，随后病斑干枯脱落形成穿孔。果实：果面出现暗紫色圆形中央微凹陷病斑，空气湿度大时病斑上有黄白色黏质，干燥时病斑发生裂纹。

发病规律：病原细菌在病枝组织内越冬。翌年春天气温上升时，潜伏的细菌开始活动，并释放出大量细菌，借风雨、露滴、雾珠及昆虫传播，经叶片的气孔、枝条的芽痕和果实的皮孔侵入。叶片一般于5月间发病，夏季干旱时病势进展缓慢，至秋季，雨季又发生后期侵染。在降雨频繁、多雾温暖阴湿的天气下，病害严重；干旱少雨时则发病轻。树势弱，排水、通风不良的桃园发病重。虫害严重时，如红蜘蛛为害猖獗时，病菌从伤口侵入，发病严重。

防治方法：①选栽临城桃、大久保、大和白桃、中山金桃、仓方早生、罐桃2号抗病桃树品种。②开春后要注意开沟排水，达到雨停水干，降低空气湿度。增施有机肥和磷钾肥，避免偏施氮肥。③适当增加内膛疏枝量，改善通风透光条件，促使树体生长健壮，提高抗病能力。④在10–11月桃休眠期，也正是病原在被害枝条上开始越冬，结合冬季清园修剪，彻底剪除枯枝、病梢，及时清扫落叶、落果等，集中烧毁，消灭越冬菌源。桃园附近应避免杏、李等核果类果树。⑤绿色环保无公害中药防治：早春芽萌动期喷300倍+有机硅；从桃树落花后开始喷施200–300倍液，每10–15d喷施1次，连喷3–4次。⑥发芽前喷5波美度石硫合剂，或1∶1∶200倍式波尔多液铲除越冬菌源。发芽后喷72%农用硫酸链霉素可湿性粉剂3000倍液。幼果期喷代森锌600倍液，或农用硫酸链霉素4000倍液或硫酸锌石灰液（硫酸锌0.5kg、消石灰2kg、水120kg）。6月末至7月初喷第1遍，半个月至20d喷1次，喷2–3次。

027 樱花根癌病

病原种类： 致瘤农杆菌*Agrobacterium tumefaciens*

寄主植物： 该病原菌除危害樱花外，还能危害榆、月季等蔷薇科植物，以及银杏、石竹等室内外花木，其寄主涵盖60科300余种植物。

危害症状： 癌瘤初生时呈球形，可互相连合，颜色为乳白色或略带红色，随肿瘤长大，内部木质化变硬，表皮色裂粗糙并逐渐变成褐至深褐色，癌瘤可小如豆或大如拳。病苗须根较少、生长缓慢或叶黄早落、枯枝增多、花期变短，甚至死亡。该病十分顽固，即使清除癌瘤，往往又可生出。

发病规律： 该病原在癌瘤组织的皮层内或土壤中越冬，通过雨水、灌溉水、远距离苗木带菌，人为因素、虫或根结线虫等造成伤口传播；在10–34℃范围内生存，最适温度22℃，低于18℃或高于30℃不易成瘤；耐酸碱范围pH5.7–9.2，在pH6.2–8可致病；在偏碱黏重的连作地，湿度越高发病越重；在疏松的砂质壤土地发病少。

防治方法： ①加强检疫：对出圃或外来苗木加强检疫，抛弃病株，发现可疑苗木，应用1%硫酸铜液浸根5min再放入2%的石灰水中浸1min，也可直接用链霉素溶液泡30min栽植观察。②按每平方米30–50g施呋喃丹3%颗粒剂，翻地15–20cm后浇透水杀灭根结线虫以及地老虎等害虫；嫁接应避免伤口接触土壤，嫁接工具可用75%的酒精或1%的甲醛液消毒。③发现病株，应将肿瘤与其周围一起切除，伤口可用医用高度碘酒或用链霉素400国际单位消毒后涂凡士林封闭；病株周围可一次施入硫磺50–100g/m^2，并灌注20%土霸可湿性粉剂500倍液或14%多效灵水剂150倍液消毒，以后每半月灌消毒液1次，3–4次即可，在癌瘤切除20d后灌50%吲茶粉剂100–150ug/g溶液以促进植株根系生长，复壮病株。其他处理同前，治疗在早春或夏季根系进入旺盛生长前进行效果较佳。

◎ 灌木病害

001 女贞炭疽病

病原种类： 围小丛壳*Glomerella cingulata*，属子囊菌亚门盘菌目盘菌科。

寄主植物： 危害女贞。

危害症状： 叶上病斑半圆形、圆形、椭圆形、菱形以至不规则，大小不等。病斑长为0.5–1.2cm，宽0.3–0.5cm，其病斑有的相互连合为大斑块或自叶尖向下逐步枯死。病斑深褐色，或中部呈灰褐色或灰白色，有的病斑周围具有黄绿色晕圈。后期病斑上散生针头状小黑点，导致病斑易破裂，引起叶枯黄状枯死，降低观赏价值。

发病规律： 病菌以菌丝体和分孢盘在病叶或遗落土中的病残体上越冬。翌年产生分生孢子，经风雨和昆虫传播，从气孔和伤口侵入。分生孢子萌发适温为20–25℃，相对湿度高于80%以上。高湿闷热、时晴时雨或

阵雨天气可使发病加重。

防治方法：①加强养护管理：消灭病源。冬、春季剪除病叶，及时清除落叶及拔除病叶、残叶，集中烧毁，以减少侵染来源。②药剂防治：发病初期喷施50%炭疽福美可湿粉剂500倍液，或30%特富灵可湿粉剂2000倍液，隔10d喷1次，连续3–4次；发病期可用50%复方硫菌灵可湿粉剂800倍液，每隔7–10d喷1次，交替喷3–4次，并定期喷药保护抽生叶片。

002 大叶黄杨炭疽病

病原种类：胶孢炭疽菌 *Colletotrichum gloeosporioides*

寄主植物：危害大叶黄杨。

危害症状：初期发病时，病菌从叶片的叶肉侵入，使病部出现褐色不规则斑点，开始湿腐状，病健界限不太明显，随病菌的发展，叶片上病斑部位枯黄，生出近同心轮纹状小黑点，直观看去分布很有规律。致叶片提早脱落。

发病规律：病菌以菌丝体或孢子盘在病枝、病叶组织中越冬。翌年五六月，温度适宜时分生孢子萌发，常从寄主伤口侵入。此病寄生性不强，只能从伤口侵入，发生期比叶斑病稍迟。

防治方法：①加强栽培管理措施，合理密植，及时修剪，增强树势，生长季节可喷施2–3次1.5%磷酸二氢钾溶液。提高抗病能力。②及时清理和摘除病残体，集中处理，减少病源。③化学防治：可定期喷施国光银泰（80%代森锌可湿性粉剂）600–800倍液+国光思它灵（氨基酸螯合多种微量元素的叶面肥），用于防病前的预防和补充营养，提高观赏性；发病初期，喷洒25%咪鲜胺乳油（如国光必鲜）500–600倍液，或50%多锰锌可湿性粉剂（如国光英纳）400–600倍液。连用2–3次，间隔7–10d。

003 八角金盘炭疽病

病原种类： 胶孢炭疽菌 *Colletotrichum gloeosporioide*

寄主植物： 危害八角金盘。

危害症状： 八角金盘炭疽病的一种新症状，可危害叶片、叶脉、叶柄和果柄。叶片病斑的典型症状为正面灰白色、疥癣状略增厚，背面圆形疣状突起明显，病斑中间开裂。

发病规律： 病菌以菌丝体、分生孢子或分生孢子盘在寄主残体或土壤中越冬，老叶从4月初开始发病，5–6月迅速发展，新叶则从8月开始发病。分生孢子靠风雨、浇水等传播，多从伤口处侵染。

防治方法： 可定期喷洒波尔多液或用50%多菌灵可湿性粉剂1000倍液喷雾防治。对于感染较严重的植株和叶子可采取彻底剪除，异地焚烧。及时清理病落叶。

004 女贞褐斑病

病原种类： 素馨生棒孢 *Corynespora jasminiicola*，属半知菌类丝孢纲丝孢目暗丛梗孢科棒孢属。

寄主植物： 危害女贞。

危害症状： 7月中旬金叶女贞褐斑病发病初期叶片开始出现水渍状失绿小圆斑，后变为紫色或褐色，以后逐渐扩大成圆形、椭圆形、半圆形或不规则病斑，后期叶片正面病斑中央呈浅黄褐色或灰白色，微凸起，边缘呈褐色，颜色较中央深，病斑上出现较明显的轮纹，病斑周围有不规则水渍状浅褐色腐烂；叶片背面病斑中央凹陷，颜色较正面浅；在潮湿的天气条件下，叶片背面散生着许多黑色小霉点，严重时病斑正面也有少量黑色霉点。先发病于老叶、叶尖、叶缘、叶基部，后逐渐向中间发展，严重时病斑连合，此时只需轻轻触动植株，叶片就会纷纷落下。

发病规律： 病原菌生长最适宜的温度范围为25-30℃，孢子萌发适宜温度为18-27℃。在温度合适且湿度大的情况下，孢子几小时内即可萌发。如果植株栽植密，通风透光差，植株间就形成了一个相对稳定的高湿、温度适宜的环境，对病菌孢子的萌发和侵入非常有利，且病菌可反复侵染。

防治方法： 建议种植时要合理密植，且随着植株的生长合理疏枝，增强植株内部通风、透光，降低湿度；种植地切勿发生积水。清除种植地中的病残体、落叶，并随时清除杂草。加强肥水管理，增加植株本身的抗性。春秋季各施用有机肥1次，也可在雨季撒施复合肥，利于提高抗病性和促进病后及早恢复。雨季应采取轻度修剪的原则，并且每次修剪过后，及时处理伤口，喷施1次杀菌剂。也可喷施石硫合剂杀菌预防，多种杀菌剂交替使用。

005 大叶黄杨白粉病

病原种类： *Oidium euonymijaponicae*（Arc.）Sacc.，属半知菌亚门粉孢霉属。

寄主植物： 主要危害黄杨叶片，也危害茎。

危害症状： 叶片上开始产生黄色小点，而后扩大发展成圆形或椭圆形病斑，表面生有白色粉状霉层。一般情况下部叶片比上部叶片多，叶片背面比正面多。霉斑早期单独分散，后连合成一个大霉斑，甚至可以覆盖全叶，严重影响光合作用，使正常新陈代谢受到干扰，造成早衰，生长严重受影响。

发病规律： 病菌以菌丝体在寄主的芽内越冬或以分生孢子在病叶上越冬，翌年从春季至秋季均可发病，温暖而干燥的气候条件有利于病害的发展。

防治方法： 加强管理，控制种植密度，注意通风透光，以增强树势，降低小环境的湿度；结合修剪整形及时除去病梢、病叶，以减少侵染源。建议用20%国光三唑酮乳油1500-2000倍液或12.5%烯唑醇可湿粉剂（国光黑杀）2000-2500倍液，25%国光丙环唑乳油1500倍液喷雾防治。连用2次，间隔12-15d。

006 狭叶十大功劳白粉病

病原种类： *Microsphaera* sp.，属子囊菌亚门白粉菌目叉丝壳属。

寄主植物： 危害狭叶十大功劳。

危害症状： 狭叶十大功劳发生白粉病后，叶片正、反面布满白粉，后期叶片变黑、卷曲、早落，不但严重影响景观，而且导致植株生长衰退、抗逆性差，直至死亡。

发病规律： 病原菌以菌丝体在叶中越冬。翌年病菌随芽萌发而开始活动，侵染幼嫩部位，产生新的病菌孢子，借助风力等方式传播。春季5-6月，秋季以9-10月发生较多。夜间温度较低（15-16℃）相对湿度较高有利于孢子萌发及侵入，白天气温高（23-27℃），湿度较低（40%-70%）则有利于孢子的形成及释放。

防治方法： 改善种植条件，要通风透光，降低湿度，避免施过多的氮肥，适当多施磷肥。结合修剪去除病枝、病芽和病叶，减少侵染源。发病初期喷洒15%的三唑酮（粉锈片）可湿性粉剂1000倍液或70%甲基托布津可湿性粉剂1000倍液，每隔7-10d喷1次连续喷3次均有良好的防治效果。

007 月季枯萎病

病原种类： 月季镰刀菌 *Fusarium rosicola*。

寄主植物： 危害蔷薇科植物，如月季、蔷薇、玫瑰、樱花等。

危害症状： 该病在早期会出现顶梢下垂现象，随后植株叶片出现褪绿，卷曲，干枯坏死，甚至落叶。茎早期未见明显症状，后期出现明显脱水和干腐，整个植株表现出干枯症状。截取患病植株茎干，在室温下保湿1–2d后，维管组织中会出现大量白色菌丝。

发病规律： 不详。

防治方法： 发生月季枯萎病要及时挖除病株，就地焚烧；培养无病繁衍资料（包含吸芽及组培苗）和较抗（耐）病种类；化学防治选用多菌灵等药剂对发病田块进行2~3次土壤消毒，降低土壤中病原菌数量。

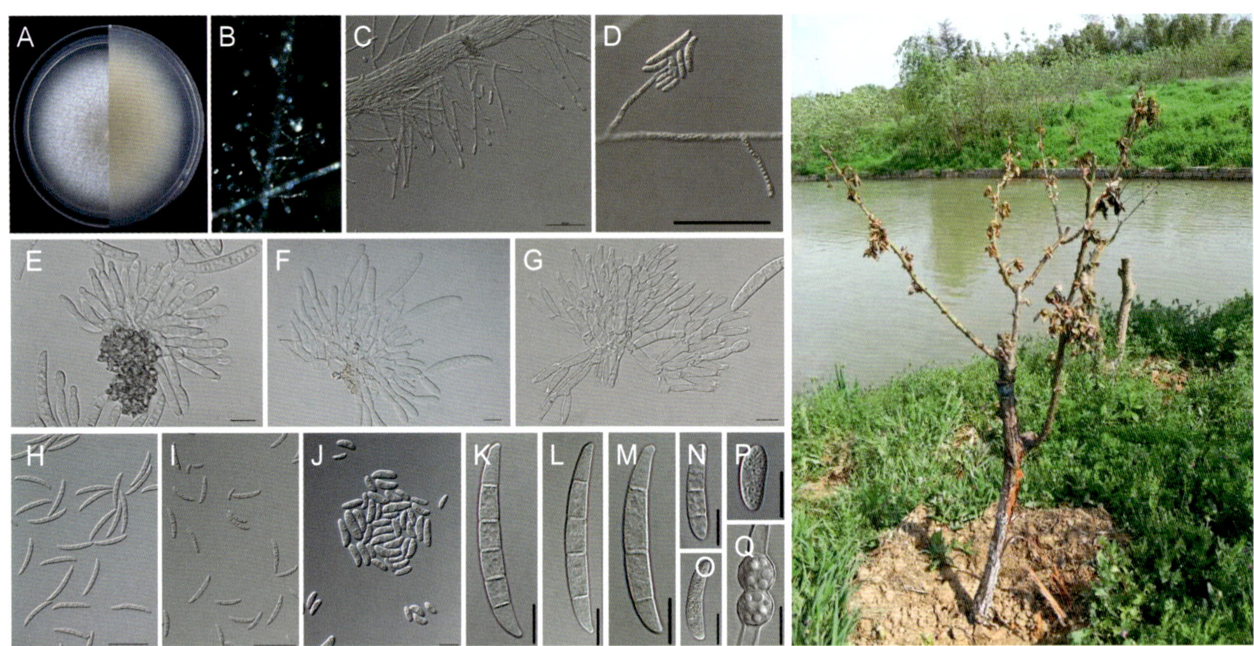

008 枸骨煤污病

病原种类： 煤炱菌 *Capnodium* sp.，属子囊菌亚门腔菌纲座囊菌目煤炱属。

寄主植物： 除危害枸骨外，还危害栾树、榉树、臭椿、朴树、米兰、桂花、茉莉、山茶、栀子等植物。

危害症状： 枝叶上发生黑色辐射状小霉斑，后加厚变硬，霉层易剥落。

发病规律： 病菌以菌丝体、分生孢子、子囊孢子在病叶、病枝等上越冬，成为次年的初侵染源。翌年孢子通过气流、风雨及蚜虫、粉虱、介壳虫等传播，并以这些害虫的分泌物及排泄物或植物自身分泌物为营养继续发育繁殖。高温高湿、通风不良、荫蔽闷热及虫害严重的地方，煤污病害严重。每年3–6月和9–11月为发病盛期，湿度大发病重。盛夏高温病害停止蔓延，但夏季雨水多，病害也会时有发生。

防治方法： 加强栽培管理，种植密度要适当，及时修除病虫枝和多余枝条，增强通风透光，降低温度，及

时排水，防止湿气滞留。在保护地栽培花卉时，注意通风透光，降低湿度，盆花摆放要保持一定株行距，合理修剪。切忌环境湿闷，病轻时可用清水擦拭、冲洗。该病发生与分泌蜜露的昆虫关系密切，喷药防治介壳虫、蚜虫、粉虱是减少发病的主要措施。若为蚜虫危害，可在植株上先撒一层烟灰或草木灰，数小时后用清水冲洗干净，或用10%的吡虫啉可湿性粉剂2500倍液喷杀。若为粉虱类危害，可用25%的扑虱灵可湿性粉剂1500倍液喷杀。可喷洒10–20倍的松脂合剂及50%三硫磷乳剂1500–200倍液以杀死介壳虫（在幼虫初孵时喷施效果较好）。植物休眠期喷洒3–5波美度的石硫合剂，杀死越冬的菌源，从而减轻煤污病的发生。

009 海桐煤污病

病原种类：煤炱菌*Capnodium* sp.，属子囊菌亚门腔菌纲座囊菌目煤炱属。

寄主植物：除危害海桐外，还危害朴树、榉树、臭椿、栾树、米兰、桂花、茉莉、山茶、栀子等植物。

危害症状：先在海桐叶片正面，生圆形黑色霉点，然后扩及全叶，病部为一层煤烟状物严密覆盖，病原物不易剥落。受危害后植株、叶片、枝干布满黑色煤尘状物，叶片光合作用受到抑制。

发病规律：病菌由吹绵蚧、蚜虫和风雨传播。一般感染有煤污病的植株，总是有蚧或蚜虫侵害，这是因为蚧、蚜虫分泌的蜜汁提供了病菌的营养来源。每年有春夏两个盛发期，以菌丝体及闭囊壳在海桐叶片及枝条上越冬。

防治方法：①修剪，疏除过密枝条及基部萌发条，应当增加通风透光。②用甲基托布津以0.0025g/mL（即400倍液）杀菌效果最好（抑菌圈直径平均为5.20cm）；百菌清则以0.0033g/mL（即300倍液）杀菌效果最好（抑菌圈直径平均为4.40cm）。两种杀菌剂的持效期不同，甲基托布津为10d，百菌清为7–10d。③防治时要仔细认真，枝、干、叶正背面均匀喷到，严重植株每间隔10–15d重复防治一次，连续2–3次。

010 黄杨煤污病

病原种类：煤炱菌*Capnodium* sp.，属子囊菌亚门腔菌纲座囊菌目煤炱属。

寄主植物：除危害黄杨外，还危害海桐、朴树、榉树、臭椿、栾树、米兰、桂花、茉莉、山茶、栀子等植物。

危害症状：发病初期是在叶面、枝梢上形成黑色小霉斑，后扩大连片，使整个叶面、嫩梢上布满黑霉层。

发病规律：以菌丝体、分生孢子、子囊孢子在病部及病落叶上越冬，翌年孢子由风雨、昆虫等传播。寄生到蚜虫、介壳虫等昆虫的分泌物及排泄物上或植物自身分泌物上或寄生在寄主上发育。高温多湿、通风不良、蚜虫和介壳虫等分泌蜜露害虫发生多，均加重发病。

防治方法：①不要种植过密，适当修剪，温室要通风透光良好，以降低湿度，切忌环境湿闷。②休眠期喷3–5波美度的石硫合剂，消灭越冬病源。③该病发生与分泌蜜露的昆虫关系密切，喷药防治蚜虫、介壳虫等是减少发病的主要措施。适期喷用2.5%敌杀死2500–3000倍液，6%吡虫啉3000–4000倍液。防治介壳虫还可用40%速扑杀乳油1500–2000倍液等。

011 葡萄霜霉病

病原种类：病原为葡萄生单轴菌*Plasmopara viticola*，属鞭毛菌亚门卵菌纲霜霉目单轴霉属。

寄主植物：危害葡萄。

危害症状：葡萄霜霉病主要危害叶片，也能侵染新梢幼果等幼嫩组织。叶片被害，初生淡黄色水渍状边缘不清晰的小斑点，以后逐渐扩大为褐色不规则或多角形

病斑，数斑相连变成不规则大斑。天气潮湿时，于病斑背面产生白色霜霉状物，即病菌的孢囊梗和孢子囊。发病严重时病叶早枯早落。嫩梢受害，形成水渍状斑点，后变为褐色略凹陷的病斑，潮湿时病斑也产生白色霜霉。病重时新梢扭曲，生长停止，甚至枯死。卷须、穗轴、叶柄有时也能被害，其症状与嫩梢相似。幼果被害，病部褪色，变硬下陷，上生白色霜霉，很易萎缩脱落。果粒半大时受害，病部褐色至暗色，软腐早落。果实着色后不再侵染。

发病规律：葡萄霜霉病菌以卵孢子在病组织中越冬，或随病叶残留于土壤中越冬。次年在适宜条件下卵孢子萌发产生芽孢囊，再由芽孢囊产生游动孢子，借风雨传播，自叶背气孔侵入，进行初次侵染。经过7–12d的潜育期，在病部产生孢囊梗及孢子囊，孢子萌发产生游动孢子进行再次侵染。孢子囊萌发适宜温度为10–15℃。游动孢子萌发的适宜温度为18–24℃。秋季低温，多雨多露，易引起病害流行。果园地势低洼、架面通风不良树势衰弱，易引发病害。

防治方法：①清除菌源，秋季彻底清扫果园，剪除病梢，收集病叶，集中深埋或烧毁。②加强果园管理，及时夏剪，引缚枝蔓，改善架面通风透光条件。注意除草、排水、降低地面湿度。适当增施磷钾肥，对酸性土壤施用石灰，提高植株抗病能力。③选用无滴消雾膜做设施的外覆盖材料，并在设施内全面覆盖地膜，降低其空气湿度和防止雾气发生，抑制孢子囊的形成、萌发和游动孢子的萌发侵染。④室内的温湿度，特别在葡萄坐果以后，室温白天应快速提升至30℃以上，并尽力维持在32–35℃，以高温低湿来抑制孢子囊的形成、萌发和孢子的萌发侵染。下午4:00左右开启风口通风排湿，降低室内湿度，使夜温维持在10–15℃，空气湿度不高于85%，用较低的温湿度抑制孢子囊和孢子的萌发，控制病害发生。⑤避雨栽培：在葡萄园内搭建避雨设施，可防止雨水的飘溅，从而有效切断葡萄霜霉病原菌的传播，对该病具有明显防效。

◎ 竹类病害

001 毛竹茎腐病

病原种类：该病主要是由暗色节菱孢菌*Arthrinium phaeospermum* Ellis为害引起的。

寄主植物：毛竹。

危害症状：茎秆基部首先出现淡黄色或黄色舌状、条纹状病斑，病斑颜色逐渐加深，变为淡黄褐色、黄褐色、棕褐色，甚至黑褐色，并向上扩展蔓延。同时，病斑还向四周扩散，横向扩展包围茎秆，使毛竹上部枝叶枯黄、脱落，终至整株死亡。病斑长度为10–70cm，最长可达200cm（整株死亡）。

发病规律：该菌能以菌丝或原垣孢子在土壤或病组织中越冬。借雨水传播，环境条件适宜时进行侵染。病原菌从寄主微小伤口侵入或直接侵入危害，而后逐渐向上扩展蔓延。病斑扩展同温度关系密切，随温度上升，病斑扩展加快，即5月病斑开始扩展，6–7月为盛发期，病斑扩展最快。

防治方法：50%托布津100倍液和50%菱锈灵30倍液对刚竹茎腐病有抑制作用。据此可以初步肯定，在毛竹罹病前用药物进行预先涂抹防治，能较好地控制病害的扩展蔓延。

002 慈孝竹煤污病

病原种类： *Capnodium* sp.煤炱菌，属子囊菌亚门腔菌纲座囊菌目煤炱属。

寄主植物： 除危害慈孝竹外，还危害黄杨、海桐、朴树、榉树、臭椿、栾树、米兰、桂花、茉莉、山茶、栀子等植物。

危害症状： 感病初期，竹株叶片正面有黑色煤污状斑点，形状不规则，后扩展使整个竹叶表面和小枝上覆盖一层烟煤状粉末。

发病规律： 病菌以菌丝体、分生孢子、子囊孢子形式在病叶、病枝等上越冬，成为次年的初侵染源。翌年孢子通过气流、风雨及蚜虫、粉虱、介壳虫等传播，并以这些害虫的分泌物及排泄物或植物自身分泌物为营养继续发育繁殖。高温高湿、通风不良、荫蔽闷热及虫害严重的地方，煤污病害严重。每年3-6月和9-11月为发病盛期，湿度大发病重。盛夏高温病害停止蔓延，但夏季雨水多，病害也时有发生。

防治方法： ①加强栽培管理，种植密度要适当，及时修除病虫枝和多余枝条，增强通风透光，降低温度，及时排水，防止湿气滞留。②在保护地栽培花卉时，注意通风透光，降低湿度，盆花摆放要保持一定株行距，合理修剪。切忌环境湿闷，病轻时可用清水擦拭、冲洗。③该病发生与分泌蜜露的昆虫关系密切，

喷药防治介壳虫、蚜虫、粉虱是减少发病的主要措施。若为蚜虫危害，可在植株上先撒一层烟灰或草木灰，数小时后用清水冲洗干净，或用10%的吡虫啉可湿性粉剂2500倍液喷杀。若为粉虱类危害，可用25%的扑虱灵可湿性粉剂1500倍液喷杀。可喷洒10-20倍的松脂合剂及50%三硫磷乳剂1500-2000倍液以杀死介壳虫（在幼虫初孵时喷施效果较好）。植物休眠期喷洒3-5波美度的石硫合剂，杀死越冬的菌源，从而减轻煤污病的发生。

003 竹秆锈病

病原种类： 由竹毡锈菌*Stereostratum corticioides*（Berk.et Br.）Magn.所引起。

寄主植物： 危害淡竹、刚竹、哺鸡竹、箭竹及刺竹等竹种。

危害症状： 该病主要从靠近竹节处开始，然后向上下两侧节间扩展，而且多从靠近地表的竹秆基部首先发病。在发病重的竹林，上部小竹和地表的跳鞭也有发病。

发病规律： 竹秆锈病于11-12月、2-4月间产生冬孢子堆，夏孢子产生于冬孢子堆下，4月中下旬冬孢子堆脱落，夏孢子堆即裸露，没有冬孢子堆的部位一般也不产生夏孢子堆。3月间刮除冬孢子堆后也不产生或只零星产生少量的夏孢子堆。冬孢子萌发的温度为10-25℃，适温16℃；夏孢子萌发温度为17-32℃，适温21-25℃。夏孢子在水滴中才能萌发。

防治方法： 刮除冬孢子堆后，涂3波美度的石硫合剂可大大减少作为侵染源的夏孢子的数量，就可减少发病。刮除冬孢子堆的时间，从冬孢子堆开始产生的9、

10月到翌年3月中旬，都能明显地抑制孢子堆的产生。80%森锌和50%赛欧散的抑制作用最强，用60-100ug/g的浓度，夏孢子完全不萌发，其他如灭菌丹、漂粉精、401抗菌素、石硫合剂等抑制作用也较强。

004 毛竹枯梢病

病原种类：病菌为核菌纲球壳菌目间痤壳科喙球菌属的竹喙球菌 *Ceratosphaeria phyllostachydis* Zhang。

寄主植物：毛竹。

危害症状：危害当年生新竹。感病后先在主梢或枝条的节杈处出现舌状或梭形病斑，初为淡褐色后变成紫褐色。当病斑包围枝或干一圈时，其上部叶片变黄，纵卷直到枯死脱落。在林间因病害的程度不一，竹子可出现枯梢、枯枝和全株枯死三种类型。剖开病竹，可见病斑内壁变为褐色，并长有白色絮状菌丝体。翌年春，枯梢或枯枝节处出现不规则的小突起，后不规则开裂，从裂口处伸出1至数根毛状物，即病原菌有性世代子囊壳的喙。

发病规律：病菌借水、风雨传播或人为传播。在发病区，凡遇7-8月高温、干燥的年份，此病易流行。

防治方法：①加强竹林的抚育管理，在冬末春初毛竹出笋前，结合常规的砍竹、钩梢两项生产措施，彻底清除竹林内的死竹及病枝、病梢，以减少病害的侵染源；②加强检疫，禁止带病母竹和竹材外运，防止病害扩散；③病害流行的年份，可用50%多菌灵1000倍液，或1：1：100的波尔多液在新枝放叶期喷洒，隔10-15d连续喷2-3次。

03

有害植物

有害植物基础知识

林业有害植物是指在一个特定地域的林业生态系统中，外来物种通过不同的途径传入，并可以在自然状态下生长、繁殖和暴发，对林业生态系统健康和森林生态系统恢复造成危害的植物；也包括对林业生产造成危害的乡土植物。由于人口密度大，人类经济活动频繁，加上全球气候变化、土地利用改变等原因导致生境退化或破碎化，自然植被破坏严重，林业有害植物的危害日趋严重，外来入侵植物的防治与植物多样性保护面临着巨大的压力。

外来有害植物已经影响到我国生态、经济和社会的各个方面。

（1）影响生态安全和生态文明建设。有关专家指出，外来有害植物污染比起化学污染更为严重，因为大多数化学污染最终会消散，而大多数植物污染是不会消散的，且可能会扩散蔓延，越来越严重。外来林业有害植物对我国生态环境危害形势已十分严峻，如果不能有效防控外来有害植物的入侵，生态安全和生态文明就无从谈起，发展现代林业，建设生态文明，实现可持续发展的目标就会落空。

（2）直接威胁人类健康。如豚草，其花粉会导致过敏者产生过敏性哮喘、皮炎、鼻炎、打喷嚏、流鼻涕等症状，严重时甚至导致并发肺气肿、心脏病乃至死亡。外来有害植物入侵危害，有人甚至称之为“绿色恐怖袭击”。

（3）侵占林地、湿地等，剥夺了农民赖以生存的土地。外来林业有害植物防控工作直接关系到保护农民利益和林权制度改革成效的问题。据调查，我国目前16种主要外来有害生物中入侵植物占9种，每年入侵的林地面积达150万 hm^2，农田面积超过140万 hm^2。

（4）对种植业、畜牧业、林业、水产养殖业等带来直接经济损失。1996年四川凉山因紫茎泽兰入侵1年减产6万多头羊，损失达2100多万元。上海每年用于打捞水葫芦的费用超过6000万元。由于薇甘菊、五爪金龙等具有很强的攀爬特性，已造成荔枝、龙眼、芒果、柑橘、茶叶等经济林木成片死亡；由于互花米草、水葫芦等挤占水体，使水产养殖难以发展。

对林业有害生物的研究日益受到重视，主要集中在林业有害植物概念与范围界定，林业有害植物的分布与危害现状，林业有害植物入侵与危害机制，以及林业有害植物防控等方面。

根据南京市林业有害生物普查数据及资料，确定了南京市主要林业有害植物13种，主要介绍13种有害植物的分类地位、寄主植物、形态特征及防治方法，对南京市林业有害植物防治工作起到重要的指导作用。

001 加拿大一枝黄花　*Solidago canadensis* L.　菊科　一枝黄花属

别名： 黄莺、米兰、幸福花

生境： 林地。

形态特征： 多年生草本，具长根状茎。茎直立，全部或仅上部被短柔毛。叶互生，离基三出脉，披针形或线状披针形，表面很粗糙，边缘具锐齿。头状花序小，在花序分枝上排列成蝎尾状，再组合成开展的大型圆锥花序。总苞具3–4层线状披针形的总苞片。缘花舌状，黄色，雌性；盘花管状，黄色，两性。瘦果具白色冠毛。花果期7–11月。加拿大一枝黄花的危害主要表现在对本地生态平衡的破坏和对本地生物多样性的威胁。这是由于加拿大一枝黄花具有强大的竞争优势，体现在：①繁殖能力强，无性、有性结合；②传播能力强，远近结合；③生长期长，在其他秋季杂草枯萎或停止生长的时候，加拿大一枝黄花依然茂盛，花黄叶绿，而且地下根茎继续横走，不断蚕食其他杂草的领地，而此时其他杂草已无力与之竞争。这三个特点使得它对本土物种产生严重威胁，易成为单一的加拿大一枝黄花生长区。另一方面由于加拿大一枝黄花的根部分泌一种物质，这种物质可以抑制糖槭幼苗生长，也抑制包括自身在内的草本植物发芽。

防治方法： ①人工拔除：加拿大一枝黄花一般于3月上旬萌芽出土，4–9月为营养生长期，10月中下旬开花，11月底至12月中旬种子成熟，为有效减少种子传播源，要抓住一枝黄花种子还未成熟的有利时机，迅速将所有一枝黄花植株连根拔除并通过中耕将遗留在土壤中的根、茎等无性繁殖器官拣除，带出田外集中焚烧销毁，做到斩草除根。②治理：被列入中国重要外来有害植物名录的加拿大一枝黄花有了克星。华东师范大学资源与环境科学学院生态学专业的学生通过野外调查筛选出可能的替代物种—芦苇，利用替代控制法，首次使生态治理加拿大一枝黄花成为可能。

002 一年蓬 *Erigeron annuus* Pers. 菊科 飞蓬属

别名： 白顶飞蓬、千层塔、治疟草、野蒿

生境： 林地。

形态特征： 植株高30–120cm。茎直立，上部有分枝，被糙伏毛。基生叶长圆形或宽卵形，长4–15cm，宽1.5–3cm，基部渐狭成翼柄状，边缘具粗齿；茎生叶互生，长圆状披针形或披针形，顶端尖，边缘有少数齿或近全缘，具短柄或无柄。头状花序，直径1.2–1.6cm，排成疏圆锥形或伞房状；总苞半球形，总苞片3层；外围的雌花舌状，舌片线形，白色或淡蓝紫色；中央的两性花管状，黄色。瘦果长圆形，边缘翅状。冠毛污白色，刚毛状。

防治方法： 开花前拔除或开展替代种植，当一年蓬入侵面积比较大时可采用化学防治。先人工去除果实，用袋子包好，再拔除，或结合化学防治。

003 苍耳 *Xanthium strumarium* L. 菊科 苍耳属

别名： 卷耳、葹、苓耳、地葵、枲耳、葈耳、白胡荽等

生境： 干旱山坡或砂质荒地。

形态特征： 一年生草本，高20–120cm。根纺锤状，分枝或不分枝。茎直立不分枝或少有分枝，下部圆柱形，直径4–10mm，上部有纵沟，被灰白色糙伏毛。叶三角状卵形或心形，长4–9cm，宽5–10cm，近全缘，或有3–5片不明显浅裂，顶端尖或钝，基部稍心形或截形，与叶柄连接处成相等的楔形，边缘有不规则的粗锯齿，有三基出脉，侧脉弧形，直达叶缘，脉上密被糙伏毛，上面绿色，下面苍白色，被糙伏毛；叶柄长3–11cm。雄性头状花序球形，直径4–6mm，有或无花序梗，总苞片长圆状披针形，长1–1.5mm，被短柔毛，花托柱状，托片倒披针形，长约2mm，顶端尖，有微毛，有多数的雄花，花冠钟形，管部上端有5宽裂片；花药长圆状线形；雌性的头状花序椭圆形，外层总苞片小，披针形，长约3mm，被短柔毛，内层总苞片结合成囊状，宽卵形或椭圆形，绿色，淡黄绿色或有时带红褐色。在瘦果成熟时变坚硬，连同喙部长12–15mm，宽4–7mm，外面有疏生的具钩状的刺，刺极细而直，基部微增粗或几不增粗，长1–1.5mm，基部被柔毛，常有腺点，或全部无毛；喙坚硬，锥形，上端略呈镰刀状，长2.5mm，常不等长，少有结合而成1个喙。瘦果2，倒卵形。花期7–8月，果期9–10月。

防治方法： 人工及机械防治。

004 葛藤 *Pueraria lobata* (Willd.) Ohwi **豆科 葛属**

别名： 甘葛、粉葛等

生境： 旷野灌丛中或山地疏林下。

形态特征： 多年生草质粗壮藤本，小枝密被棕褐色毛，茎基部木质，有粗厚的块状根，圆柱形。三出羽状复叶，小叶柄被黄褐色茸毛。总状花序，腋生，蝶形花冠，紫红色。荚果长条形，扁平，密被黄褐色硬毛。种子扁平，圆形。7–8月开花，8–10月结果。

防治方法： ①人工防治：葛藤的人工防治法一般利用挖除、焚烧等手段，这种方式虽然能快速减少葛藤，但是耗时较长、人工费用大，并且防治效果并不彻底。因此，人工防治葛藤的方法一般在不发达地区或其他防治方法无效时使用。②机械防治。③化学防治：常用浓度为41%的草甘膦水剂喷洒在新长出的葛藤叶片上，可有效阻止葛藤叶片的萌发，进而阻止葛藤的蔓延性增长。

005 野蔷薇　*Rosa multiflora* Thunb　蔷薇科　蔷薇属

别名：白残花、刺蘼、买笑

生境：林地。

形态特征：野蔷薇为攀缘灌木，小枝圆柱形，通常无毛，有短、粗稍弯曲皮刺。小叶5-9，近花序的小叶有时3，连叶柄长5-10cm，小叶片倒卵形、长圆形或卵形，长1.5-5cm，宽8-28mm，先端急尖或圆钝，基部近圆形或楔形，边缘有尖锐单锯齿，稀混有重锯齿，上面无毛，下面有柔毛。小叶柄和叶轴有柔毛或无毛，有散生腺毛，托叶篦齿状，大部贴生于叶柄，边缘有或无腺毛。花多朵，排成圆锥状花序，花梗长1.5-2.5cm，无毛或有腺毛，有时基部有篦齿状小苞片；花直径1.5-2cm，萼片披针形，有时中部具2个线形裂片，外面无毛，内面有柔毛；花瓣白色，宽倒卵形，先端微凹，基部楔形；花柱结合成束，无毛，比雄蕊稍长。果近球形，直径6-8mm，红褐色或紫褐色，有光泽，无毛，萼片脱落。

防治方法：人工及机械防治。

006 菟丝子 *Cuscuta chinensis* Lam. **旋花科 菟丝子属**

别名：豆寄生、豆阎王、无根草、禅真、黄丝、黄丝藤、金丝藤

生境：田边、山坡阳处、路边灌丛或海边沙丘，通常寄生于豆科、菊科、蒺藜科等多种植物上。

形态特征：寄生草本，无根，全株不被毛。茎缠绕，细长，线形，黄色或红色，借助吸器固着寄主。无叶，或退化成小的鳞片。花小，白色或淡红色，无梗或有短梗，成穗状、总状或簇生成头状花序；花4–5出数；萼片近于等大，基部或多或少连合；花冠管状、壶状、球形或钟状，在花冠管内面基部雄蕊之下具有边缘分裂或流苏状的鳞片。

防治方法：可直接将菟丝子从寄主上清除。剥离得越干净，防治越彻底。在开春前，加3cm左右的土层，抑制菟丝子种子的萌芽，从而起到防治作用。防治效果和土层厚度成正比。用40%草甘膦300倍液喷施地面（每100m^{2}用药20g），间隔10–15d喷1次，一般3–4次后都能及时阻断菟丝子缠绕，可较彻底防治菟丝子。

007 凤眼莲 *Eichhornia crassipes* (Mart.) Solms **雨久花科　凤眼莲属**

别名：水葫芦、水浮莲、水葫芦苗、布袋莲、浮水莲花

生境：水塘、沟渠及稻田中。

形态特征：浮水草本。须根发达，棕黑色。茎极短，匍匐枝淡绿色。叶在基部丛生，莲座状排列；叶片圆形，表面深绿色；叶柄长短不等；叶柄基部有鞘状黄绿色苞片。穗状花序通常具9-12朵花；花瓣紫蓝色，花冠略两侧对称，四周淡紫红色，中间蓝色，雄蕊贴生于花被筒上；花丝上有腺毛；花药蓝灰色；花粉粒黄色；子房长梨形；花柱头上密生腺毛。蒴果卵形。花期7-10月，果期8-11月。

防治方法：凤眼莲在生长适宜区，常由于过度繁殖，阻塞水道，影响交通，被列入世界百大外来入侵种之一。①人工清除：动用人力、物力直接将凤眼莲捞起运送到陆地而予以清除。这也是用得最多的方法，针对小水面实施效果较佳。②机械除治：对凤眼莲危害较大的水域，可以使用相关机械将其搅灭打碎，扩大水体的光照面积，增加水体的流动，确保养殖、捕捞及航运顺利进行。③化学防治。④生物防治：在晚春或初夏，最低气温稳定回升到13℃以上时，每亩释放凤眼蓝象甲成虫1500-2000头。可以达到一定的防治目的。⑤变废为宝：可以利用凤眼莲来制作猪或鱼饲料，一般做法是将凤眼莲粉碎打浆，再加入2%的食盐拌匀，再用它喂猪或养鱼，也可用来培肥水质。

008 喜旱莲子草 *Alternanthera philoxeroides* (Mart.) Griseb 苋科 莲子草属

别名：水蕹菜、革命草、水花生

生境：池沼、水沟内。

形态特征：多年生草本，茎基部匍匐，上部上升，管状，不明显4棱，具分枝，幼茎及叶腋有白色或锈色柔毛，茎老时无毛，仅在两侧纵沟内保留。叶片矩圆形、矩圆状倒卵形或倒卵状披针形，顶端急尖或圆钝，具短尖，基部渐狭，全缘，两面无毛或上面有贴生毛及缘毛，下面有颗粒状突起；叶柄无毛或微有柔毛。花密生，呈具总花梗的头状花序，单生在叶腋，球形。

防治方法：是中国亚热带及温带地区一种严重的外来多年生杂草。已遍及美洲、大洋洲、亚洲的许多国家和地区。20世纪30年代末日本侵华时引入中国上海郊区作为马饲料予以栽培，其垂直分布的上限约为海拔700m，2003年被列入“中国第一批外来入侵物种名单”。该草水陆均可生长，表型可塑性和入侵性很强，可入侵多种生境，生长迅速难以控制，对入侵地的生物多样性、生态系统和社会经济造成很大的影响。①化学防治：被广泛使用的除草剂有整形素、水花生净、使它隆、草甘膦等。但是这些除草剂只是短期内对地上部分的喜旱莲子草能有效防除，对于在土壤较深处的根茎作用不大，因此药物防除的关键在于地下根茎的防除。②机械除治：此种方法只适合于喜旱莲子草刚被引进还没有大范围蔓延的缓慢发展时期。初期用大量的人工来防除可起到抑制作用，但是要对打捞上来的喜旱莲子草及其残体进行妥善的处理，以防造成二次污染。③综合防治：对于已经成功入侵的喜旱莲子草，单独依靠某一种方法已经不能完全防除。根据喜旱莲子草不同的生长阶段，将化学防治、生物防治和机械防治有机整合，互相协调，综合控制，同时利用各自的优势，弥补彼此的不足。这样，才能有效地根除喜旱莲子草的蔓延。

009 络石 *Trachelospermum jasminoides* (Lindl.) Lem 夹竹桃科 络石属

别名： 石龙藤、万字花、万字茉莉

生境： 山野、溪边、路旁、林缘或杂木林中，常缠绕于树上或攀援于墙壁上、岩石上。

形态特征： 常绿木质藤本，具有乳汁；茎赤褐色，圆柱形，有皮孔；小枝被黄色柔毛，老时渐无毛。叶革质或近革质，椭圆形至卵状椭圆形或宽倒卵形，顶端锐尖至渐尖或钝，有时微凹或有小凸尖，基部渐狭至钝，叶面无毛，叶背被疏短柔毛，老渐无毛。二歧聚伞花序腋生或顶生，花朵组成圆锥状；花白色，芳香；苞片及小苞片狭披针形；花萼5深裂，裂片线状披针形，顶部反卷，外面被有长柔毛及缘毛；花蕾顶端钝，花冠筒圆筒形，中部膨大，外面无毛，内面在喉部及雄蕊着生处被短柔毛，花冠裂片无毛；花盘环状5裂与子房等长；子房由2个离生心皮组成，无毛，花柱圆柱状，柱头卵圆形，顶端全缘。种子多颗，褐色，线形，顶端具白色绢质种毛。花期3–7月，果期7–12月。

防治方法： 人工防治、机械防治。

010 爬山虎 *Parthenocissus tricuspidata* (Sieb. & Zucc.) Planch. 葡萄科 地锦属

别名： 爬墙虎、地锦、假葡萄藤、红丝草、石血、铁信

生境： 山崖石壁或灌丛。

形态特征： 爬山虎属多年生大型落叶木质藤本植物。夏季开花，花小，成簇不显，花多为两性，雌雄同株，聚伞花序常着生于两叶间的短枝上；子房2室，每室有2胚珠。枝条粗壮，老枝灰褐色，幼枝紫红色。枝上有卷须，卷须短，多分枝，卷须顶端及尖端有黏性吸盘，遇到物体便吸附在上面。叶互生，小叶肥厚，基部楔形，变异很大，边缘有粗锯齿，叶片及叶脉对称。幼枝上的叶较小，常不分裂。浆果小球形，熟时蓝黑色，被白粉，鸟喜食。花期6月，果期9–10月。

防治方法： 人工及机械防治。

011 杠板归　*Polygonum perfoliatum* L.　蓼科　蓼属

别名：蛇倒退、刺犁头、老虎利、老虎刺、三角盐酸等

生境：田边、路旁、山谷湿地。

形态特征：一年生攀缘草本。其茎略呈方柱形，有棱角，多分枝，直径可达0.2cm；表面紫红色或紫棕色，棱角上有倒生钩刺，节略膨大，节间长2–6cm，断面纤维性，黄白色，有髓或中空。叶互生，有长柄，盾状着生；叶片多皱缩，展平后呈近等边三角形，灰绿色至红棕色，下表面叶脉和叶柄均有倒生钩刺；托叶鞘包于茎节上或脱落。短穗状花序顶生或生于上部叶腋，苞片圆形，花小，多萎缩或脱落。茎味淡，叶味酸。常生于山谷、灌木丛中或水沟旁。

防治方法：人工及机械防治。

012 商陆 *Phytolacca americana* L. 商陆科 商陆属

别名：美国商陆、十蕊商陆、美洲商陆

生境：沟谷、山坡林下、林缘路旁，多生于湿润、肥沃地。

形态特征：多年生草本植物，根粗壮，肥大，倒圆锥形。茎直立，圆柱形，有时带紫红色。叶片椭圆状卵形或卵状披针形，顶端急尖，基部楔形。总状花序顶生或侧生；花白色，微带红晕；花被片5，雄蕊、心皮及花柱通常均为10，心皮合生。果序下垂；浆果扁球形，熟时紫黑色；种子肾圆形。花期6–8月，果期8–10月。

防治方法：采用物理（刈割、切根）、化学（喷洒无公害除草剂）方法进行控制。

013 葎草　*Humulus scandens* (Lour.) Merr　桑科　葎草属

别名：蛇割藤、割人藤、拉拉秧、拉拉藤、五爪金龙等

生境：沟边、荒地、废墟、林缘。

形态特征：缠绕草本，茎、枝、叶柄均具倒钩刺。叶纸质，肾状五角形，掌状5–7深裂，稀为3裂，基部心脏形，表面粗糙，疏生糙伏毛，背有柔毛和黄色腺体，裂片卵状三角形，边缘具锯齿。雄花小，黄绿色，圆锥花序；雌花序球果状，苞片纸质，三角形，顶端渐尖，具白色茸毛；子房为苞片包围，柱头2，伸出苞片外。瘦果成熟时露出苞片外。花期春夏，果期秋季。

防治方法：主要有人工防治、机械防治、化学防治、替代控制等。利用机具或大型机械采取各种耕翻、耙、中耕松土等措施进行播种前、出苗前及各生育期等不同时期除草，直接杀死、刈割或铲除杂草，或利用覆盖、遮光等原理，用塑料膜覆盖或播种其他作物（或草种）等方法进行除草。

参考文献

[1]安愉林.外来森林有害生物检疫[M]. 北京: 科学出版社, 2012.

[2]彩万志, 李虎.中国昆虫图鉴[M].太原: 山西科学技术出版社, 2015.

[3]蔡荣权.中国经济昆虫志第十六册鳞翅目舟蛾科[M].北京: 科学出版社, 1979.

[4]蔡小娜, 苏筱雨, 黄大庄.中国主要林木天牛识别与鉴定[J].中国森林病虫, 2015, 34(5): 12-19.

[5]陈国文, 袁虹, 杨全生, 等.祁连山区林业有害植物调查及杂草防治技术[J].甘肃科技, 2008, 24(5): 143-145.

[6]陈世骧, 谢蕴贞, 邓国藩.中国经济昆虫志鞘翅目天牛科（一）[M].北京: 科学出版社, 1959.

[7]陈守常, 朱天辉, 杨佐忠.四川林业病害[M].成都: 四川科学技术出版社, 2006.

[8]陈一心.中国动物志昆虫纲第十六卷鳞翅目夜蛾科[M].北京: 科学出版社, 1999.

[9]陈有明.园林树木学[M].北京: 中国林业出版社, 2001.

[10]陈志麟.植物检疫常见的长蠹害虫[J].植物检疫, 1994(4): 209-215.

[11]程冬保, 杨兆芬.白蚁学[M].北京: 科学出版社, 2014.

[12]戴芳澜.中国真菌总汇[M].北京: 科学出版社, 1979.

[13]丁锦华. 中国动物志昆虫纲第四十五卷同翅目飞虱科[M].北京: 科学出版社, 2006.

[14]董红云, 李亚, 汪庆, 等.江苏省3个自然保护区外来入侵植物的调查及分析[J].植物资源与环境学报, 2010, 19(1): 86-91.

[15]方承莱.中国动物志昆虫纲第十九卷鳞翅目灯蛾科[M].北京: 科学出版社, 2000.

[16]福建省林业科学研究所.福建森林昆虫[M].北京: 中国农业科技出版社, 1991.

[17]高洁.山西省林业有害植物主要种类及控灾对策[J].山西科技, 2007(6): 112-113.

[18]葛钟麟.中国经济昆虫志第十册同翅目叶蝉科[M].北京: 科学出版社, 1966.

[19]龚伟荣, 褚姝频, 胡婕, 等.加拿大一枝黄花在江苏地区的发生与防除初报[J].植物检疫, 2008(1): 56-58.

[20]郭在彬, 崔建新, 闫光升, 等.四斑露尾甲成虫的形态学研究[J].河南林业科技, 2016, 36(3): 7-10, 21.

[21]韩国生.林木有害生物识别与防治图鉴[M].沈阳: 辽宁科学技术出版社, 2011.

[22]韩熹莱.农药概论[M].北京: 中国农业大学出版社, 2008.

[23]韩运发.中国经济昆虫志第五十五册缨翅目[M].北京: 科学出版社, 1997.

[24]何俊华, 陈学新, 马云.中国经济昆虫志第五十一册膜翅目姬蜂科[M].北京: 科学出版社, 1996.

[25]贺运春.真菌学[M].北京: 中国林业出版社, 2008.

[26]候俊义.黑龙江省林区林业有害植物及防控对策[J].林业科技, 2012, 37(1): 41-43.

[27]湖南省林业厅.湖南森林昆虫图鉴[M].长沙: 湖南科学技术出版社, 1992.

[28]华立中, 奈良一, 塞米尔森 G A, 等.中国天牛（1406种）彩色图鉴[M].广州: 中山大学出版社, 2009.

[29]黄保宏.梅树朝鲜球坚蚧的生物学特性[J].昆虫知识, 2006(1): 108-111.
[30]黄宝龙.江苏森林[M].南京: 江苏科学技术出版社, 1998.
[31]黄春梅, 成新跃.中国动物志昆虫纲第五十卷双翅目食蚜蝇科[M].北京: 科学出版社, 2012.
[32]黄灏, 张巍巍.常见蝴蝶野外识别手册（第2版）[M].重庆: 重庆大学出版社, 2009.
[33]黄乔乔, 沈奕德, 李晓霞, 等.外来入侵植物在中国的分布及入侵能力研究进展[J].生态环境学报, 2012, 21(5): 977-985.
[34]火树华.树木学[M]. 北京: 中国林业出版社, 1992.
[35]嵇保中, 刘曙雯, 张凯.昆虫学基础与常见种类识别[M].北京: 科学出版社, 2011.
[36] 江苏省植物研究所.江苏植物志（上、下册）[M].南京: 江苏科学技术出版社, 1982.
[37]蒋金炜, 乔红波, 安世恒.农田常见昆虫图鉴[M].郑州: 河南科学技术出版社, 2014.
[38]蒋书楠, 蒲富基, 华立中.中国经济昆虫志第三十五册鞘翅目天牛科（三）[M].北京: 科学出版社, 1985.
[39]鞠瑞亨, 李慧, 石正人, 等.近十年中国生物入侵研究进展[J].生物多样性, 2012, 20(5): 581-611.
[40]鞠瑞亭, 夏翠华, 徐俊华, 等.上海地区长足大竹象初报[J].中国森林病虫, 2005(2): 7-9.
[41]康小武, 全国明, 章家恩, 等.入侵植物马缨丹叶片挥发物的化感作用[J].中国农学通报, 2014, 30(22): 287-291.
[42]匡海源.中国经济昆虫志第四十四册蜱螨亚纲瘿螨总科（一）[M]. 北京: 科学出版社, 1995.
[43]李朝晖.江苏蝴蝶[M].南京: 南京出版社, 2004.
[44]李传道, 周仲铭, 鞠国柱.森林病理学通论[M].北京: 中国林业出版社, 1985.
[45]李成德.森林昆虫学[M].北京: 中国林业出版社, 2006.
[46]李鸿昌, 夏凯龄.中国动物志昆虫纲第四十三卷直翅目蝗总科斑腿蝗科[M]. 北京: 科学出版社, 2006.
[47]李娟, 赵宇翔, 陈小平, 等.林业有害生物风险分析指标体系及赋分标准的探讨[J].中国森林病虫, 2013, 32(3): 10-15.
[48]李孟楼.森林昆虫学通论（第二版）[M].北京: 中国林业出版社, 2010.
[49]李敏, 席丽, 朱卫兵, 等.基于DNA 条形码的中国普缘蝽属分类研究（半翅目: 异翅亚目）[J].昆虫分类学报, 2010, 32(1): 36-42.
[50]李铁生.中国经济昆虫志第三十册膜翅目胡蜂总科[M].北京: 科学出版社, 1985.
[51]李杨.山东地区美国白蛾天敌种类及日本追寄蝇生物学研究[D].泰安: 山东农业大学, 2011.
[52]李育材.我国林业有害植物危害现状及防控对策[J].中国森林病虫, 2009, 28(5): 1-5.
[53]李振宇, 解焱.中国入侵植物名录[M].北京: 中国林业出版社, 2002.
[54]李周直.林业常用药剂[M].北京: 中国林业出版社, 1988.
[55]梁络球.中国动物志昆虫纲第十二卷直翅目蚱总科[M].北京: 科学出版社, 1998.
[56]廖定熹, 李学骝, 庞雄飞, 等.中国经济昆虫志第三十四册膜翅目小蜂总科（一）[M].北京: 科学出版社, 1987.
[57] 刘崇乐.中国经济昆虫志第五册鞘翅目瓢虫科[M].北京: 科学出版社, 1963.
[58]刘群, 常虹, 陈娟, 等.分月扇舟蛾与仁扇舟蛾的形态学和生物学区别及其进化关系[J].林业科学, 2014, 50(1): 97-102, 165-167.
[59]刘世琪.林木病害防治[M].合肥: 安徽科学技术出版社, 1984.
[60]刘永齐.经济林病虫害防治[M].北京: 中国林业出版社, 2001.
[61]刘友樵, 白九维.中国经济昆虫志第十一册鳞翅目卷蛾科（一）[M].北京: 科学出版社, 1977.
[62]陆家云.植物病原真菌学[M].北京: 中国农业出版社, 2001.

[63]罗汝英.土壤学[M].北京: 中国林业出版社, 1990.
[64]马金双, 闫小玲, 寿海洋.中国入侵植物名录[M].北京: 高等教育出版社, 2013.
[65]马文珍.中国经济昆虫志第四十六册鞘翅目花金龟科 斑金龟科 弯腿金龟科[M].北京: 科学出版社, 1995.
[66]苗建才.林木化学保护[M].哈尔滨: 东北林业大学出版社, 1995.
[67]南京林业大学.中国林业辞典[M].上海: 上海科学技术出版社, 1994.
[68]倪丽萍, 郭水良, 黄华.金华市郊外来杂草的区系地理及植物学性状分析[J].浙江师范大学学报（自然科学版）, 2007(1): 80-87.
[69]钮仁章, 王琳璘, 赵宸, 等.南京紫金山国家森林公园林业有害植物调查与现状分析[J].江苏林业科技, 2014, 41(2): 28-31.
[70]潘小平, 朱克恭, 钱范俊, 等.银杏病虫害[M].北京: 科学技术文献出版社, 2011.
[71]庞雄飞, 毛金龙.中国经济昆虫志第十四册鞘翅目瓢虫科（三）[M].北京: 科学出版社, 1979.
[72]庇隆P P.花木病虫害[M].沈瑞祥, 译.北京: 中国建筑工业出版社, 1987.
[73]蒲富基.中国经济昆虫志第十九册鞘翅目天牛科（二）[M].北京: 科学出版社, 1980.
[74]齐淑艳, 昌恩梓, 董晶晶, 等.入侵植物牛膝菊与白车轴草的竞争效应[J].广东农业科学, 2014, 41(1): 141-145.
[75]乔格侠, 张广学, 钟铁森.中国动物志昆虫纲第四十一卷同翅目斑蚜科[M].北京: 科学出版社, 2005.
[76]秦卫华, 王智, 徐网谷, 等.海南省3个国家级自然保护区外来入侵植物的调查和分析[J].植物资源与环境学报, 2008(2): 44-49.
[77]秦绪兵, 赖便谋, 李东军, 等.臭椿沟眶象生物学特性与防治[J].森林病虫通讯, 1909(5): 19-21.
[78]仇才楼, 李卫国, 杨智, 等.中国林业有害植物文献计量分析[J].江苏林业科技, 2016, 43(3): 37-39, 43.
[79]邵力平, 沈瑞祥, 张素轩, 等.真菌分类学[M].北京: 中国林业出版社, 1984.
[80]寿海洋, 闫小玲, 叶康, 等.江苏省外来入侵植物的初步研究[J].植物分类与资源学报, 2014, 36(6): 793-807.
[81]宋明辉, 王非, 郭家忠, 等.舞毒蛾黑瘤姬蜂等美国白蛾蛹期寄生性天敌昆虫研究进展[J].江苏林业科技, 2016, 43(5): 46-52.
[82]孙长海, 王子微, 胡春林.江苏分布的中国珍稀昆虫Ⅱ鞘翅目[J].江苏农业科学, 2011, 39(6): 564-565.
[83]孙时轩.造林学[M].北京: 中国林业出版社, 1992.
[84]孙兴全, 刘志诚, 葛建明, 等.上海地区危害樟树的樗蚕生物学特性及其防治[J].上海师范大学学报（自然科学版）, 2003(4): 82-85.
[85]谭娟杰, 虞佩玉, 李鸿兴, 等.中国经济昆虫志第十八册鞘翅目叶甲总科(一)[M].北京: 科学出版社, 1980.
[86]汤智馥.危害柳树的黄翅缀叶野螟生物学特性[J].吉林农业, 2012, 269(7): 71.
[87]汪远, 李慧茹, 马金双.上海外来植物及其入侵等级划分[J].植物分类与资源学报, 2015, 37(2): 185-202.
[88]王菲, 张瑞芳, 宋明辉, 等.徐州市蝴蝶资源调查与分析[J].江苏林业科技, 2017, 44(4): 26-32, 39.
[89]王慧芙.中国经济昆虫志第二十三册螨目叶螨总科[M].北京: 科学出版社, 1981.
[90]王明娜, 戴志聪, 祁珊珊, 等.外来植物入侵机制主要假说及其研究进展[J].江苏农业科学, 2014, 42(12): 378-382.
[91]王平远.中国经济昆虫志第二十一册鳞翅目螟蛾科[M].北京: 科学出版社, 1980.
[92]王焱.上海林业病虫[M].上海: 上海科学技术出版社, 2007.
[93]王莹莹.扶桑绵粉蚧生物学和生态学特性研究[D].浙江农林大学, 2012.
[94]王直诚.中国天牛图志（上、下卷）[M].北京: 科学技术文献出版社, 2014.

[95]王子清.中国动物志昆虫纲第二十二卷同翅目蚧总科粉蚧科 绒蚧科 蜡蚧科 链蚧科 盘蚧科 壶蚧科 仁蚧科[M].北京: 科学出版社, 2001.
[96]王子清.中国经济昆虫志第二十四册同翅目: 粉蚧科[M].北京: 科学出版社, 1982.
[97]王子清.中国经济昆虫志第四十三册同翅目: 蚧总科 蜡蚧科 链蚧科 盘蚧科 壶蚧科 仁蚧科[M].北京: 科学出版社, 1994.
[98]魏景超.真菌鉴定手册[M].上海: 上海科学技术出版社, 1979.
[99]吴和平, 罗晓敏, 丁冬荪, 等.江西野生珍稀昆虫IV[J].南方林业科学, 2019, 47(2): 58-61.
[100]吴时英, 徐颖.城市森林病虫害图鉴（2版）[M].上海: 上海科学技术出版社, 2019.
[101]吴雪芬, 韩鹰, 田松青.重阳木斑蛾生物学特性观察及综合防治技术 [J].安徽农业科学, 2007(35): 11396-11398.
[102]吴征镒.《世界种子植物科的分布区类型系统》的修订[J].云南植物研究, 2003(5): 535-538.
[103]武春生.中国动物志昆虫纲第二十五卷鳞翅目凤蝶科凤蝶亚科 巨凤蝶亚科 绢蝶亚科[M].北京: 科学出版社, 2001.
[104]武春生. 中国动物志 昆虫纲第五十二卷鳞翅目粉蝶科[M].北京: 科学出版社, 2010.
[105]武春生, 方承莱.中国动物志昆虫纲第三十一卷鳞翅目舟蛾科[M].北京: 科学出版社, 2003.
[106]武春生, 徐堉峰.中国蝴蝶图鉴[M].福州: 海峡出版发行集团, 2017.
[107]西北农学院植物保护系.陕西省经济昆虫图志鳞翅目: 蝶类[M].西安: 陕西人民出版社, 1978.
[108]西南林学院, 云南省林业厅.云南森林病害[M].昆明: 云南科技出版社, 1993.
[109]夏宝池, 赵云琴, 沈百炎.中国园林植物保护[M].南京: 江苏科学技术出版社, 1992.
[110]萧刚柔.中国森林昆虫[M].北京: 中国林业出版社, 1992.
[111]谢红艳, 左家哺.中国植物外来种的研究进展[J].南华大学学报: 自然科学版, 2005(3): 50-54.
[112]谢联辉.普通植物病理学[M].北京: 科学出版社, 2008.
[113]徐公天, 杨志华.中国园林害虫[M].北京: 中国林业出版社, 2007.
[114]徐海根, 强胜.中国外来入侵物种编目[M].北京: 中国环境科学出版社, 2004.
[115]徐海根, 强胜.中国外来入侵生物[M].北京: 科学出版社, 2011.
[116]徐辉筠, 王菲, 郭同斌, 等.徐州半翅目异翅亚目昆虫种类及危害调查[J].江苏林业科技, 2017, 44(3): 9-14.
[117]徐明慧.园林植物病虫害防治[M].北京: 中国林业出版社, 1998.
[118]徐志德, 李德运, 周贵清, 等.黑翅土白蚁的生物学特性及综合防治技术[J].昆虫知识, 2007(5): 763-769.
[119]许志刚.普通植物病理学 [M].北京: 中国农业出版社, 2003.
[120]薛建辉.森林生态学[M].北京: 中国林业出版社, 2006.
[121]严辉, 郭盛, 段金廒, 等.江苏地区外来入侵植物及其资源化利用现状与应对策略[J].中国现代中药, 2014, 16(12): 961-970, 984.
[122]赵仲苓.中国经济昆虫志第四十二册鳞翅目毒蛾科（二）[M].北京: 科学出版社, 1994.
[123]郑乐怡, 吕楠, 刘国卿, 等.中国动物志昆虫纲第三十三卷半翅目盲蝽科盲蝽亚科[M].北京: 科学出版社, 2004.
[124]中国科学院动物研究所.中国蛾类图鉴Ⅰ[M].北京: 科学出版社, 1981.
[125]中国科学院动物研究所.中国蛾类图鉴Ⅱ[M].北京: 科学出版社, 1982.
[126]中国科学院动物研究所.中国蛾类图鉴Ⅲ[M].北京: 科学出版社, 1982.
[127]中国科学院动物研究所.中国蛾类图鉴Ⅳ[M].北京: 科学出版社, 1983.

[128]中国科学院植物研究所.中国高等植物图鉴（1-5册）[M].北京: 科学出版社, 2001.

[129]中国科学院中国植物志编辑委员会.中国植物志: 中名和拉丁名总索引[M].北京: 科学出版社, 2006.

[130]中国科学院中国植物志编舞委员会.中国植物志[M].北京: 科学出版社, 2006.

[131]中国林业科学研究院.中国森林病害[M].北京: 中国林业出版社, 1984.

[132]中国植被编辑委员会.中国植被[M].北京: 科学出版社, 1980.

[133]周尧, 路进生, 黄桔, 等.中国经济昆虫志第三十六册同翅目蜡蝉总科[M].北京: 科学出版社, 1985.

[134]周尧.中国蝶类志（2版）[M].郑州: 河南科学技术出版社, 2000.

[135]周尧.中国蝴蝶原色图鉴大全[M].郑州: 河南科学技术出版社, 1999.

[136]周勇.中国伪叶甲亚族分类研究（鞘翅目 拟步甲科 伪叶甲族）[D].保定: 河北大学, 2011.

[137]周仲铭.林木病理学[M].北京: 中国林业出版社, 1990.

[138]朱弘复.蛾类图册[M].北京: 科学出版社, 1980.

[139]朱弘复, 陈一心.中国经济昆虫志第三册鳞翅目夜蛾科（一）[M].北京: 科学出版社, 1963.

[140]朱弘复, 方承莱, 王林瑶.中国经济昆虫志第七册鳞翅目夜蛾科（三）[M].北京: 科学出版社, 1963.

[141]朱弘复, 王林瑶.中国动物志昆虫纲第五卷鳞翅目蚕蛾科 大蚕蛾科 网蛾科[M].北京: 科学出版社, 1996.

[142]朱弘复, 王林瑶.中国动物志昆虫纲第十一卷鳞翅目天蛾科[M].北京: 科学出版社, 1997.

[143]朱弘复, 王林瑶.中国经济昆虫志第二十二册鳞翅目天蛾科[M].北京: 科学出版社, 1980.

[145]朱弘复, 王林瑶, 方承莱.蛾类幼虫图册（一）[M].北京: 科学出版社, 1979.

[146]朱弘复, 杨集昆, 陆近仁, 等.中国经济昆虫志第六册鳞翅目夜蛾科（二）[M].北京: 科学出版社, 1964.

[147]朱克恭, 严敖金.园林植物病虫害防治[M].南京: 南京大学出版社, 2000.

[148]朱小兵, 吴晨诚, 石富超, 等.上海地区重阳木斑蛾生物学特性及防治技术初探[J].江西植保, 2008, 31（4）: 161-165, 167.

[149]朱艺勇.外来入侵害虫—扶桑棉粉蚧的生物学特性研究[D]. 杭州: 浙江师范大学, 2012.

[150]遵义地区林业局.林木病害防治[M]. 贵阳: 贵州人民出版社, 1984.

[151]An S Q, Gu B H, Zhou C F, et al. Spartina invasion in China: implications for invasive species management and future research [J].Weed Research, 2007, 47 (3) : 183-191.

[152]Bo Y, Zhuoga Y, Pan X, et al. Alien terrestrial herbs in China: diversity and ecological insights[J].Biodiversity Science, 2010, 18 (6) : 660-666.

[153]Feng J M, Dong X D, Xu C D, et al. Risk assessment of alien invasive plants in China and ITS spatial distribution patterns[J].Journal of Southwest University (Natural Science Edition) , 2011, 33 (2) : 57-63.

[154]Weber E, Sun S G, Li B.Invasive alien plants in China: diversity and ecological insights[J].Biological Invasions,2008. 10 (8) : 1411-1429.

[155]Wu X W, Luo J, Chen J K, et al. Spatial patterns of invasive alien plants in China and ITS relationship with environmental and anthropological factors[J].Journal of Plant Ecology, 2006, 30 (4) : 576-584.

林业有害生物中文名索引

林业有害生物拉丁名索引

D

E

F

G

H

R

S

T

U

V

X

Y